森林土壤综合质量评价及叶绿素高光谱反演

脱云飞 主编

中国水利水电出版社
www.waterpub.com.cn
·北京·

内 容 提 要

本书是作者近几年来对森林土壤综合质量评价及叶绿素高光谱反演方面研究成果的总结。全书共分12章，内容涉及不同林型土壤物理性质变化特征，不同林型土壤化学性质变化特征，不同林型土壤酶活性及微生物量碳氮变化特征，不同林型土壤微生物多样性及群落结构组成特征，不同林型植物叶、凋落叶和土壤生态化学计量学特征，基于最小数据集不同林型土壤质量评价，数据预处理和特征波长变量选择，模型建立与评价等。

本书可供农业资源与环境、土壤学、环境科学与工程、生态学、农业可持续发展、林业管理与规划、植物生理学等领域的研究生、工程技术人员与科研工作者参考。

图书在版编目（CIP）数据

森林土壤综合质量评价及叶绿素高光谱反演 / 脱云飞主编． -- 北京：中国水利水电出版社，2025.6. ISBN 978-7-5226-3421-0

Ⅰ．S714；Q945.11

中国国家版本馆CIP数据核字第20250F9R92号

书　　名	**森林土壤综合质量评价及叶绿素高光谱反演** SENLIN TURANG ZONGHE ZHILIANG PINGJIA JI YELÜSU GAOGUANGPU FANYAN
作　　者	脱云飞　主编
出版发行	中国水利水电出版社 （北京市海淀区玉渊潭南路1号D座　100038） 网址：www.waterpub.com.cn E - mail：sales@mwr.gov.cn 电话：（010）68545888（营销中心）
经　　售	北京科水图书销售有限公司 电话：（010）68545874、63202643 全国各地新华书店和相关出版物销售网点
排　　版	中国水利水电出版社微机排版中心
印　　刷	天津嘉恒印务有限公司
规　　格	184mm×260mm　16开本　10.5印张　256千字
版　　次	2025年6月第1版　2025年6月第1次印刷
印　　数	0001—1200册
定　　价	**68.00元**

凡购买我社图书，如有缺页、倒页、脱页的，本社营销中心负责调换

版权所有·侵权必究

《森林土壤综合质量评价及叶绿素高光谱反演》
编 委 会

主　编：脱云飞

副主编：骆　伟　　代勤龙　　李建威　　王　妍　　何霞红

委　员：骆　伟　　代勤龙　　李建威　　王　妍　　何霞红
　　　　杨启良　　黎建强　　刘小刚　　梁嘉平　　脱云飞
　　　　罗晓琦　　胡兵辉　　陈奇伯　　苏小娟　　王晶晶
　　　　胡彦婷　　张丽娟　　郑　阳　　杨翠萍　　沈方圆
　　　　杜文娟　　王昭仪　　石小兰　　丁明净　　刘香凝
　　　　郭　慧　　谭　豪　　陆其伟　　冯永钰　　畅　翔
　　　　贺莉莎　　谢春艳　　王秀宇　　冯婷婷　　秦应奋
　　　　许夏清　　郑林果　　黄海宁　　黄玉娟　　刘　琳
　　　　柏亦婷　　李　响

前 言

土壤质量作为土壤肥力质量、环境质量和健康质量的综合量度，是森林土壤维持生产力、环境净化能力以及保障动植物健康能力的集中体现。近年来，由于人口快速增长、工业化进程加快及人类对土地资源的过度开发，人地矛盾问题日益突出，由此带来环境污染、水土流失和土地退化等诸多问题，给土地资源的可持续发展带来不良影响，因此科学、准确地评价土壤质量对于促进农业可持续发展、保护生态环境具有重要意义。土壤质量是一个综合概念，它涵盖了土壤肥力质量、环境质量和健康质量等多个方面。肥力质量主要关注土壤为植物提供养分的能力，包括有机质含量、氮磷钾等营养元素的有效性等；环境质量则关注土壤对环境污染物的容纳、降解和净化能力；健康质量则强调土壤对动植物和人类健康的保障作用。因此，土壤质量评价需要综合考虑土壤的物理、化学和生物学性质，以及土壤在生态系统中的功能和服务价值。Bappa 等在利用土壤质量指数评价水稻-小麦集约化种植系统施肥对土壤物理性质的影响研究中，选取多种物理指标，作为土壤物理质量评价的重要指标，表明土壤物理质量指标对土壤质量评价的重要性，薛文悦等在北京山地几种针叶林土壤酶特征及其与土壤理化性质的关系研究中发现，土壤有机质、总氮等主要理化性质指标是影响其土壤肥力状况的主要因素，可用作该地区土壤肥力评价的指标。许景伟等通过探究土壤微生物和土壤养分对不同林分类型的响应，发现土壤微生物数量、酶活性与土壤养分含量之间呈显著相关关系。土壤质量评价的研究始于 20 世纪 70 年代，随着土壤科学的发展，国内外学者在土壤质量评价指标、方法和应用等方面取得了显著进展。早期研究主要关注土壤的物理和化学性质，如土壤容重、持水量、有机质、氮磷钾含量等，这些指标能够直接反映土壤的肥力和养分状况。近年来，随着生物学技术的发展，土壤微生物多样性、酶活性等生物学指标逐渐被纳入土壤质量评价体系，为全面评估土壤质量提供了新视角。未来，土壤质量评价的发展趋势将更加注重多学科交叉和技术的融合。例如，高光谱遥感技术、机器学习算法等新兴技术的应用，将为土壤质量评价提供更为便捷、快速和准确的方法。同时，随着全球气候变化和资源环境压力的增大，土壤质量评价也将更加注重长期监测和动态评估，以应对不断变化的生态环境挑战。

叶绿素高光谱反演是一种通过高光谱技术精确估算植物叶绿素含量的方法。其基本原理是利用植物叶片在不同光谱波段的反射特性，特别是可见光和近红外波段，与叶绿素含量之间的密切关系。通过采集植物叶片的高光谱数据，利用多种数据变换方法提取特征波段，构建叶绿素含量估算模型。常见的方法包括支持向量回归（SVR）、极限学习机（ELM）和BP神经网络等机器学习算法。这些模型能够基于光谱数据，快速、无损地反演植物叶片的叶绿素含量，最终在大尺度、长时间序列上提供保护区生态系统保护的关键数据，以期为保护区植物营养监测提供理论依据和技术支撑。

森林土壤综合质量评价是维护森林生态系统和保障森林可持续发展的重要基石。首先，通过对土壤物理、化学和生物学特性的全面分析，可以深入了解森林土壤的结构、养分状况及微生物活性，为制定科学合理的森林管理政策提供数据支持。其次，森林土壤质量的优劣直接关系到森林植被的生长状况，高质量的土壤能提升森林的生产力和生物多样性，有助于保持生态系统的稳定性和抵抗力。此外，定期进行土壤质量评价还能及时发现土壤退化、养分失衡等问题，为采取相应的土壤改良措施提供依据，从而确保森林资源的可持续利用。总之，森林土壤综合质量评价对于促进森林健康、保护生态环境具有不可替代的作用。

叶绿素高光反演技术作为一种先进的遥感监测手段，在精准农业和生态环境监测中发挥着重要作用。通过建立多种植物营养与光谱反演模型，可以预测植物叶片性状与生长状态，从而将叶片尺度模型扩大到群落、景观直至生态系统尺度，可以高效率高质量地提供植物叶片的叶绿素含量信息，为农业生产提供实时、准确的作物生长状况数据。叶绿素含量的高低直接反映了植物的光合作用能力和营养状况，是评估作物生长状况的重要指标。此外，叶绿素高光反演技术还能用于监测森林、草原等大面积植被的生长状况，及时发现植被覆盖度变化、病虫害侵袭等问题，为生态环境保护和修复提供科学依据，解决了叶绿素计不能对大面积的植物进行实时、连续的观测的问题。随着技术的不断进步，叶绿素高光反演将在农业精准管理、生态环境监测等领域发挥越来越重要的作用，为实现可持续发展目标贡献力量。

本书以栗子坪自然保护区内4种林分类型青冈川杨阔叶混交林、栓皮栎落叶阔叶林、石棉玉山竹林、冷杉云杉针叶混交林为研究对象，通过13个土壤质量物理指标，10个土壤质量化学指标，6个土壤质量生物学指标，结合主成分分析法构建出基于最小数据集土壤质量评价指标体系，全面评估不同林型土壤质量特征及其综合评价和以保护区典型植物生长过程中常见冠层优势植物光谱信息以及植物营养元素叶绿素为研究对象，基于高光谱技术对典型林分冠层植物进行有效特征信息提取，研究高光谱在不同树种高光谱及植物叶绿素的响应特征。研究结果表明，在森林土壤综合质量评价方面，不同林型土壤质量存在显著差异。4种林型土壤中，各项理化指标和生物学指标均表现出不同的特征。不同土层土壤质量指数存在差异，0～10cm土层土壤质量最优，随着土层深度的增加，土壤质量逐渐降低。在所有林型中，青冈川杨阔叶混交林的土壤质量表现最佳，其次为栓皮栎落叶阔叶林，而冷杉云杉针叶混交林的土壤质量相对较低。在叶绿素高光谱反演方面，MSC-SPA-SVR模型在丰实箭竹和野蓝莓等植物中的反演精度最高，其估算模型和预测模型的R^2值均接近1，RMSE值极低，显示出模型的高稳定性和准确性。此外，研究还发现不同植物的最佳反演模型存在差异，这可能与植物叶片的光谱特性和生理生化过程有关。

本书在森林土壤综合质量评价及叶绿素高光谱反演方面取得了显著创新。首先，采用主成分分析法结合敏感性分析和相关性分析，筛选出了能够全面反映土壤综合质量的最小数据集，提高了评价的效率和准确性。其次，利用高光谱遥感技术，结合多种数据预处理方法和支持向量回归（SVR）、极限学习机（ELM）和BP神经网络3种机器学习算法，成功构建了不同林型典型植物叶绿素含量的反演模型，实现了对植物叶绿素含量的快速、无损估算。这一创新不仅为森林土壤质量评价提供了新的思路和方法，还为森林生态系统健康监测和植物营养状况评估提供了有力支持。最后，研究揭示了土壤质量与微生物多样性之间的内在联系，为深入理解土壤生态系统的功能和稳定性提供了新的视角。

在云南省科技厅农业联合专项-重点项目"水-炭-菌肥耦合三七农田残留养分转运和皂苷含量提升机制及模式"、四川栗子坪国家级自然保护区管理局"陆生动物生境调查研究项目"、云南省重点实验室专项（省市一体化）"云南省林下资源保护与利用重点实验室项目"（202402AN360005）和云南省乡村振兴科技专项-科技特派团（队）"云南省文山市林下三七产业科技特派团"（202404BI090010）等省部级相关项目资助下，课题组对不同海拔森林土壤综合质量评价及其叶绿素高光谱反演等方面关键技术问题开展了系统研究。在各位老师、同行以及学生支持和帮助下，我们尝试起笔著书，将近几年的研究成果做一个总结。在成稿过程中得到了昆明理工大学杨启良教授、西安理工大学费良军教授等师生的大力支持；硕士研究生黄玉娟和黄海宁协助对本书内容进行了整编与排版，并对书中的；部分插图和文字做了进一步的完善与修订，在此一并表示衷心感谢！

森林土壤综合质量评价及叶绿素高光谱反演的研究博大精深，由于编写时间仓促，加之作者水平有限，缺陷和错漏在所难免，敬请读者批评指正。

作者

2025 年 4 月

目 录

前言

第1章 绪论 ·· 1
  1.1 研究目的及意义 ·· 1
  1.2 国内外研究现状 ·· 3
    1.2.1 土壤质量的概念 ·· 3
    1.2.2 土壤物理评价指标 ··· 4
    1.2.3 土壤化学评价指标 ··· 4
    1.2.4 土壤生物评价指标 ··· 5
    1.2.5 土壤质量评价 ·· 6
  1.3 高光谱研究进展 ·· 7
    1.3.1 植物叶片叶绿素含量研究 ··· 7
    1.3.2 高光谱植物营养诊断与检测研究 ··· 8
    1.3.3 基于高光谱技术叶绿素含量检测研究 ··· 9
    1.3.4 光谱建模研究 ·· 9
  1.4 发展趋势及问题 ·· 10

第2章 材料与方法 ·· 12
  2.1 研究区概况 ·· 12
  2.2 研究内容及创新点 ··· 12
    2.2.1 研究内容 ·· 12
    2.2.2 技术路线 ·· 14
  2.3 解决的科学问题 ·· 16
  2.4 创新之处 ··· 16
  2.5 样点布设及样品采集 ·· 16
  2.6 数据指标测定 ··· 20
    2.6.1 土壤理化性质测定 ··· 20
    2.6.2 土壤微生物测定 ·· 22
    2.6.3 高光谱数据获取 ·· 22
    2.6.4 叶绿素含量测定 ·· 22
  2.7 数据处理 ··· 23

第3章 不同林型土壤物理性质变化特征 …… 24
3.1 土壤含水率变化特征 …… 24
3.2 土壤容重变化特征 …… 25
3.3 土壤饱和持水量变化特征 …… 26
3.4 土壤毛管持水量变化特征 …… 27
3.5 土壤田间持水量变化特征 …… 28
3.6 土壤总孔隙度变化特征 …… 29
3.7 土壤毛管孔隙度变化特征 …… 30
3.8 土壤非毛管孔隙度变化特征 …… 31
3.9 土壤机械组成变化特征 …… 32
3.10 土壤物理指标相关性 …… 37
3.11 小结 …… 38

第4章 不同林型土壤化学性质变化特征 …… 39
4.1 土壤pH值变化特征 …… 39
4.2 不同林型土壤有机质变化特征 …… 40
4.3 不同林型土壤氮素变化特征 …… 41
4.4 不同林型土壤磷素变化特征 …… 45
4.5 不同林型土壤钾素变化特征 …… 47
4.6 土壤化学指标相关性 …… 49
4.7 小结 …… 50

第5章 不同林型土壤酶活性及微生物量碳氮变化特征 …… 51
5.1 不同林型土壤脲酶活性垂直变化特征 …… 51
5.2 不同林型土壤蔗糖酶活性垂直变化特征 …… 52
5.3 不同林型土壤过氧化氢酶活性垂直变化特征 …… 53
5.4 不同林型土壤酸性磷酸酶活性垂直变化特征 …… 54
5.5 不同林型土壤微生物量碳氮变化特征 …… 55
5.6 土壤生物学指标相关性 …… 57
5.7 小结 …… 57

第6章 不同林型土壤微生物多样性及群落结构组成特征 …… 59
6.1 土壤微生物α多样性分析 …… 59
6.2 不同林型土壤微生物群落结构组成 …… 60
6.3 不同林型土壤微生物群落差异 …… 64
6.4 不同林型土壤理化性质和微生境状况 …… 65
6.5 不同林型对土壤微生物多样性及群落结构的影响 …… 66
6.6 小结 …… 69

第7章 不同林型植物叶、凋落叶和土壤生态化学计量学特征 …… 71
7.1 不同林型植物叶碳、氮、磷元素再吸收率 …… 71

7.2 乔木-灌木-凋落叶-土壤系统中碳、氮、磷含量 ·········· 72
  7.3 乔木-灌木-凋落叶-土壤系统中碳、氮、磷的化学计量比 ·········· 73
  7.4 乔木-灌木-凋落叶-土壤系统中碳、氮、磷含量及其化学计量比的相关性 ·········· 74
  7.5 生境因子对乔木-灌木-凋落物-土壤系统碳、氮、磷化学计量的影响 ·········· 77
  7.6 小结 ·········· 80

第8章 基于最小数据集不同林型土壤质量评价 ·········· 81
  8.1 总数据集与最小数据集的构建 ·········· 81
  8.2 土壤质量评分模型的构建 ·········· 81
  8.3 指标权重与 SQI 计算 ·········· 82
  8.4 不同林型 0~10cm 土层土壤质量评价 ·········· 82
    8.4.1 不同林型 0~10cm 土层土壤理化性质特性 ·········· 82
    8.4.2 0~10cm 土层土壤质量评价指标最小数据集的构建 ·········· 84
    8.4.3 基于最小数据集的 0~10cm 土层土壤质量评价 ·········· 85
  8.5 不同林型 10~20cm 土层土壤质量评价 ·········· 88
    8.5.1 不同林型 10~20cm 土层土壤理化性质特性 ·········· 88
    8.5.2 10~20cm 土层土壤质量评价指标最小数据集的构建 ·········· 89
    8.5.3 基于最小数据集的 10~20cm 土层土壤质量评价 ·········· 91
  8.6 不同林型 20~30cm 土层土壤质量评价 ·········· 93
    8.6.1 不同林型 20~30cm 土层土壤理化性质特性 ·········· 93
    8.6.2 20~30cm 土层土壤质量评价指标最小数据集的构建 ·········· 94
    8.6.3 基于最小数据集的 10~20cm 土层土壤质量评价 ·········· 95
  8.7 土壤质量评价精度验证 ·········· 98
  8.8 小结 ·········· 99

第9章 数据预处理和特征波长变量选择 ·········· 100
  9.1 原始光谱预处理及曲线特征分析 ·········· 100
    9.1.1 数据集划分方法 ·········· 101
    9.1.2 SG 滤波 ·········· 102
    9.1.3 多元散射校正 ·········· 102
    9.1.4 标准正态变量变化 ·········· 104
    9.1.5 叶片叶绿素含量与光谱反射率间相关性 ·········· 104
  9.2 特征波长变量选择 ·········· 106
    9.2.1 连续投影算法筛选特征波段 ·········· 106
    9.2.2 竞争性自适应重加权算法筛选特征波段 ·········· 108
    9.2.3 SPA 和 CARS 选择特征波长效果对比 ·········· 111
    9.2.4 小结 ·········· 112

第10章 模型建立与评价 ·········· 114
  10.1 模型选择 ·········· 114

10.2	模型性能指标与评价依据	114
10.3	基于SPA支持向量回归组合模型的叶绿素含量估算	115
	10.3.1 支持向量回归	115
	10.3.2 模型估测结果与验证	115
10.4	基于ELM极限学习机组合模型的叶绿素含量估算	119
	10.4.1 极限学习机	119
	10.4.2 模型估测结果与验证	119
10.5	基于BP神经网络组合模型的叶绿素含量估算	122
	10.5.1 BP神经网络	122
	10.5.2 模型估测结果与验证	123
10.6	小结	126

第11章 讨论

11.1	不同林型土壤微生物多样性及其群落结构	128
	11.1.1 不同林型对土壤微生物群落多样性的影响	128
	11.1.2 不同林型对土壤微生物群落结构组成的影响	128
	11.1.3 不同林型土壤质量评价指标体系	129
	11.1.4 不同林型土壤质量	131
11.2	典型林分植物叶绿素含量高光谱分析	131
	11.2.1 典型林分植物原始光谱特征分析	131
	11.2.2 典型林分植物光谱特征提取分析	132
	11.2.3 典型林分植物叶绿素反演模型分析	133

第12章 结论与展望

12.1	结论	137
12.2	展望	140

参考文献 ··· 141

第1章

绪 论

1.1 研究目的及意义

保护区作为国家自然保护区事业的主要部分,它的设立是保持陆地上复杂生态系统稳定性的最有力手段,可以维持由森林植物及与自然环境共同构成的复杂自然生态体系稳定[1]。其中,土壤作为森林生态系统重要组成成分,是森林植被生长的载体并为其提供必要的养分;同时森林植被也通过演替不断向土壤中补充养分,从而维持森林生态系统内养分的动态平衡[2-3]。森林土壤中营养物质含量主要受控于光、水、气、热等气候因子以及地形、植被等因子[4]。土壤质量作为土壤肥力质量、环境质量和健康质量的综合量度,是森林土壤维持生产力、环境净化能力以及保障动植物健康能力的集中体现[5]。近年来,由于人口快速增长、工业化进程加快及人类对土地资源的过度开发,人地矛盾日益突出,由此带来环境污染、水土流失和土地退化等诸多问题,给土地资源的可持续发展带来不良影响[6]。据统计,我国因土壤侵蚀、肥力贫瘠、盐渍化、沼泽化、污染和酸化等造成的土壤退化总面积约 4.6 亿 hm^2,占全国土地总面积的 40%,是全球土壤退化总面积的 25%[7]。为解决日益严重的土壤退化问题,党的十八大将生态文明建设上升为国家战略,加大自然生态系统保护力度[8]。开展自然保护区不同林型土壤质量评价研究,已经成为森林生态系统可持续发展重要前提和基础性工作,对改善土壤质量和提高自然生态系统稳定具有重要的意义[9]。

四川栗子坪国家级自然保护区位于四川盆地西南边的小相岭山系、贡嘎山东南面、大渡河中上游的石棉县境内,是以小相岭野生种群大熊猫(*Ailuropoda melanoleuca*)、红豆杉(*Taxus wallichiana var. chinensis*)等珍贵稀有的野生动植物及其栖息环境为重要保护对象的自然野生动植物类型保护区[10]。其森林植被拥有经典的亚热带特点,其中植被的垂直带谱保存完整,气候类型属亚热带太平洋季风为基带的山地气候。目前对四川栗子坪自然保护区的研究主要集中在动物和植物多样性方面,对该区域土壤质量评价的研究几乎为空白,因此,本书将分析四川栗子坪国家级自然保护区不同林型土壤质量的本底特征和空间分布规律,揭示不同林型土壤质量变化规律,提出四川栗子坪国家级自然保护区不同林型土壤质量评价指标、评价体系和分等定级标准;依据评价结果,筛选出土壤质量最优林型;达到充实我国土壤质量研究领域,填补该保护区土壤理化性质的空白,为今后该地区土壤质量评价模型构建、优势造林树种选择和土壤性状改良提供参考,以及为自然保护区域森林土壤资源保护、开发和利用提供科学决策依据,促进该区域生态环境与经济可持续发展。

近30年遥感技术快速发展，遥感技术在森林资源调查中占据重要位置，它具有动态、宏观、高效特点，可弥补人工野外调查不足，甚至可以轻易地对野外难以调查研究区域进行监测。遥感多光谱数据通常空间分辨率低、波段数量较少，存在同谱异物现象，导致树种不易区分。因此，多光谱数据更有利于区分有森林和没森林，或者应用于森林简单区划。随各种科学技术发展，对森林精细分类要求越来越精确，此过程用到各种来源数据，如雷达、多时相遥感、地面调查数据等多源数据。大量多源数据确实非常有效地提高分类精度，但缺点明显，数据难以获取、价格昂贵。获取不易、特征提取和数据融合等混合方法导致工作量增加，且针对不同地区森林资源调查会出现可移植性变差现象，需要重新设计新模型。

以往对森林物种的鉴定多依赖于植物的形态特征，例如茎、叶、果实等。这种方法耗时耗力，受环境影响明显，由于研究需求的变化，研究方案也会随着时间的推移而发生变化。近年来，由于遥感技术具有动态、宏观和高效等优点，使其快速发展，其优点是可有效地补充传统的实地调研方法，实现对复杂的林区精确定位。由于多波段遥感的空间分辨率较低，且具有"同谱"的特征，使得不同物种的识别难度较大。因而，利用多波段光谱进行有效树种识别，或可进行单纯的林地分区和识别，对植物野外调查以及森林保护都至关重要。目前，利用多波段数据获取的数据还不完善，不能很好地适应林业调查的需要。随着科技的进步，对林木的精细化分级也提出了更高的要求，这一过程需要大量的多源数据资料，如雷达、多时相遥感和地面调查等。海量多源数据有很大的可挖掘潜力，可以很好地提升植物区系识别能力[1]，但是也存在着数据获取困难和价格昂贵的问题，数据的特征提取与融合的复杂方式造成了大量的工作负荷，以及因地域差异带来的可移植性较弱等问题，亟须进行新的建模[2]。通过大量研究研究，高光谱数据建模可以有效地提高保护区物种多样性、生物量、储量及生态系统服务的精度，保证区域内的生态资源的可利用性，从而提高保护区内的森林管理水平[3]。

栗子坪是四川省国家重点保护区域，包括以大熊猫为代表的稀有濒危动物，植物有红豆杉、连香树、水青树等，由于其特殊的地理环境和漫长的演替过程，该区为植物以及动物提供了重要的物质基础。且具有西南地区自然条件在植物分布上具有代表性。此外，植物区系研究一直以来都是人们了解该地区植物特征、进行植物分区、经营管理以及为该地区生物多样性保护提供理论依据。

栗子坪保护区作为以大熊猫为主珍稀濒危野生动物以及红豆杉、连香树和水青树等珍稀濒危植物为保护对象的自然保护区，珍稀濒危物种众多，特有物种丰富，地理位置对于大熊猫孤立小种群的灭绝起着关键作用，是最重要的物种资源库。冠层植物的丰度是一个地区物种多样性的评价标志，保护区内冠层优势树种不同生长状况的监测尤为重要，由于自然环境条件的限制，保护区植物生长健康监测也是保护区工作重要的一部分，人为监测受到制约，随着高光谱遥感技术的发展，利用绿色植物自身结构发生变化使光谱曲线发生局部变化，是一种非破坏性的、长期的动态监测方法。

选择四川栗子坪国家级自然保护区多种典型植物为研究对象，探究植物性状与叶片光谱之间的联系，能够用来判断植物的生长情况。需要在发展经济的过程中加强对自然保护区的保护和治理，使之科技与生态实现可持续发展。自然保护区也是森林生态系统的重要部分，其存在的意义在于为世界上所生存的生命提供了一个良好的生活和物质条件。自然保护区是森林生态系统的重要部分，森林生态系统也是全球最为重要的生态系统，同时为地球上的各种生物提供了生存环境和物质基础[4-5]，在维持地球生态平衡方面发挥着重要作用，促进人类社会、经济和环境的可持续发展发挥着重要作用。

植物光谱与其本身生理生化参数有着紧密的相关性，植物的各种生理化学变化在植物的光谱中得到反映，从理论上通过测定植物的养分状态可以判断植物的生长状况[6]，高光谱遥感可以快速、无损地估算植物的物理、化学组成，特别是对作物的叶片和养分进行快速、无损地估算，诸多研究已在大面积监测植物营养等方面取得显著进展[7]。高光谱数据具有细窄波谱特征，蕴含着丰富的光谱信息，而获得的光谱波段能反映出不同树种之间的微妙差异。本书以保护区典型冠层植物为研究对象，基于对光谱的森林树种进行分类研究，构建其不同的植物营养预测模型，具有重要的理论和实际应用价值。高光谱数据的降维是目前研究的关键问题[8]，为精确获得保护区内的森林树种及空间分布，保证区域内森林资源的可利用度、提高有关物种多样性、生物量、储量及生态系统的研究成果的精度，利用高光谱反射率对植物营养指标进行反演，来解决传统利用大量人力物力调查森林资源的低效问题。

综上所述，利用高光谱遥感更便捷、快速、准确地识别森林树种，可以解决目前我国森林遥感面临的数据冗余和标签获取困难等问题，通过开展光谱数据降维与主动学习两项核心技术的研究，以期进一步提升森林物种的识别准确率，为我国的林业调查工作提供便捷快速的方法。

1.2 国内外研究现状

1.2.1 土壤质量的概念

土壤质量（Soil Quality）的概念最早出现在 20 世纪 70 年代，迄今为止，有不少学者认为土壤质量是一个难以确切定义的抽象土壤特征[11]。部分学者认为土壤质量受土壤表面植被类型、土地空间分布和土壤类型[12]，以及土壤的功能、类型和所处地域的影响，此外，还受诸多外部因素的影响，例如：土地利用方式和人为影响[13]。土壤质量随着人类发展以及可持续土地利用越来越受到重视，研究热度不断提高，土壤质量的内涵也在不断扩展[14]。随土壤科学不断发展，目前已有众多国内学者从事有关土壤质量的研究，国内土壤学者认为土壤质量是土壤提供生物物质的肥力质量，保持空气和水安全的环境质量，提供营养元素，消除有害物质并保持动物和人类安全的健康质量的综合体现，提供生态系统中生命所必需的营养物质，它能容纳、降解、净化污染物，维持生态平衡[15-16]。我国土壤学家结合研究实践提出"土壤质量是指一定生态系统内为生命提供所必需的养分和生产物质的水平，容纳、降解、净化污染物质和维护生态平衡的能力，影响和促进植物、动物和人类健康程度的综合量度"[17]。它包括土壤肥力质量、土壤环境质量和土壤健康质量三个既相对独立又密切联系的部分。土壤质量是现代土壤学研究的核心问题，是土壤优劣程度的综合度量,其含义为土壤支持生物生产的能力、净化环境的能力和促进动植物与人类健康的能力的综合,土壤质量核心是土壤生产力,肥力是其基础[13,18-20]。目前,土壤质量是土壤肥力、健康和环境一体的综合度量[21],它们分别代表土壤提供生物物质能力,以及保持空气和水安全的环境质量的能力以及提供营养元素、消除有害物质并保持动物和人类安全的健康质量能力[22]。

1.2.2 土壤物理评价指标

土壤物理性质是影响土壤质量的重要因素之一,土壤物理性状围绕着土壤三相分配而相互影响、相互制约,其土壤物理性质影响着植物的生长发育和环境质量有着直接或者间接的影响[23]。美国土壤保持组织将土壤容重、土壤类型(质地)、渗透能力、团聚体、土壤结构、通气性(孔隙度)、有效含水量、持水性、板结、毛管水和表面光滑度作为评价土壤质量物理指标[24],并且土壤质量评价与监测国际会议把持水量和渗透特征作为影响土壤质量首选物理指标,把团聚体作为次要物理指标[24]。Das 等[25] 和 Abdulrasoul 等[26] 分别在利用土壤质量指数评价水稻-小麦集约化种植系统施肥对土壤物理性质的影响和生物炭和堆肥对土壤物理质量指标的影响研究中,通过使用土壤质量测试工具指南,选取多种物理指标,作为土壤物理质量评价的重要指标,表明土壤物理质量指标对土壤质量评价的重要性。Ying 等[27] 在基于最小数据集的宁夏典型荒漠草原不同土地利用类型土壤质量评价中研究中采用不同土地利用类型的物理、化学、生物学指标作为土壤质量评价指标,确定 19 个土壤质量指标,并采用总数据集指标进行主成分分析。结果显示草地 WC、pH 值、BD、EC 和 TP 含量最高。林地、灌木地和废弃地的 TP 得分最高。土壤颗粒组成方面,林地的含量最高,并显著高于草地。该结果表明,土壤容重降低促进了团聚体形成,改善了土壤结构,使土壤疏松、通气,水分利用率更加协调[28]。其次,黏土的百分比最大,是由于植被大量生长,根系发达且较浅,覆盖度较高导致的[29]。林培松[30] 在广东省梅州市清凉山库区森林土壤物理性质初步研究中,采用构建一个完整剖面的方法初步研究了梅州市清凉山库区不同森林类型下土壤物理性质的差异。结果表明,研究区不同森林类型土壤物理性质之间显著差异($P<0.05$),天然林土壤物理性质较好,人工林土壤颗粒含量中的砂粒大幅偏高,而黏粒则相反。人工林最上层的土壤容重和相对密度高于天然林,土壤容重随土层的增加而降低,土壤孔隙度与含水量为天然常绿阔叶林地大于桉树林地。刘少冲等[31] 对莲花湖库区流域人工林主要林型下土壤的物理性质和枯落物蓄水效益进行研究。结果表明,各林型土壤最大持水量由大到小为落叶松林、杂木林、红松林、荒草地,土壤入渗速率随土层深度的增加表现为降低的变化趋势,不同林分类型下土壤孔隙状况大小排序为:锐齿栎林>油松林>草丛,土壤容重变化趋势相反。

1.2.3 土壤化学评价指标

土壤的化学指标直接影响着土壤的肥力状况,并且关系地上作物的产量和质量。土壤的化学性质影响了土壤肥力的内在条件,进而影响植被生长状态和土壤质量[32]。评价土壤质量基本化学性指标包括:有机质、全氮、全磷、全钾、有效磷、速效钾和 pH 值等。其中,pH 值表示土壤酸碱度,是土壤重要的化学性质之一,综合反映土壤各种化学性质,它和土壤微生物活动、有机质合成与分解、各种营养元素的转化与释放及有效性关系密切[33-35]，同时也是影响土壤质量因素之一，土壤中氮素硝化作用和有机质矿化等过程受pH值的影响[36-37]。土壤有机质是指土壤中所含碳的有机物质，包括动植物残体、微生物体及其分解和合成的各种有机质[38]。土壤有机质是土壤固相部分重要组成成分[39-40]，是土壤质量衡量指标中唯一最重要的指标[41-42]，它是良好的粘结剂[43]。可作为土壤和环境质量状况的重要表征[44]。土壤氮素是影响作物生长和产量的首要元素，是评价土壤质量和土地生产力重要指标[11]。土壤磷素是植物生长发育必需的元素之一[16]，是衡量土壤供磷潜力的指标[13]。土壤全钾含量的代表钾素潜在供应能力[45]，主要来自于含钾矿物的自然供给[45-46]，土壤全钾含量与母质、风化及成土条件和质地均有关系[46]。植物所需钾主要自然补给源来自土壤不同形态的钾，它们相互转化，对植物的有效性发挥着不同的作用[47]。于法展[48]在庐山不同森林植被类型土壤特性与健康评价研究中，以纯林、混交林、竹林、灌丛、针叶林和阔叶林等8种不同的森林植被类型土壤为研究对象，经过系统采样和测定各土壤化学指标发现，不同森林土壤化学特征不同，土壤化学特征与不同森林植被类型显著差异（$P<0.05$），其中落叶阔叶林下土壤肥力水平最高，落叶阔叶林土壤养分保持最高，落叶阔叶林土壤肥力最高，黄山松林土壤肥力最低。Ali等[49]在不同海拔森林对喀喇昆仑北部森林土壤性质的影响研究中发现，不同海拔森林pH值、$CaCO_3$含量和有机质含量随海拔的变化而变化。杨万勤等[50]等在缙云山森林土壤速效N、P和K时空特征研究中发现，森林在不同的演替阶段土壤全钾和速效钾含量显著不同，其中灌草丛土壤含量最高，其次为针叶林和针阔混交林，最低的为常绿阔叶林，研究还发现，不同植物物种多样性指数和腐殖质层土壤速效钾含量呈显著或极显著正相关。游秀花等[51]在不同森林类型土壤化学性质的比较研究中，以武夷山风景区天然林和人工或半人工林土壤为研究对象，研究表明，由于人为影响，人工林的土壤养分高于天然林，同林型不同土层土壤养分差异显著（$P<0.05$），该研究揭示了武夷山风景区不同森林类型的土壤特征，主要是由于在人为施肥增加了人工林土壤养分的供应，增加了土壤养分。薛文悦等[52]在北京山地几种针叶林土壤酶特征及其与土壤理化性质的关系研究中发现，土壤SOM、TN等主要理化性质指标是影响其土壤肥力状况的主要因素，可用作该地区土壤肥力评价的指标，其中落叶松林土壤肥力最高，侧柏林和白皮松林土壤肥力其次，最低的为油松林。

1.2.4 土壤生物评价指标

土壤生物学性质可敏感反映出土壤质量状况[53]，是土壤质量评价中不可或缺的指标之一[54]。土壤酶作为土壤重要组成部分[55]，土壤酶是一类具有专性催化作用的较稳定的蛋白质[56]，测定方便而且应用广泛，被看作是比较理想的反映土壤质量的综合度量指标[57-58]。微生物量碳和微生物量氮是表征土壤生物学活性的重要指标，也是土壤质量的重要指标[48]。杨万勤等[59]在缙云山森林土壤酶活性的分布特征、季节动态及其与四川大头茶的关系研究中发现，土壤酶活性随土层差异显著（$P<0.05$），过氧化氢酶活性和酸性磷酸酶活性以常绿阔叶林高，土壤酶活性随季节有明显的变化规律。许景伟等[60]通过探究土壤微生物和土壤养分对不同林分类型的响应，研究发现，不同林分土壤微生物数量、酶活性差异显著（$P<0.05$），且土壤微生物数量、酶活性与土壤养分含量之间呈显著相关关系。不同林型土壤酶活性含量与土层、凋落物等因素相关[61]。

土壤微生物是森林生态系统重要组成部分，直接参与土壤物质分解和养分循环过程[62-63]，是土壤养分转化主要驱动力[64]。植被是土壤微生物营养物和能量重要来源，植物根系及其分泌物为土壤微生物提供营养物质和有利生长环境[65]，反之植物通过土壤微生物对根系分泌物和其他土壤有机质分解过程产生的养分，间接影响植被生长[66]，因此植被对微生物多样性特征具有反馈作用[67]，导致不同植被类型土壤微生物群落结构和多样性不同[68-69]。土壤微生物多样性对维护和促进森林生态系统平衡至关重要，是生物多样性重要组成之一[70]，其提高森林生态净化功能和维护森林生物多样性发挥不可替代作用[71]，对土壤生态系统服务功能稳定和可持续发展具有重大意义[72]。研究表明，植物是影响土壤微生物群落结构和多样性的重要驱动因子[73]，通过影响土壤环境进而改变土壤微生物群落特征[74]，不同植被类型导致土壤微生物群落差异显著[75]。植被以其残体的形式向土壤输入有机养分，为土壤微生物生命活动提供有机营养，从而显著提高土壤微生物的丰富度[76]。土壤微生物与地表植被类型密切相关，不同植被是导致土壤微生物群落变化原因之一[77]，土壤微生物特征与土壤养分存在明显相关性且其相关性有较大差异[78]，土壤理化性质可以直接或间接影响植物多样性和土壤微生物多样性[79]。

1.2.5　土壤质量评价

土壤质量评价综合了土壤的功能，是对这些土壤保持生产力和维持环境质量等属性进行时空尺度上的衡量[80]。土壤质量不能通过对土壤的单一指标测定得到，而是通过土壤的物理、化学及生物学性质指标综合得出[81]，因此土壤质量核心内容之一为评价指标的筛选[82]。很多均可影响土壤质量，其研究过程中所选定评价指标也略有差异[22]。目前研究中所选取的指标主要包括土壤物理、化学和生物3个方面[83]。综合近些年来有关土壤质量相关研究表明，土壤质量评价指标筛选没有形成统一的标准与体系[84]，目前多数学者根据研究目的、土壤类型、地区和气候等诸多因素的不同，确定适合评价指标体系。

目前对于土壤质量评价方法没有统一的筛选标准。在土壤质量评价方面的研究，我国关于土壤质量评价研究起步较晚，但在运用土壤质量评价方法方面仍做了大量研究。土壤质量评价方法指标及指标筛选进行过综述报道[85-87]，庞世龙等[88]研究广西平果喀斯特山地5种植被恢复模式下土壤质量状况，以山地银合欢林和顶果木林等不同林型土壤为研究对象，去顶最小数据集土壤质量评价体系，结果表明速效磷是该区域土壤质量的主要影响因素，不同林型土壤质量差异较大，且随时间的增加整体土壤质量降低；张连金等[89]以北京13种林型的土壤为研究对象，确定土壤指标，并对土壤质量进行评价，结果表明研究区内土壤质量总体偏低。范少辉等[90]将不同密度下毛竹林土壤作为研究对象，并分析其土壤质量状况，结果表明不同土壤质量差异较大。因此，为了提高土壤质量，在今后该地区研究中应设置合理种植密度，以达到提高土壤质量的目的。王改玲和王青杵[91]采用主成分分析的方法对不同植被条件下土壤质量进行综合评价，结果表明不同植被均有改善土壤质量的作用，且苜蓿和柠条对土壤的改善作用最为显著。赵娜等[92]以华北低丘山地退耕还林区森林为研究对象，探究不同退耕条件下土壤质量状况，结果表明，华北低丘山地中种植人工林的土壤质量指数较高，其土壤质量相对其他区域较好。贾志兴等[93]以江西省赣州市定南矿区土壤为研究对象，通过最小数据集进行土壤质量评价，土壤有良好应用潜力。邹瑞晗等[94]建立最小数据集计算土壤质量得出，施用B3生物炭处理土壤质量指数最高，其土壤大团聚体和碳含量较高。

提高评价结果的准确性和可信度的关键是拥有合理的评价方法，主成分分析法构建土壤质量评价最小数据集可优化土壤质量评价[95]，减小评价和采样过程中的工作量，土壤质量指数法能排除评价指标间的共线性，充分考虑指标间相互作用对结果的影响，准确评价土壤质量的优劣，以其计算简单，适用范围广的优势，广泛应用于土壤质量评价，是土壤质量评价中较客观和实用方法[95]。苏吉凯等[96]以南丹矿区农田为研究对象，在土壤质量指数法基础上，通过引入动态加权评估法，提出改进土壤质量指数法，对其进行土壤质量评价研究，结果表明土壤肥力处于中等及以下水平。刘湘君等[95]通过主成分分析法构建土壤质量评价指标最小数据集，结果表明，耕层土壤质量总体处于中等水平。影响土壤质量因子复杂多样，单一土壤评价指标难以全面表征土壤综合特征[97]。土壤质量评价方法方面，大量研究将综合指数法[98]、模糊数学聚类评判法[99]、灰色关联法[100]和层次分析法[101]等引入到不同时空尺度的土壤质量研究中，但上述方法存在一定缺陷，综合指数法在评价过程中部分受主观影响，易出现偏差[102]；模糊数学聚类评判法在样本量较大时，计算复杂[103]；灰色关联法若指标值离散，会丢失部分信息[104]；层次分析法主观性较强[105]。最小数据集是指通过收集最少的数据，最好地掌握一个研究对象所具有的特点，针对被观察的对象建立一套精简实用的数据指标，能简洁地全面表征土壤综合特征[106]。因此，本书以四川栗子坪自然保护区不同林型土壤为研究对象，结合土壤物理、化学、生物三方面因素，采用主成分分析法，筛选出最小数据集，建立土壤质量评价指标体系，对不同林型土壤质量进行评价，为该区域森林土壤提供基础数据支撑，同时为今后土壤质量评价和退化土壤修复以及优势树种选择提供参考，为自然保护区森林土壤资源的保护、开发和利用提供科学依据。

1.3 高光谱研究进展

高光谱技术是电磁波与各物质的反射、吸收和透射的物理过程研究，可分析各种物质宏观与微观特性，它的紫外区（100～380nm）、可见光区（380～780nm）近红外区（780～1500nm）、中红外区（1500～10000nm），在可见-近红-短波-红外光区域，地表主要以太阳光的反射为主，利用仪器测量的光谱信息可以用于对目标种类的鉴别及其诊断营养状态的标志[9]，高光谱技术以其高分辨率和丰富的光谱信息，在农作物分类领域有着独特的优势，近年来受到了国际上的广泛关注。

1.3.1 植物叶片叶绿素含量研究

植物的光谱能够区别其他地物的光谱，而植物对电磁波的响应受其自身属性和外部环境的影响[10]。可见光是植物区别于其他物种的主要波段，植物富含多种色素，叶绿素对可见光的光谱反应最灵敏，在蓝色和红色两个波段，叶绿素吸收了较多的能量，以叶绿素对可见光波段光谱响应最为敏感[11]。叶绿素在蓝光区和红光区都有很强的吸收能力，而在绿光区（540nm）则出现一个很窄的反射区，在该区域，植物的光谱特征受到了植株结构的影响，在760nm左右是植物区别于其他地物最显著的特性，也是植物光谱研究的关键所在。在中红外区域，绿色植物的光谱在1400nm、1900nm、2700nm附近，对植物含水量比较敏感的植株，其反射光谱也表现出类似的规律，即红光区至近红外区（700~1400nm）的反射率最高[12]。各种植物的光谱反射率都与绿色植物的特性相一致，与植物的原始光谱中的红外光谱具有较大的差别，植物的原始光谱不同波段之间存在明显差异，在植物原始光谱水分吸收波段差异明显，且有红边"蓝移"现象。在此基础上，通过选择与植株相关的光学参数，可以反演出植株的各项生理生化指标。佘雕[13]对9种沙漠植物水分含量与其初始光谱进行了研究，结果表明1374nm和1534nm两个波长与水分含量的关系最为密切，是反映水分含量变化的特征带。王傲胜[14]以民勤沙漠灌木柽柳、白刺和梭梭为研究对象，通过对3种不同生长阶段的植物光谱特征进行研究，以期为利用植物进行遥感识别奠定理论依据。曹志洪[15]通过对玉米、向日葵、土豆等作物的光谱特征进行研究，发现绿叶植物的光谱反应与作物生长特征相吻合：在可见绿色（490~580nm），由于叶绿素在可见光（490~580nm）产生强烈的"波峰"，而在660~700nm，强烈的吸收作用产生了"波谷"，在近红外区（750~800nm）则没有明显地增长，从而构成了一个强烈的反射平台，可以精确地鉴定出不同的农作物。卢翠玲[16]对各生长阶段的叶绿素测定指标进行了分析，并对其与内源因子和外源因子之间的相关性进行了分析。在高光谱遥感应用中，利用一种简单的光谱反射率对植株的各项性能并不灵敏，而且在光谱测量过程中容易受到土壤背景、生育期等外部因素的影响，通常需要将多个光谱数据有机地融合起来，以达到强化或排除干扰的目的。蒋端生等[17]通过建立植物覆盖度、RVI和GNDVI等三种植物类型的植物覆盖度指标，建立植物覆盖度的最佳反演模式。孙波等[18]通过研究冠层叶片含水量对高光谱反演精度的影响，建立了一种新的基于红边抗性植物指数的遥感反演模型，并在此基础上建立了一种新的基于红边抗性的植物指数。研究发现，新构造的"红边耐水型"植物指数的反演精度优于常用的NDRE和NDVI，张桃林[19]以3种不同的植物指标PSSRc，MSR705，MTCI为基础，构建了一种组合的PLSR模型，以改善作物产量估算的准确性。赵其国等[20]对来自英国8个落叶树种进行21个理化叶性状和植物光谱月变化测定，研究发现叶片光谱可以通过生长季预测多种功能叶片性状，为空气和星载成像光谱监测和定位温带森林植物功能多样性奠定基础。张腾[21]利用高光谱数据在半干旱牧草地上生物量生产高峰期无损评估潜力研究中，采用简单比率植物指数（SRVI）、归一化差分植物指数（NDVI）、土壤调整植物指数（SAVI）和增强植物指数（EVI）等窄带组合进行地上生物量线性回归分析，结果表明地上生物量与单波段光谱反射率的关系较低，而基于所有可用波段的最佳植物指数估计性能显著提高。

1.3.2 高光谱植物营养诊断与检测研究

叶绿素在光合作用的光吸收中起核心作用，也是植物进行光合作用的重要色素[22]。魏亚娟等[23]分析原始光谱反射率、一阶微分光谱反射率和叶绿素含量相关关系，构建叶片的光谱特性参量及叶绿素浓度的反演，丁文斌[24]研究发现，随着植物盖度的增加，沙土的光谱反射率降低，沙柳光谱曲线所表现特征越来越明显，叶绿素含量升高，叶片的光谱特性则变得更加清晰。"两谷一峰"的特点在（400~760nm）范围逐渐增强：随着植物盖度的提高，红色边缘"双峰"变得更加显著，"红边"区域变得更加显著，红边面积也不断增大。在红光波段（560~710nm），植物盖度与原始光谱植物指数存在较好的相关关系，其中两波段归一化植物指数效果最好，其次是差值和比值植物指数，Das等[25]以水稻冠层光谱和SPAD资料为基础，采用多个波段相结合的方法，通过以一阶导数光谱为基础的植物指数（RVI、DVI、NDVI、SAVI）进行比较研究，建立了适合我国西北引黄灌区稻田SPAD高精度遥感反演方法。Abdulrasoul等[26]研究表明了小麦各生长期叶片的高光谱特性，叶绿素对叶片的吸收作用在（710nm）时达到最大值。Ying等[27]利用高光谱植物指数与红边参数对植物群落光谱特征进行相关性分析，植物群落光谱特征差异主要体现早红边位置（700.6nm、713.5nm、722nm）波段与绿波段相关的549nm波段、与蓝波段位置相关的430.2nm和近红外波段相关的（799.9nm）波段，鲍远航[28]对大豆叶绿素含量与冠层光谱相关性进行了研究，结果表明，在近红外区，可见光和近红外光之间存在着显著的负相关性，将其与光谱的相关性进行了比较，得到了较为理想的反演方法，利用神经网络的估测$R^2=0.9467$。赵名彦等[29]根据叶片叶绿素与初始光谱的相关性，将单一波段B_{192}（707.4nm）作为表征果实转变过程中叶绿素浓度变化的灵敏波段，利用叶绿素和光谱反射系数的两个波段的相互关系，确定为光谱响应区。林培松等[30-31]通过对湿地植物叶全氮、全磷、全钾与冠层光谱数据，利用偏最小二乘法分别进行建模，通过比较分析，得出多元回归模式具有更好的拟合效果，其结果表明全氮、全磷、全钾与高光谱分析模型精度均较高，王俊[32]采用相关系数和膨胀因子筛选对氮素营养指标较为敏感且具有较低交互作用的植物指数，利用偏最小二乘法与BP神经网络建立氮素养分指标预测模型，达到了很好的预测结果。

1.3.3 基于高光谱技术叶绿素含量检测研究

早期常用的方法是通过添加的化学剂结合分光光度法。1949年王磊等[33]首次提出丙酮法，这一技术在世界范围内被广泛使用。1981年首次建立了以无水乙醇为溶剂的萃取方法[34]，随后相继提出以丙酮-乙醇为溶剂的萃取方法[35-36]。Lu曾对普通生长阶段的草地植物进行了叶绿素的检测[37]、陈小虎等测定了棉叶中的叶绿素含量[38]，毕浩东等[39]对高粱叶绿素超微结构与其在不同叶位处的相关性进行了探讨，但因其仅可在体外进行破坏性检测，存在较大滞后性，所以难以实现大尺度的应用。

20世纪60年代以来，在世界范围内开展了活体叶片叶绿素含量测定方法的研究。1984年，由北京农业机械化学院研发成功叶片叶绿素含量测定仪器SI-841，实现叶绿素野外测定[40]。随后绿素仪SPAD与CCM作为常用的测量植物体内叶绿素浓度的仪器，前期研究发现，叶绿素计测量结果与叶绿素浓度具有明显的相关性[41]，且已被广泛用于对诸如水稻[42]、玉米[43]、落叶松[44]、杜鹃[45]、茶树[46]和地衣[47]等多种作物进行叶绿素含量的测量。尽管叶绿素计的研制与使用为研究植物叶绿素的变化规律带来了方便[48]，但目前还不能对大面积的植物进行实时、连续的观测。

1.3.4 光谱建模研究

在生态系统功能研究、群落生态学以及生态系统服务评价等方面，植物属性一直是研究的热点[49]，这使得从遥感影像中提取植物特征，进而对生态系统进行监测成为可能，叶绿素是植物吸收光能主要生化参数，同时也是评估森林生产力及全球碳循环的重要指标[50]。大量的研究表明，在森林、草地、农田等不同生境条件下，通过光谱数据可以较好地反演单个植物的个体特征，且具有较高的准确性[51-53]。高光谱遥感技术以其高分辨率、易操作、高效、无损检测等优点，是当前植物叶绿素浓度反演的重要发展趋势[54-55]。植物在可见-近红外波段具有显著的吸收和反射特征[56]，Shi 等[57-60]已经证实了采用冠层反射光谱反演作物叶绿素含量的可行性。王海英等[61]利用实验室获得的高光谱数据估计了冬小麦的叶绿素含量，其中包括同波段的叶绿素指数。Idrees 等[62]对植物光谱和叶绿素浓度之间的关系进行了研究，归纳出了"红边位置"对估算农作物叶绿素含量的影响。朱怡等[63]的研究发现，叶绿素总量在红色边缘位置上的"红边"是其最显著的特征，Wang 等[64]当叶绿素含量较高或生长势较强时，植株的光谱会出现向红色或蓝色方向移动的现象，沈凤英等[65]利用蓝边（490～530nm）和红色边带（680～760nm）等作为支持向量机的输入矢量并利用光谱特征，对不同波段的植物指数进行反演。

竞争性自适应重加权采样（Competitive Adaptive Reweighted Sampling，CARS）是结合抽样和偏最小二乘回归因子相融合的特征变量选取方法[66-67]，借鉴基因算法的思路，通过逐步评估、分析、筛选和剔除各波段，适用于高维数据的筛选[68]。连续投影（Successive Projections Algorithm，SPA）是一种在可见和近红外波段进行光谱特征筛选的方法[69-71]，Hu 等[72]采用 SPA 算法对棉花冠层中氮元素的敏感性带进行了选择，可以有效减少数据冗余，并使波段数降低了 93.0%～96.3%。罗正明等[73]通过对 SPA 算法降低模拟过程中需要的波长数目，得到的敏感波段的预测结果要比全波谱预测更准确。Jing 等[74]采用竞争性自适应重加权采样 CARS 对作物的光谱波段进行选择，构建基于局部最小二乘法的作物水分光谱反演算法。受限于光谱数据的复杂性和光谱与叶绿素的高度非线性，在机器学习方法上显示出了较好的效果，为深入发掘多光谱遥感数据提供了新的思路。Zhao 等[75]利用支持向量回归（Support Vector Regression，SVR）算法构建水稻叶片 SPAD 值估算模型，秦志斌等[76]估算天然气微泄漏胁迫下大豆冠层叶绿素含量，并构建基于微分光谱多元线性回归与（Back Propagation，BP）神经网络估算模型，结果表明 BP 神经网络模型估算精度优于多元线性回归模型。Yang[77]采用偏最小二乘算法，随机森林回归算法，支持向量机以及极限学习机（Extreme Learning Machine，ELM）4 种机器学习算法估算高粱叶绿素含量，以获取更丰富的光谱信息。

1.4 发展趋势及问题

过去不少学者对不同林型下土壤质量进行了大量研究，但主要研究焦点在于某单一树种土壤质量的影响，且没有对土壤质量进行统一评价，或者仅仅就土壤物理、化学和生物学性质的某方面进行研究，没有综合考虑土壤各种理化和生物学性质对土壤质量的影响，研究范畴相对较窄，并且应用土壤生物学特性作为土壤质量评价指标的相关研究较少。近年来，土壤物理、化学性质作为评价指标进行土壤评价的研究较多，而应用土壤生物学特性作为土壤质量评价指标则较少见报道。土壤质量的演化规律、评价指标体系的建立及预测模型的构建等研究是现代土壤科学的研究热点。但土壤质量评价由于具有区域性和土壤特殊性，造成了评价结果的不一致性和不稳定性，评价结果可信度降低，导致土壤质量相关的许多问题。

本书将 11 种典型植物叶绿素营养指标与光谱数据进行建模。建立多种植物营养与光谱反演模型，可以预测植物叶片性状与生长状态，从而将叶片尺度模型扩大到群落、景观直至生态系统尺度，通过快速、无损的典型叶片营养指标测量，最终在大尺度、长时间序列上提供保护区生态系统保护的关键数据，以期为保护区植物营养监测提供理论依据和技术支撑。

第 2 章

材料与方法

2.1 研究区概况

栗子坪自然保护区位于全球34个生物多样性热点地区之一,属大渡河一级支流楠垭河流域,是小相岭保护大熊猫孤立小种群的关键区域和国家大熊猫野外放归的科研实践基地。地理位置为102°10′33″E～102°29′07″E,28°51′02″N～29°08′42″N,总面积47940hm²。研究区是以亚热带季风气候为基带的山地气候,气温变幅小,年较差小。区内年降水量最低为800mm,最高为1250mm,冬春干燥。区内自然资源丰富,生态系统完整,保存了较完整的地带性原生生物群落,区内属四川盆地亚热带湿润森林土壤区,土壤类型以山地棕壤土和山地暗棕壤土为主,表层有机质含量较高,区内地层发育基本齐全,岩石类型多种多样,主要有酸性火山岩、基性侵入岩、喷出岩、花岗岩、中酸性混染岩,反映该区岩浆活动频繁而强烈。区内断裂褶皱紧密,地层倒转亦常见,构造运动反映了"四川运动"所产生的强烈影响,地层沉积建造具有特殊性。按恩格勒有花植物分类系统(1964年版)统计,栗子坪自然保护区有种子植物134科715属2030种(含变种,下同)。裸子植物有7科14属36种;被子植物有127科705属1994种。裸子植物丰富,科的数量占全球裸子植物总科数的58.34%,占四川该类植物总科数的77.78%,这与该地区在地史演变过程中形成的独特而复杂的地质地貌以及自然气候条件有密切的联系。代表性的科有毛茛科(Ranunculaceae)、杨柳科(Salicaceae)、唇形科(Labiatae)、豆科(Leguminosae)和百合科(Liliaceae)等。也进一步证实该区种子植物区系在整个西南地区植物区系演化和发展中的重要地位和作用。

研究区位于四川省雅安市(102°10′33″E～102°29′07″E,28°51′02″N～29°08′42″N),位于全球34个物种分布最集中的横断山东缘,四川盆地西部大渡河上游,贡嘎山东南部石棉县,南北长23km,东西宽17.8km,占地面积47940hm²。该保护区位于大渡河楠垭河的二级支流,是小相岭野生动物保育的重点地区,也是与108国道分隔的大熊猫生境联系的重点地区,总体地貌为峰顶林立,峰谷幽深,具贡嘎山南缘冰蚀山地小区、大洪山冰蚀山地小区的典型特征。根据海拔、相对高差和植物特征等,可进一步划分出高山、中高山、中山和低山四种地貌类型。该区水热状况垂直变化显著,也是我国野生大熊猫科学研究与实验研究的基地。

2.2 研究内容及创新点

2.2.1 研究内容

为深入认识保护区不同林型生态系统养分循环规律和系统稳定机制,通过测定植物叶、凋落叶和土壤碳、氮、磷含量，掌握该区域不同林型乔木叶-灌木叶-凋落叶-土壤生态化学计量特征。本书以峨热竹、丰实箭竹、石棉玉山竹、空柄玉山竹、胡颓子、瑞香、荚蒾、猫儿刺、倒挂刺、野蓝莓和金丝桃 11 种树种为研究对象，通过测定不同树种冠层高光谱数据，通过多种数据变换方式，分析不同树种的光谱曲线特征、选取差异较大的特征波段，进行树种分析，在不同模型的精度验证基础上，确定典型树种高光谱识别模型，并对所筛选的特征波段进行波段重要性分析。本书基于栗子坪自然保护区的 11 种典型实测冠层植物叶片高光谱数据，通过多种数据变换方式，分析不同树种的光谱曲线特征并提取特征波段，构建基于支持向量机、神经网络和极限学习机的叶绿素含量估算模型，对各模型预测值的精度进行验证，为后续该区域建立成像高光谱研究提供理论依据。研究内容主要包括：

（1）不同林型土壤理化性质变化特征。采集、测定不同林型土壤样品，分析土壤理化因子：质量含水率、容重、总孔隙度、毛管孔隙度、非毛管孔隙度、饱和持水量、持水量、田间持水量、机械组成、pH 值、有机质、全氮、水解氮、氨态氮、硝态氮、全钾、全磷、速效钾和有效磷，以及土壤各指标随土层和季节的变化规律。

（2）不同林型土壤酶活性特征和微生物特征。采集、测定不同林型土壤样品，分析土壤酶活性因子：脲酶（Ure）、蔗糖酶（Sue）、过氧化氢酶（Cat）、酸性磷酸酶（Acp）、微生物量碳氮（MBC、MBN），以及土壤各指标随土层和季节的含量变化规律。采用高通量测序技术方法对不同林型土壤细菌和真菌多样性进行测定，明确各林型土壤细菌和真菌多样性和群落结构，并运用 SmartPLS 构建偏最小二乘法路径模型，分析其与土壤理化和微环境因子相互关系，旨在揭示其内在关联。

（3）不同林型土壤质量指标相关性及其土壤质量评价。利用 SPSS26.0 和 Excel 统计分析软件，通过简单相关分析和因子分析，定性研究土壤物理、化学和生物学质量各指标变量间的相关性及影响程度，从而为土壤质量指标的筛选、综合评价和有目的培育奠定理论基础。对土壤质量指标进行敏感性分析、Norm 值计算和敏感度分级的基础上，借助统计软件，运用主成分分析法筛选出最小数据集，建立土壤质量评价指标体系，进行土壤质量评价并进行土壤质量分级；采用 Nash 有效系数（E_f）和相对偏差系数（E_R），验证评价模型精度。

（4）典型植物原始叶片光谱和不同预处理光谱特征分析。通过测定各样的植物叶片的叶绿素含量和原始光谱曲线，采用多种数据变换方式对光谱仪采集到的数据进行预处理，分析比较不同变换方式光谱曲线特征差异，并结合叶片叶绿素含量特征进行光谱特征分析。

（5）不同植物叶片光谱特征波段提取。提取典型植物敏感光谱特征波段，经过预处理后的数据放大了细微的光谱特征，利用光谱的特殊波段与植物叶绿素之间的相关性，利用通过相关系数，以及敏感波段的提取，减少典型植物建模数据冗余，提高建模预测模型和验证模型的精度。

（6）基于高光谱叶片尺度的叶绿素含量模型构建。以实测的叶片叶绿素含量和相应的叶片光谱数据为基础，表面分布不均而产生对原始光谱干扰和散射现象，为了降低干扰信息的影响，将原始光谱分别进行卷积平滑（Savitzky-Golay Smoothing，SG）、标准正态变换（Standard Normal Variate，SNV）和多元散射校正（Multiplicative Scatter Correction，MSC）三种方法进行预处理，分析比较最优特征波段，利用相关系数法计算光谱中每一条波段反射率与特定物质含量相关系数，选取不同处理方法下提取的特征波段为自变量，以叶片叶绿素含量为因变量，采用支持向量回归（Support Vector Regression，SVR）、极限学习机（Extreme Learning Machine，ELM）和神经网络（Back Propagation，BP）3种机器学习算法构建不同种类冠层植物叶片叶绿素含量估算模型，通过模型精度验证，从不同模型学习方法中筛选出最优模型，以决定系数（R^2）、均方根误差（RMSE）和预测偏差比（RPD）作为回归模型评价指标，并对研究区冠层植物叶绿素估算模型等理论方法进行阐述。

（7）基于高光谱冠层尺度的叶绿素含量反演。利用了第2章所进行的各种变换处理数据，凸显光谱的有效信息，分析不同植物光谱曲线特征，对比分析后得出结论，实现不同树种叶绿素营养指标的反演，为四川栗子坪自然保护区典型优势树种的识别与生长营养监测提供参考依据。

2.2.2 技术路线

本书以四川栗子坪自然保护区不同林型（青冈-川杨阔叶混交林、栓皮栎落叶阔叶林、石棉玉山竹竹林、冷杉-云杉针叶混交林）土壤为研究对象，通过测定不同林型土壤理化和生物指标，探究土壤质量特征；采用主成分分析法，筛选出最小数据集，建立土壤质量评价指标体系，对不同林型下土壤质量进行评价。具体技术路线见图2-1。

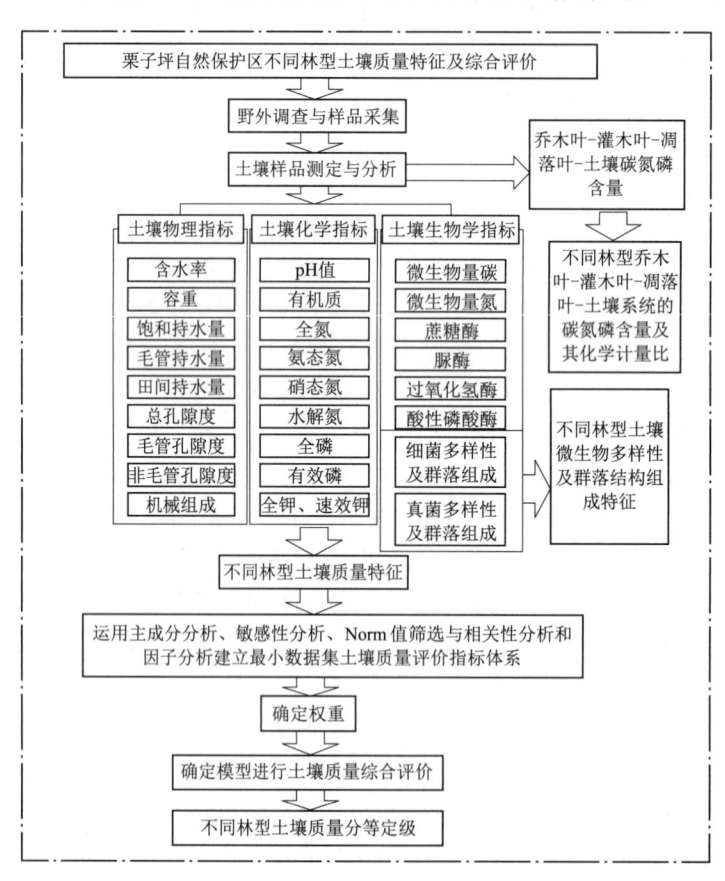

图2-1 技术路线图

本书选取四川栗坪自然保护区 11 种典型植物作为研究对象，通过测量不同树种的冠层光谱信息，采用不同预处理方法，对原始光谱曲线特征进行解析，筛选出具有显著差异的特征光谱，构建典型树种的高光谱叶绿素含量预测模型。在此基础上，建立基于 SVR、神经网络 BP 和极限学习机 ELM 的叶绿素反演模型[78-79]，揭示保护区典型植物生长与更新规律。本书的技术路线见图 2-2。

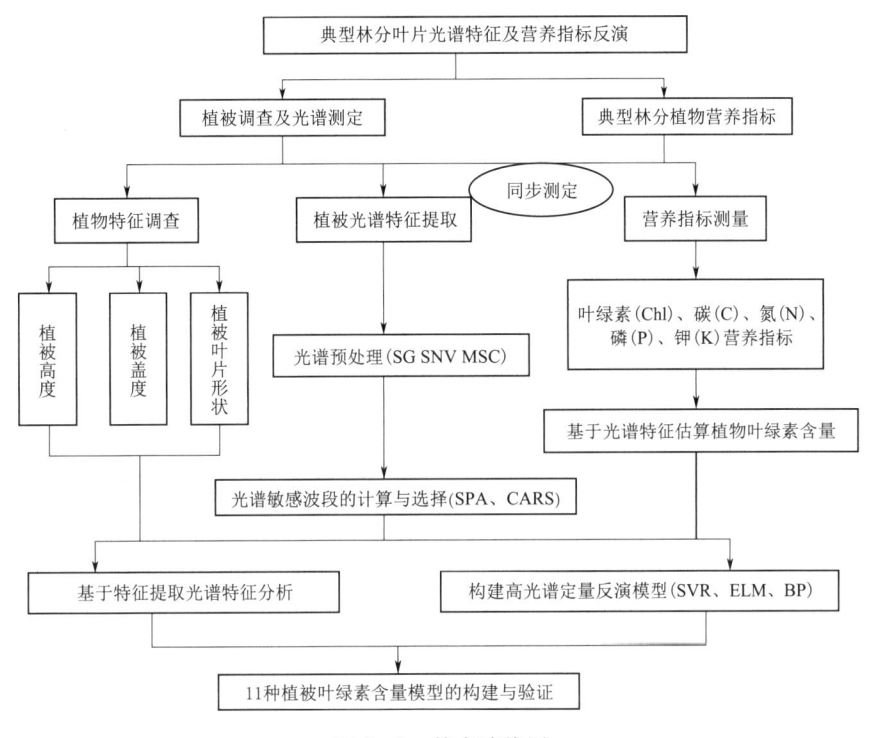

图 2-2 技术路线图

（1）数据采集及处理：叶片光谱数据的获取，叶片叶绿素含量的测量，数据预处理（卷积平滑、标准正态变换和多元散射校正）。

（2）研究了植物在叶片尺度、冠层两个层次上的光谱特性，并探讨了各波段的光谱特性的差别，研究植物本身的物理、化学因素对叶片结构特征、叶绿素含量等光学特性的影响[80-81]。

（3）基于叶片光谱数据、叶片叶绿素含量数据，分别建立叶绿素含量估算模型、验证模型，实现对研究区叶片及冠层叶绿素含量的反演。在此基础上，选取各尺度下的最优反演模型。

（4）利用仪器采集的光谱信息，并将其与植物本身的物理、化学等物理特性相融合，构建基于高光谱影像的冠层光谱数据，在此基础上进行多个尺度转化，选择同一植物估算模型，对比二者反演结果的准确性，区别出这两种数据反演估算叶绿素含量时的适用范围。

本书数据处理采用 Unscrambler 9.7 和 Excel 2019 软件对原始高光谱样本进行预处理，并采用 Matlab R2010a 进行特征波段提取以及模型构建，利用 Origin 2021 进行制图。

2.3　解决的科学问题

揭示四川栗子坪国家级自然保护区不同林型土壤质量变化规律，揭示不同林型微生物特征及其与森林微环境因子和土壤理化因子之间的相关关系，提出四川栗子坪国家级自然保护区不同林型土壤质量评价指标、评价体系和分等定级标准；筛选出土壤质量最优林型；以达到充实我国土壤质量研究领域的目的，填补该保护区土壤理化指标的空白，为今后该地区土壤质量评价模型、优势造林树种选择和土壤性状改良提供参考，以及为自然保护区域森林土壤资源保护、开发和利用提供科学决策依据，促进该区域生态环境与经济可持续发展。

2.4　创　新　之　处

（1）揭示四川栗子坪自然保护区不同林型土壤质量特征，构建了适合四川栗子坪自然保护区不同林型土壤质量评价指标体系最小数据集，通过土壤质量指数对栗子坪自然保护区不同林型土壤质量进行评价。

（2）近年来伴随着机器学习与化学计量学的深入的研究，能获取的光谱数据信息更加丰富，而在基于光谱建模分析技术，用于植物营养含量估测时，采用预处理手段先进行数据降维，再结合特征波段的基础上筛选目标物质的敏感波段，最后支持向量回归、极限学习机和神经网络方法来尝试提高预测模型精度。这种常规思路各阶段所需参数众多，目前已经有学者发现可以借鉴深度学习技术，运用数据驱动的深度学习方法发现高维数据中复杂的结构，减少了数据处理用运的先验知识，同时考虑其他物质成分，可能存在的对植物有机质光谱特征的交叉影响，完善光谱数据的定量分析，提高模型普适性、稳定性。

2.5　样点布设及样品采集

1. 土壤样品采集

样点布设及样品采集见图2-3、图2-4，于2021年9月、12月和2022年3月、6月，分别布设4个不同海拔、坡度和坡向等立地条件相同的面积为20m×20m的标准样地，每个海拔共布设3个相邻标准样地，共12个标准样地，进行标准样地优势树种调查，得出4种林型，同时记录标准样地地理位置信息、海拔以及乔木灌木树高、数量、胸径和冠幅，每个样地均以平均胸径和平均树高为标准，选择3株生长良好、大小一致的林木个体作为标准样株。采集各样的标准木健康成熟叶片样品300g（叶按照东南西北4个方向在冠层中分布高度分为上、中、下3层分别取样，然后将样品进行充分混合）。于每个样地中四角的点及对角线的交点选取1m×1m的凋落物小样方，收集小样方的1/2的凋落叶装入信封（仅收集样方内表层乔木叶、灌木叶、未分解的凋落叶），共采取60个凋落叶样品，并将以上样品带回实验室，植物叶和凋落叶样品经65℃烘干至恒重、粉碎并过100目筛后供元素测定，乔木叶、灌木叶和凋落叶样品用$H_2SO_4 - H_2O_2$消煮后，分别采用半微量凯氏定氮法（LY/T 1269—1999）测定氮含量和钼锑抗比色法（LY/T 1270—1999）测定磷含量。采集地上凋落物以及优势树种各器官样本，用于郁闭度、盖度和地上生物量等森林微环境相关指标的测定，以及土壤微生物和土壤理化指标之间的相关关系。分别在各标准样地坡上、坡中、坡下3个位置，挖掘土壤剖面3个，将土层分为0～10cm、10～20cm和20～30cm三层，共采取108个土样。

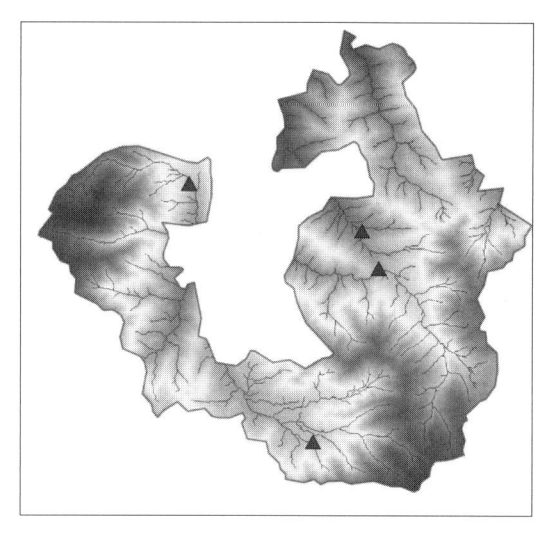

图2-3 试验区位置与样点分布图

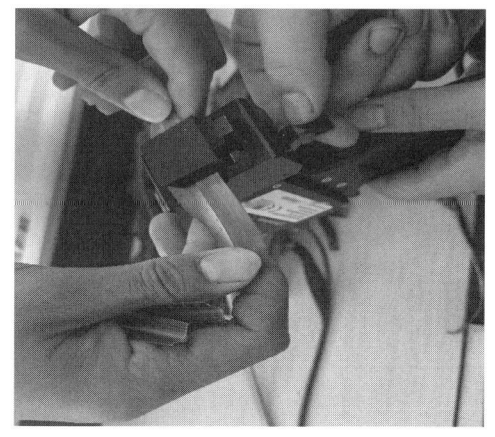

图2-4 试验样地样品采集

（1）用100cm³环刀按土层取3组原状土采样，贴好标签用保鲜膜密封，带回实验室，用于土壤质量含水率、孔隙度等土壤物理指标的测定。

（2）将3个土层土样混合均匀后各取剔除杂物约1kg的新鲜土样，研磨过2mm、1mm、0.25mm筛子，风干用于土壤化学性质测定。

（3）取各土层过2mm筛的新鲜土样500g装入密封袋贴好标签，放入装有干冰的泡沫箱中，用于微生物碳氮、过氧化氢酶以及细菌真菌等需要新鲜土样的测定。

2. 高光谱数据采集

试验于2023年3月、5月和7月，分别布设4个海拔立地条件相同样地，进行标准样地优势树种调查，得出4种林分类型，分别为1330～1500m亚热带山地常绿阔叶林、1500～2000m常绿与落叶阔叶混交林、2400～2500m亚热带山地常绿落叶阔叶混交林和2500～2700m亚热带针叶落叶阔叶混交林以及相邻样地9个，共36个立地条件相同的20m×20m的样地并记录乔木灌木数量、树高、胸径、冠幅、郁闭度等指标。

在2022年3月、7月、10月和2023年3月、7月、10月，分别在四川栗子坪国家级自然保护区不同海拔高度1400m、2100m、2400m、2700m典型林地布设样地，根据保护区的植物状况，用典型抽样法布设若干条垂直方向的样线，样线的密度按平均每条样线控制2km²计算，调查时沿样线由低向高行进，直至植物分布的上限。在样线上布设若干个20m×20m的样方，进行植物群落样方调查，筛选出不同季节长势明显的11种优势冠层植物，并采集样品。

该区年均温为11.7～14.4℃，区内年降水量为800～1250mm。阔叶林、石棉玉山竹竹林、冷杉-云杉针叶混交林，本试验根据《中国植物志》和《四川植物志》，统计野外植物分属植物界3大植物门，4大纲，35科，共计50种，根据各海拔样地内主要树种划分为4个森林类型，青冈-川杨阔叶混交林、栓皮栎落叶阔叶林、石棉玉山竹竹林、冷杉-云杉针叶混交林，各林型具体情况见表2-1。

表2-1　　　　　　　　　不同林型基本特征

海拔/m	林型	郁闭度/%	平均胸径/cm	平均树高/m	冠层优势植物
1400	青冈-川杨阔叶混交林	55	15	8	荚蒾、瑞香、猫儿刺
2100	栓皮栎落叶阔叶林	70	21	14	石棉玉山竹、猫耳刺、荚蒾、瑞香、野蓝莓、胡颓子
2400	石棉玉山竹竹林	60	1.5	6	石棉玉山竹、丰实箭竹、荚蒾、倒挂刺、瑞香、金丝桃
2700	冷杉-云杉针叶混交林	70	23	14	丰实箭竹、峨热竹、空柄玉山竹

典型植物研究对象分别是峨热竹、丰实箭竹、石棉玉山竹、空柄玉山竹、胡颓子、瑞香、荚蒾、猫儿刺、倒挂刺、野蓝莓和金丝桃，同一树种的生长状况不同，其光谱特征有一定差异，所以采样时同一树种选择成长势相同的样本，其中4种林分中植物叶片平均碳含量表现为灌木层＞草本层。灌木层植物碳含量平均值以2400m（43.68%）最高，其次为2700m（42.79%）和2100m（42.90%），最低为1400m（41.82%），灌木层氮含量平均值以2400m（32.80%）最高，其次为2100m（21.47%）和1400m（18.59%），最低为2700m（16.49%）以避免问题复杂化，灌木层磷含量平均值以1400m（2.46%）最高，其次为2100m（2.20%）和2400m（2.15%），最低为2400m（1.82%）。

植物群落类型不同，其结构、功能和景观都存在差异，这些差异主要是因为生境的异质性导致组成植物群落的具有不同生态生物学特性的物种构成及其个体数量的不同，从而形成不同的群落物种多样性空间分布结构，且不同的植物群落构成了特定的植物景观类型。各种树种营养特征和叶片形态特征见表2-2和表2-3。

表 2-2　　　　　　　　　　　不同海拔冠层植物碳氮磷含量

灌木层	组分	含　碳　量/%			
		2700m	2400m	2100m	1400m
氮含量	枝	10.69±1.84dC	26.78±0.33aC	12.60±3.34cC	13.08±2.63bC
	干	7.97±4.46bD	14.02±2.00aD	4.19±0.07dD	4.96±1.79cD
	叶	30.80±2.20dA	57.60±6.16aA	47.61±7.70bA	37.73±11.54cA
	平均	16.49±2.83dB	32.80±2.83aB	21.47±3.70bB	18.59±5.32cB
碳含量	枝	38.78±5.79dD	42.19±3.89bD	41.96±2.82cC	43.09±3.61aA
	干	46.89±2.25aA	46.67±0.63cA	46.69±0.21bA	41.98±2.14dB
碳含量	叶	42.71±0.29aC	42.19±1.47bC	40.05±1.42dD	40.49±1.37cD
	平均	42.79±2.78cB	43.68±2.00aB	42.90±1.48bB	41.82±2.37dC
磷含量	枝	1.91±0.17bD	1.65±0.04cC	2.02±0.36aC	1.49±0.20dC
	干	1.93±0.30aC	1.33±0.04cD	1.43±0.40bD	0.99±0.13dD
	叶	2.60±0.56cA	2.49±0.16dA	3.16±2.51bA	4.91±2.74aA
	平均	2.15±0.34cB	1.82±0.08dB	2.20±1.09bB	2.46±1.02aB

注　同行不同小写字母表示不同森林类型同一器官间差异显著（$P<0.05$），同列不同大写字母表示相同森林类型不同器官间差异显著（$P<0.05$）；平均值±标准差，$n=3$。

表 2-3　　　　　　　　　　　典型树种叶片形态特征

树种名称	拉丁学名	种类	叶片形态特征
峨热竹	Bashania spanostachya	禾本科，巴山木竹属	叶片线状披针形，长 3.3～6.7cm，宽度 4～7.5mm，木质，顶端逐渐变细，底部为阔楔形；棱棱一边密集地生长着，而另外一边的棱则稀少或接近光滑
丰实箭竹	Fargesia ferax	禾本科，箭竹属	叶片狭披针形，长 3.6～10cm，宽 3～6.5mm，叶缘一侧具小锯齿，另一侧近于平滑
石棉玉山竹	Yushania lineolata	禾本科，玉山竹属	叶片披针形，长（3.5）6.5～9.5cm，宽 4～11mm，叶缘一侧具小锯齿，另一侧近于平滑
空柄玉山竹	Yushania cava	禾本科，玉山竹属	叶片线状披针形，纸质，较厚，长 3.3～5cm，宽 4.5～6mm，先端渐长，叶缘一侧具针芒状小锯齿，另一侧近于平滑
胡颓子	Elaeagnus pungens	胡颓子科	单叶互生，早期在其上部散布着银色或棕色的鳞或星星茸毛，当它完全成熟时，它的下部会变得灰白色或棕色
瑞香	Daphne tangutica	瑞香科，瑞香属	叶互生，卵形或倒卵圆形，长 7～13cm，宽 2.5～5cm，顶端钝，底部呈楔形，边缘完全缘；顶为绿色，侧脉 7～13 对，两侧与主脉具显著凸起

续表

树种名称	拉丁学名	种类	叶片形态特征
荚蒾	*Viburnum betulifolium*	忍冬科，荚蒾属	其叶柄和花序上都有一层棕黄色的茸毛
猫儿刺	*Ilex pern*	冬青科，冬青属	叶子呈椭圆形或椭圆形，长1.5~3cm，宽5~14mm，先端呈三角形渐尖，渐尖，叶柄长2mm，三角形托叶，尖端尖锐
倒挂刺	*Uncaria rhynchophylla*	茜草科，钩藤属	叶片为纸质，卵圆形或椭圆形，长5~12cm，宽3~7cm，侧脉4~8对，叶柄5~15mm
野蓝莓	*Vaccinium myrtillus*	杜鹃花科，越橘属	叶子呈白色，呈圆形，长1.0~2.8cm，宽度0.6~1.3cm，先端尖锐或钝，底部呈窄角，边缘有细小的锯齿状
金丝桃	*Hypericum monogynum*	藤黄科，金丝桃属	叶对生，叶子呈倒尖尖或卵圆形或更少的呈尖锥形或蛋型；长2.0~11.2cm，宽1.0~4.1cm，有细小的斑点状腺

多样性指数见表2-4，Margalef丰富度指数、Simpson指数、Pielou均匀度指数大小分别为海拔2100m＞海拔1400m＞海拔2400m＞海拔2700m，Shannon-Wiener多样性指数大小分别为海拔1400m＞海拔2100m＞海拔2400m＞海拔2700m。随海拔升高Simpson指数也有所增加，而植物群落多样性（Margalef丰富度指数、Shannon-Wiener多样性指数、Pielou均匀度指数）基本随海拔升高呈下降趋势，海拔2400m除外，因为其为竹林、林层结构简单、林下植物组成种类较少等原因，其物种多样性较低。典型植物间存在的差异主要是因为生境的异质性导致组成植物群落的具有不同生态生物学特性的物种构成及其个体数量的不同，从而形成不同的群落物种多样性空间分布结构，且不同的植物群落构成了特定的植被景观类型。

表2-4　　　　　　　　　不同海拔植物带多样性指数

海拔/m	植被带	Margalef丰富度指数	Shannon-Wiener多样性指数	Simpson指数	Pielou均匀度指数
1400	青冈-川杨阔叶林	15.51±1.15b	3.71±0.38a	0.87±0.42b	0.86±0.45a
2100	栓皮栎阔叶林	16.29±0.95a	3.67±0.73a	0.90±0.41a	0.89±0.12a
2400	石棉玉山竹竹林	15.36±1.25b	3.58±0.48a	0.82±0.15b	0.81±0.54b
2700	冷杉-云杉针叶混交林	12.18±0.87c	3.55±0.54b	0.81±0.32b	0.79±0.23b

2.6　数据指标测定

2.6.1　土壤理化性质测定

土壤理化性质指标分析采用《土壤农化分析（第三版）》所述方法，具体见表2-5。

表 2-5　　　　　　　　　　土壤理化指标测定方法

指　　标	测定方法	参　考　文　献
含水率	烘干法	鲍士旦　1999
容重	环刀法	鲍士旦　1999
饱和持水量	环刀法	鲍士旦　1999
毛管持水量	环刀法	鲍士旦　1999
田间持水量	环刀法	鲍士旦　1999
总孔隙度	环刀法	鲍士旦　1999
毛管孔隙度	环刀法	鲍士旦　1999
非毛管孔隙度	环刀法	鲍士旦　1999
机械组成	激光粒度仪（3000）分析法	鲍士旦　1999
pH 值	电位法	鲍士旦　1999
有机质	重铬酸钾容量法	鲍士旦　1999
全氮	半微量开氏蒸馏法	鲍士旦　2000
氨态氮	比色法	胡俊　2018
硝态氮	酚二磺酸光度法	胡俊　2018
水解氮	碱解扩散法	鲍士旦　1999
全磷	钼锑抗比色法	鲍士旦　1999
有效磷	钼锑抗比色法	鲍士旦　1999
全钾	火焰光度法	鲍士旦　1999
速效钾	火焰光度法	鲍士旦　1999

土壤酶活性指标分析采用《土壤酶及其研究法》所述方法，具体见表 2-6。

表 2-6　　　　　　　　　　土壤酶活性指标测定方法

指　　标	测定方法	参　考　文　献
微生物量碳	氯仿熏蒸法	GB/T 39228—2020
微生物量氮	氯仿熏蒸法	GB/T 39228—2020
过氧化氢酶	高锰酸钾滴定法	关松荫 1986
蔗糖酶	$Na_2S_2O_3$ 滴定法	关松荫 1986
脲酶	靛酚比色法	关松荫 1986
酸性磷酸酶	苯磷酸二钠比色法	关松荫 1986

2.6.2 土壤微生物测定

1. DNA 测序

DNA 测序采用高通量测序（Illumina NovaSeq 测序平台）得到原始图像数据文件，结果包含测序序列（Reads）的序列信息以及其对应的测序质量信息，每个样地3个重复。

2. 测序数据处理

主要包括两个步骤。

（1）质量过滤：使用 Cutadapt 1.9.1 软件进行引物序列的识别与去除。

（2）DADA2 去噪：使用 QIIME2 2020.6[107] 中的 dada2[108] 方法进行去噪。土壤细菌和真菌 DNA 测序和数据处理等工作均委托中国北京百迈客生物科技有限公司完成。

2.6.3 高光谱数据获取

试验于2023年7月15—20日进行，仪器选用美国 SR2500 地物光谱仪，采用主动光源和叶片夹，波谱范围为350～2500nm，当光谱范围为350～1000nm时，光谱采样间隔为1.377nm，光谱分辨率为3nm，当光谱范围为1001～2500nm时，光谱取样间距2nm，光谱分辨为10nm，在使用仪器之前对其进行了预加热0.5h，每次测量后使用白板进行校正。获取不同层的植物叶片高光谱反射率数据，在样地各网格内选取一棵长势状态良好且靠近中心的植物用于叶片收集（图2-4），将树冠分为上、中、下层保持平整尽可能地减少因弯曲硬气的光谱波动，每层取5～10片，最终测定叶片3片，每个样点光谱数据记录10次，每个样点测10条光谱数据，取平均值作为该样点的光谱数据，光谱采集后，通过 Fild Spec Hand Held 光谱仪配套的光谱数据处理软件 View SpecPro 对测得的原始光谱数据进行筛选，观察数据的光谱曲线发现，在1351～2500nm的数据噪声较大，剔除无效和错误数据，因此仅对350～1350nm的光谱数据进行处理，测定过光谱的叶片编号后放入保温箱中（箱内温度保持在0℃），带回实验室测定其理化指标。在采集过程中，记录每个采样点的 GPS 数据。

2.6.4 叶绿素含量测定

以80%的丙酮研磨法测定叶绿素含量，先将已收集完毕的鲜叶用蒸馏水冲洗，去掉叶脉，然后将其切成小块，剪碎后相互混合均匀，称取1g，置于预冷的研钵中，加入5mL 80%的丙酮萃取物及少许石英砂，充分碾磨成浆，以滤纸滤出，用萃取物清洗，并将其定容在体积为25mL容量瓶，采用分光光度仪测量645nm和663nm两个波段处的吸光度值，然后再根据式（2-1）～式（2-3）计算叶片叶绿素含量。按照以下公式分别计算叶绿素a、叶绿素b及叶绿素总量：

$$Chla = (12.71 \times A_{663} - 2.59 \times A_{645}) \times V/W \tag{2-1}$$

$$Chlb = (22.88 \times A_{645} - 4.67 \times A_{663}) \times V/W \tag{2-2}$$

$$Chl = (8.04 \times A_{663} + 20.29 \times A_{645}) \times V/W \tag{2-3}$$

式中：Chla、Chlb、Chl 分别为叶绿素a、叶绿素b及叶绿素总含量，mg/g；A_{645}、A_{663} 分别为叶绿体色素在445nm和663nm处的吸光度；V 为提取液的体积，mL；W 为稀释倍数[82]。

2.7 数 据 处 理

采用 SPSS 26.0 和 Origin 2021 软件对各指标进行描述性统计、单因素方差分析、敏感性分析、相关性分析和主成分分析。采用高通量测序（Illumina NovaSeq 测序平台）Python2 和 Rv3.1.1 软件和数据库分别进行物种分布[109]、LEfSe 分析[110]、菌落与土壤环境因子相关性分析[111]，使用 SmartPLS 软件构建偏最小二乘法最小路径模型。采用单因素方差分析法分析相同森林类型不同组分间（乔木叶、灌木叶、凋落叶和土壤），相同组分不同森林类型间 C、N、P 再吸收率，C、N、P 含量及化学计量比的差异性，各组分 C/N、C/P 及 N/P 均以质量比表示，采用 Pearson 相关分析法分析各森林类型不同组分间 C、N、P 化学计量特征的相关性；采用一元线性回归分析法分析该研究区域各组分中 C、N、P 含量及化学计量比。

第3章

不同林型土壤物理性质变化特征

3.1 土壤含水率变化特征

土壤水分影响土壤中养分的分布、转化和通气状况，是植物生长发育的物质基础[112]。不同林型土壤含水率变化特征如图3-1所示：相同林型和月份，土壤含水率随土层的增加而显著减小（$P<0.05$）；相同月份和土层，不同林型土壤含水率差异显著（$P<0.05$）；相同土层和林型，不同月份土壤含水率差异显著（$P<0.05$）。导致这一规律的原因如下：一是由于研究区无高强度降雨，以及森林林冠截流作用和地表凋落物较多，导致水分入渗速率相对较低；二是受到土壤自身特性的影响，表土土壤孔隙较大，以及深层土壤容重较大，孔隙度较小，难以入渗至更深土层[113]。

青冈-川杨阔叶混交林（C）、栓皮栎落叶阔叶林（O）、石棉玉山竹竹林（Y）和冷杉-云杉针叶混交林（F）在相同土层中，土壤含水率随月份增加呈先增加后减小，均在9月取得最大值。不同月份所有林型土壤含水率在0～30cm土层差异显著（$P<0.05$），在9月取得最大值，3月取得最小值。0～30cm土层中，土壤含水率均值由大到小为Y（27.73%）＞F（24.51%）＞O（23.65%）＞C（22.52%），其中，9月F土壤含水率变幅最大，为28.18%，12月Y土壤含水率变幅最小，为1.47%。

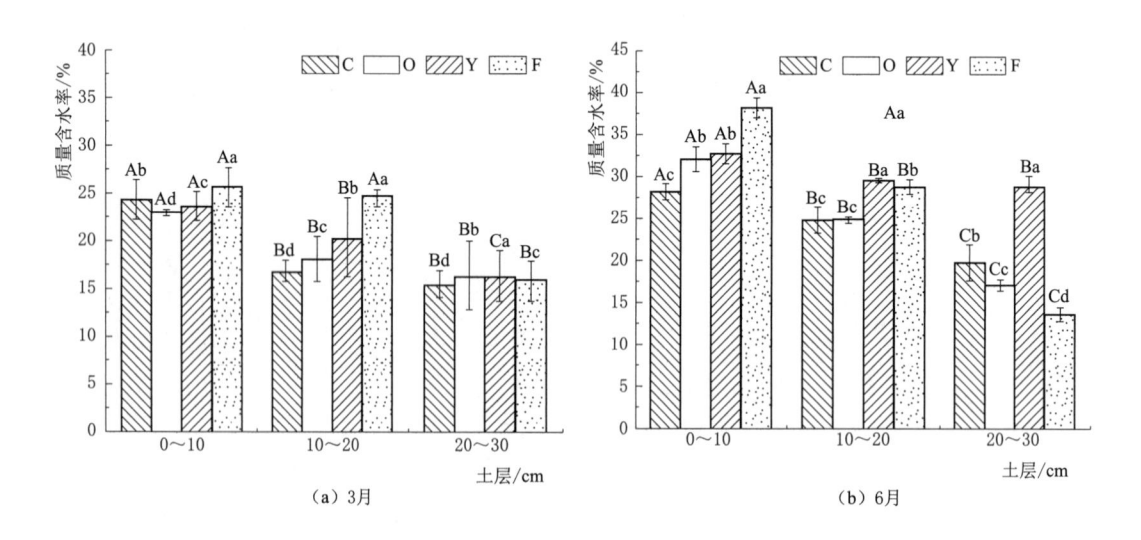

(a) 3月

(b) 6月

图3-1（一） 不同林型土壤含水率变化特征

(c) 9月

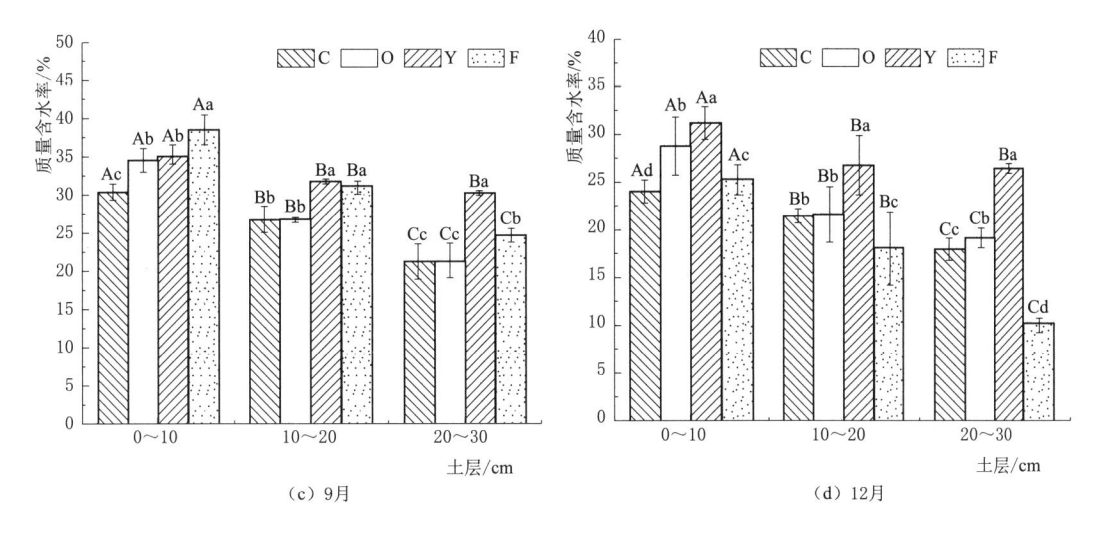

(d) 12月

图 3-1（二） 不同林型土壤含水率变化特征

注：不同大写字母表示相同林型不同土层土壤含水率差异显著（$P<0.05$），不同小写字母表示相同土层不同林型土壤含水率差异显著（$P<0.05$）。下同。C为青冈-川杨阔叶混交林、O为栓皮栎落叶阔叶林、Y为石棉玉山竹林、F为冷杉-云杉针叶混交林。

3.2 土壤容重变化特征

土壤容重是一定容积土壤的重量，是土壤质量指标，反映土壤紧实度[114]。按中国土壤分级标准，分别为[115]：过松（$<1.00\text{g/cm}^3$）、适宜（$1.00\sim1.25\text{g/cm}^3$）、偏紧（$1.25\sim1.35\text{g/cm}^3$）、紧实（$1.35\sim1.45\text{g/cm}^3$）、过紧实（$1.45\sim1.55\text{g/cm}^3$）、坚实（$>1.55\text{g/cm}^3$）。相同林型和月份，土壤容重随土层的增加而显著增加（$P<0.05$）；相同月份和土层，不同林型土壤容重差异显著（$P<0.05$）；相同土层和林型，不同月份土壤容重无显著差异。这主要是由于随土层的增加植物根系减少，以及根系含水率较大[116]；其次，表层土壤微生物数量较深层土壤多，微生物活性较深层土壤活跃[117]，导致0~10cm土层土壤容重较小，故土壤容重随土层的增加而增加，且同一林型下植物根系等因素影响较小，故相同林型不同月份土壤容重无显著差异。

不同林型土壤容重变化特征见图3-2。不同月份所有林型土壤容重在0~30cm土层无显著差异，0~30cm土层所有月份中，土壤容重均值大多为1~1.45，土壤主要处于适宜和偏紧状态，其中，O土壤（容重均值1.27g/cm^3）处于偏紧状态，C土壤容重均值（1.18g/cm^3）、Y土壤容重均值（1.15g/cm^3）和F土壤容重均值（1.23g/cm^3）均处于适宜状态。从容重变异系数看，4个林型变异系数均小于10%，表明土壤容重在季相变化中较为稳定，其中，Y土壤容重变异系数最大，为1.24%，C和F土壤容重变异系数最小，为0.81%。

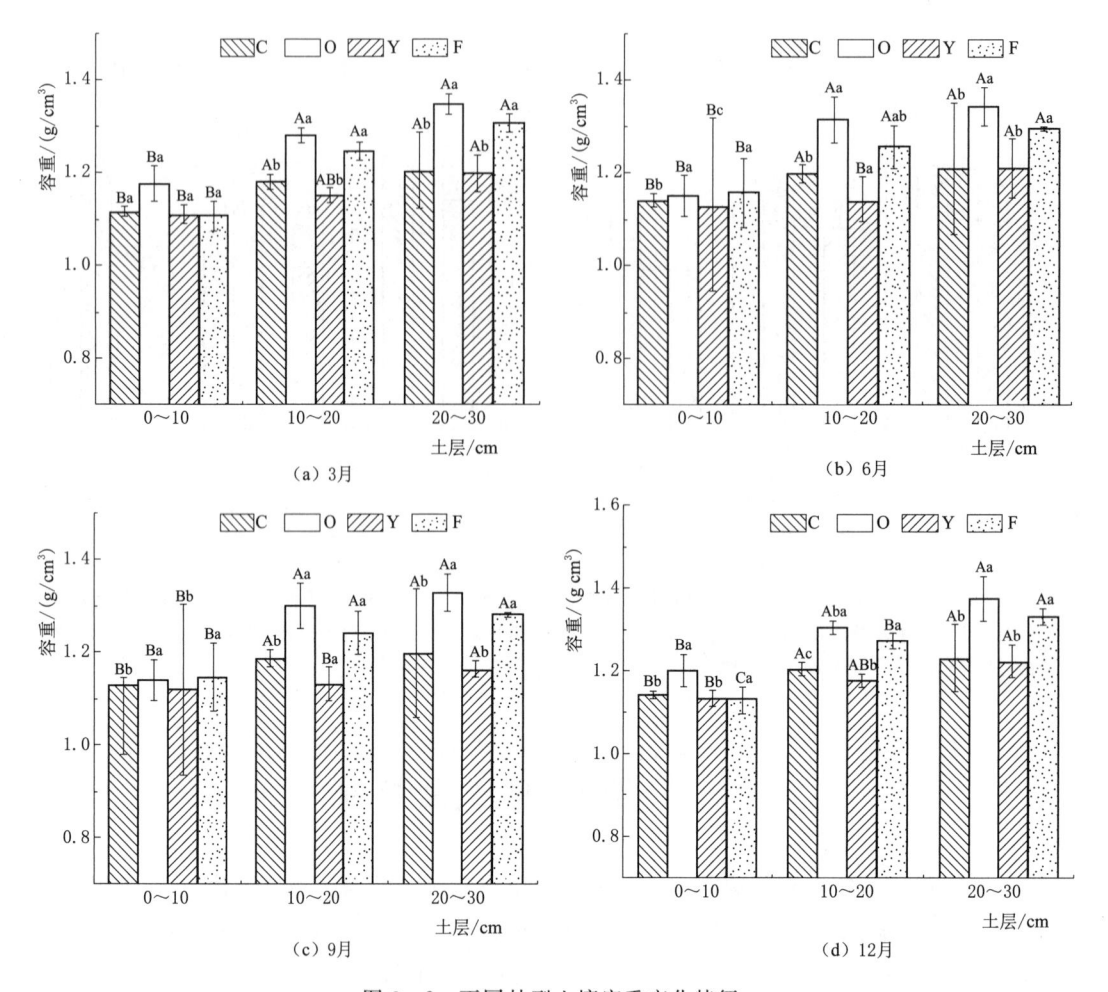

图 3-2　不同林型土壤容重变化特征

3.3　土壤饱和持水量变化特征

土壤饱和持水量是土壤所能容纳的最大持水量[118]。相同林型和月份，土壤饱和持水量随土层的增加而显著减小（$P<0.05$）；相同月份和土层，不同林型饱和持水量差异显著（$P<0.05$）；相同土层和林型，土壤饱和持水量在不同月份差异显著（$P<0.05$）。这主要是由于土壤饱和持水量随月份增加先增加后减小，造成这一规律的原因是降雨的不规律以及植物在不同月份生长期不同，根系生长情况不同以及不同林型根系含水率差异较大。

不同林型土壤饱和持水量变化特征见图 3-3。不同月份所有林型土壤饱和持水量在 0~30cm 土层显著差异（$P<0.05$），3月、6月、9月和12月F土壤饱和持水量最大，分别为 558.12g/kg、577.09g/kg、594.41g/kg 和 579.67g/kg，Y土壤饱和持水量最小，

分别为283.72g/kg、305.95g/kg、315.13g/kg和274.01g/kg。从变异系数看，4个林型变异系数均小于10%，表明土壤饱和持水量在季相变化中较为稳定，其中，Y土壤饱和持水量变异系数最大，为5.61%，O土壤饱和持水量变异系数最小，为1.29%。

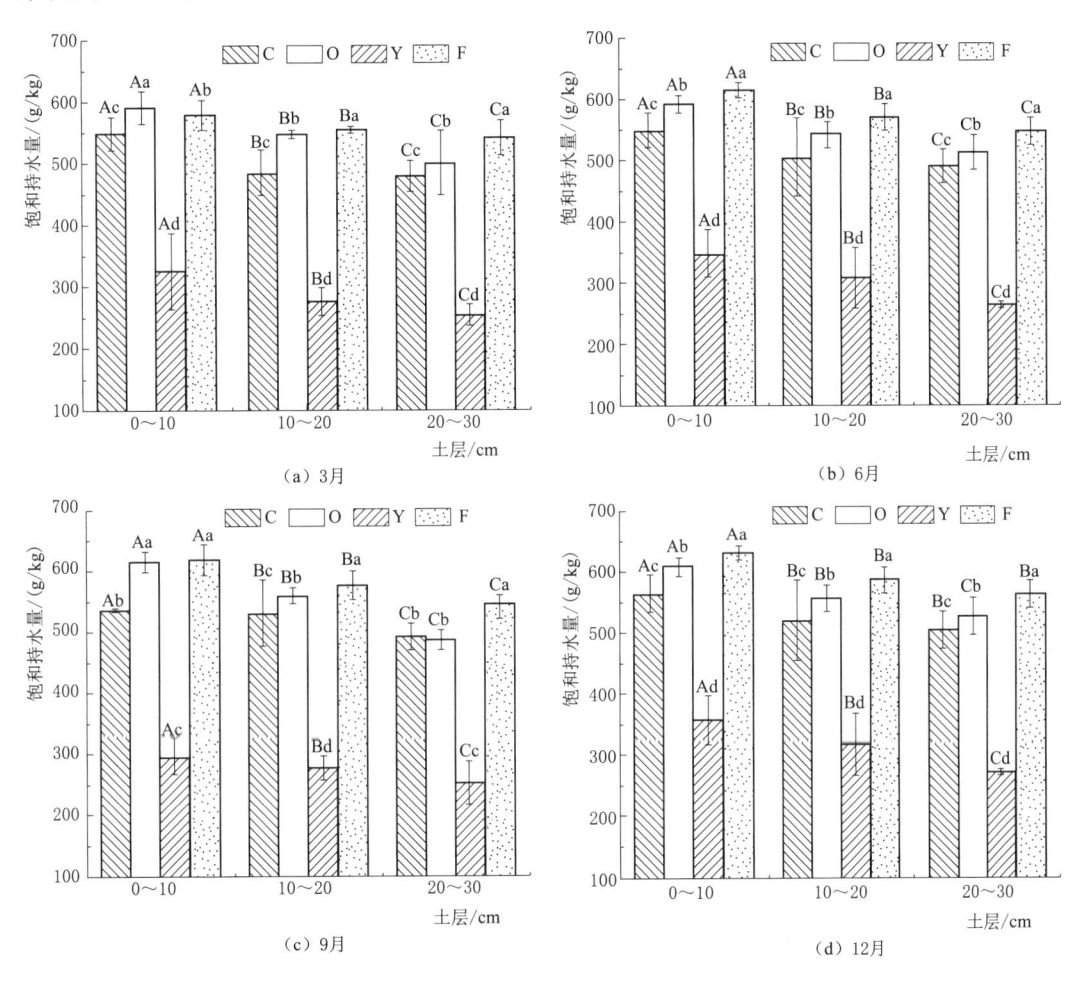

图3-3 不同林型土壤饱和持水量变化特征

3.4 土壤毛管持水量变化特征

毛管持水量是指土壤能保持的毛管支持水的最大值[119]，一般在田间持水量和饱和水量之间变化，是对作物有效的水分[120]。相同林型和月份，土壤毛管持水量随土层的增加而减小，且差异显著（$P<0.05$）；相同月份和土层，不同林型土壤毛管持水量差异显著（$P<0.05$），相同土层和林型，不同月份土壤毛管持水量差异显著（$P<0.05$），均在9月取得最大值。这是由于各土层的物理性质和降雨状况不同，导致其含量差异较大[121]，不同月份各土层和林型土壤状况差异导致土壤毛管持水量均显著差异。

不同林型土壤毛管持水量不同月份所有林型土壤毛管持水量在0~30cm土层显著差

异（$P<0.05$），3月、6月、9月和12月份O整体土壤毛管持水量最大，分别为454.81g/kg、475.33g/kg、481.93g/kg和487.75g/kg；C土壤毛管持水量最小，分别为260.23g/kg、280.75g/kg、289.18g/kg和251.96g/kg。从变异系数看，4个林型变异系数均小于10%，表明土壤毛管持水量在季相变化中稳定，其中，C土壤毛管持水量变异系数最大，为5.56%，O土壤毛管持水量变异系数最小，为2.62%。

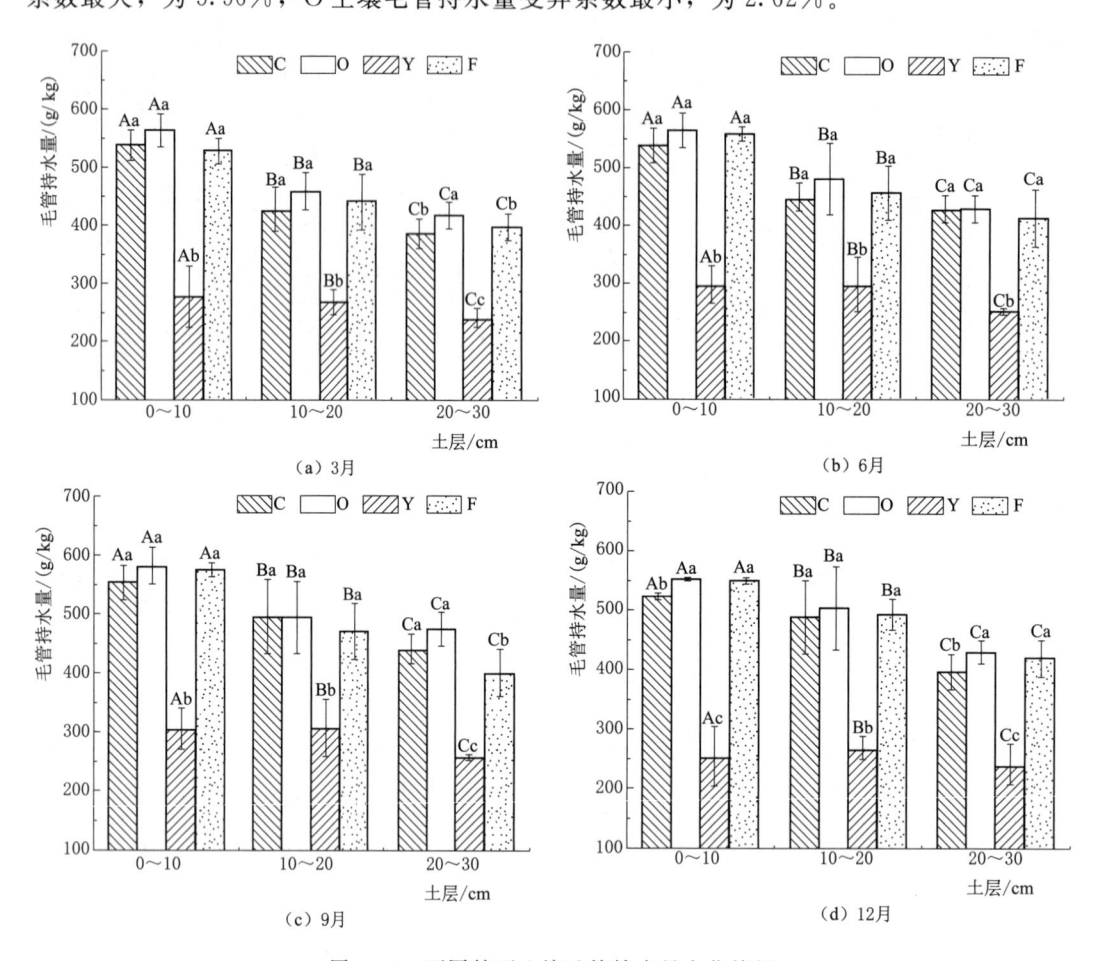

图3-4 不同林型土壤毛管持水量变化特征

3.5 土壤田间持水量变化特征

田间持水量是土壤排除重力水后，土壤中毛管悬着水的最大量[122]，是水分下渗，并未蒸发，土壤剖面维持的土壤水含量[123]。相同林型和月份，土壤田间持水量随土层的增加而减小，且差异显著（$P<0.05$）；相同月份和土层，不同林型土壤田间持水量差异显著（$P<0.05$）；相同土层和林型，不同月份土壤田间持水量差异显著（$P<0.05$），9月土壤田间持水量最大。这是由于不同月份、林型和土层土壤下植物根系、生活活动和土壤孔隙度等状况不同，导致土壤保持水分的能力和通透性不同。进而使毛管悬着水空间减

少[124],故田间持水量随月份、土层和林型的不同而差异显著且呈一定规律分布。

不同林型土壤田间持水量变化特征见图3-5。不同月份所有林型土壤田间持水量在0~30cm土层显著差异($P<0.05$),相同月份O土壤田间持水量最大,3月、6月、9月和12月其土壤田间持水量分别为483.49g/kg、485.12g/kg、499.67g/kg和500.59g/kg,Y土壤田间持水量最小,3月、6月、9月和12月其土壤田间持水量分别为252.53g/kg、272.27g/kg、280.44g/kg和243.88g/kg。从变异系数看,4个林型变异系数均小于10%,表明土壤田间持水量在季相变化中较为稳定,其中,O土壤田间持水量变异系数最大,为5.60%,Y土壤田间持水量变异系数最小,为1.61%。

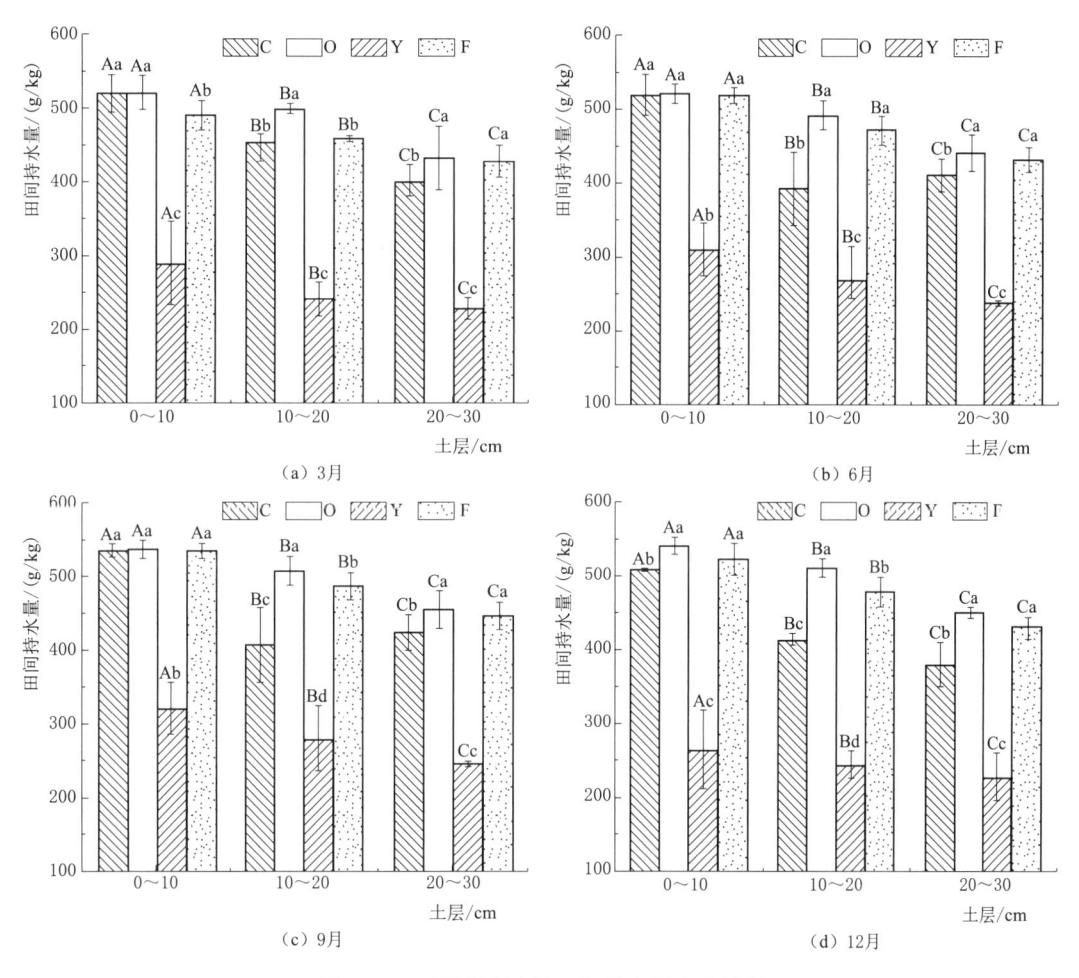

图3-5 不同林型土壤田间持水量变化特征

3.6 土壤总孔隙度变化特征

总孔隙度是指基质中通气孔隙与持水孔隙的总和,以孔隙体积占基质总体积的百分比来表示,反映了基质的孔隙状况[125]。不同林型土壤总孔隙度变化特征见图3-6。相同林型和月份，土壤总孔隙度随土层的增加而减小，但无显著差异；相同月份和土层，不同林型土壤总孔隙度差异显著（$P<0.05$）；相同土层和林型，不同月份土壤总孔隙度无显著差异。

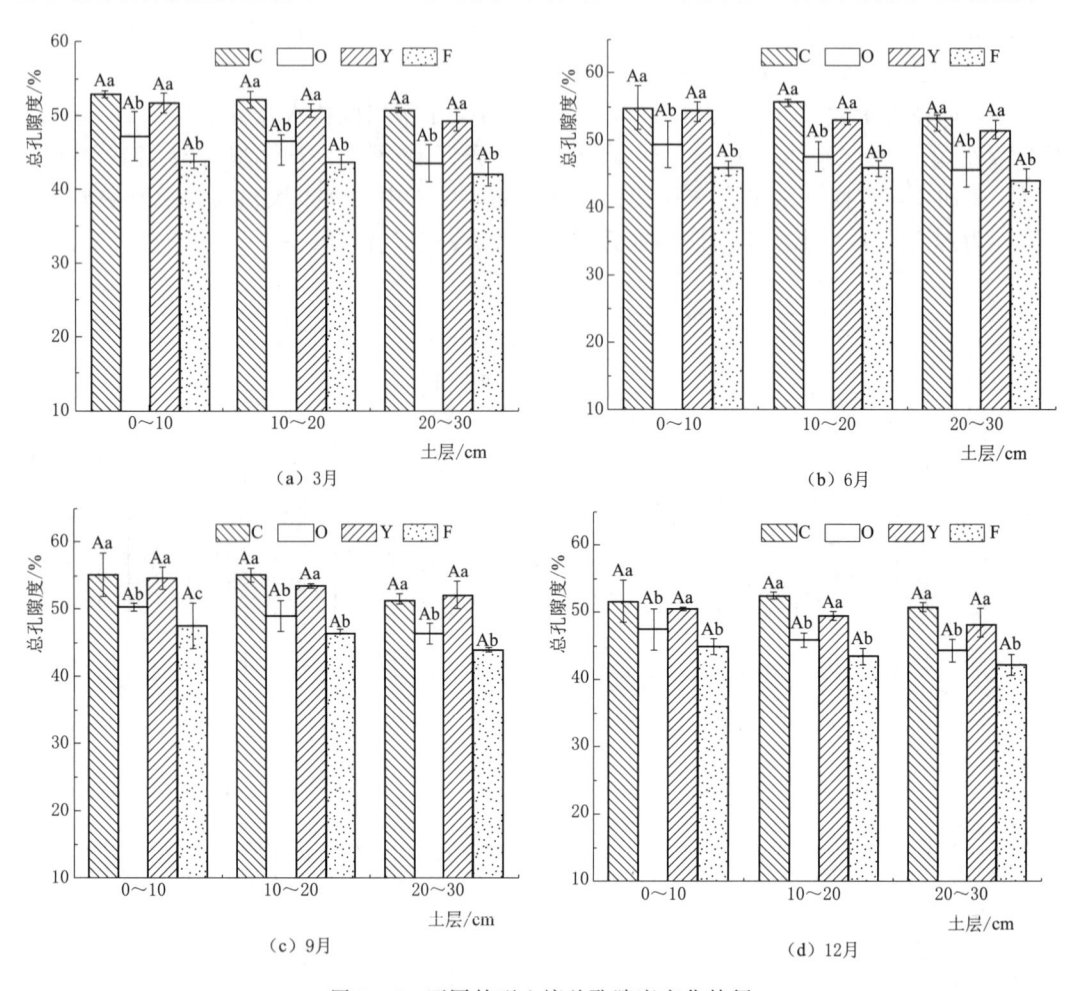

图 3-6 不同林型土壤总孔隙度变化特征

不同月份所有林型土壤总孔隙度在 0～30cm 土层无显著差异；相同月份不同林型土壤总孔隙度差异显著（$P<0.05$）。3月、6月、9月和12月 C 土壤总孔隙度最大，分别为 52.00%、54.52%、53.81% 和 51.62%，F 土壤总孔隙度最小，分别为 43.26%、45.21%、45.88% 和 43.53%。从变异系数看，4个林型变异系数均小于10%，表明土壤总孔隙度在季相变化中较为稳定，其中，Y 土壤总孔隙度变异系数最大，为 3.20%，C 土壤总孔隙度变异系数最小，为 2.29%。

3.7 土壤毛管孔隙度变化特征

毛管孔隙是指直径小于 0.1mm 具有明显毛管作用的孔隙，毛管孔隙度是指土壤毛管孔隙占土壤体积的百分数，是土壤孔隙的重要组成部分之一，是表征土壤物理质量优劣重要指标之一[126-129]。不同林型土壤毛管孔隙度变化特征见图3-7。相同林型和月份，土壤毛管孔隙度随土层的增加而减小，且差异显著（$P<0.05$），相同月份和土层，不同林型土壤毛管孔隙度差异显著（$P<0.05$）；相同土层和林型，不同月份土壤毛管孔隙度差异显著（$P<0.05$）。不同月份所有林型土壤毛管孔隙度在0～30cm土层显著差异（$P<0.05$），且9月毛管孔隙度最大。所有月份土壤毛管孔隙度均值由大到小为：C（22.52%）＞O（23.65%）＞Y（27.73%）＞F（24.51%）。从变异系数看，4个林型变异系数均小于10%～40%，表明土壤毛管孔隙度在季相变化中有一定波动，其中，C土壤毛管孔隙度变异系数最大，为23.86%，F土壤毛管孔隙度变异系数最小，为12.33%。

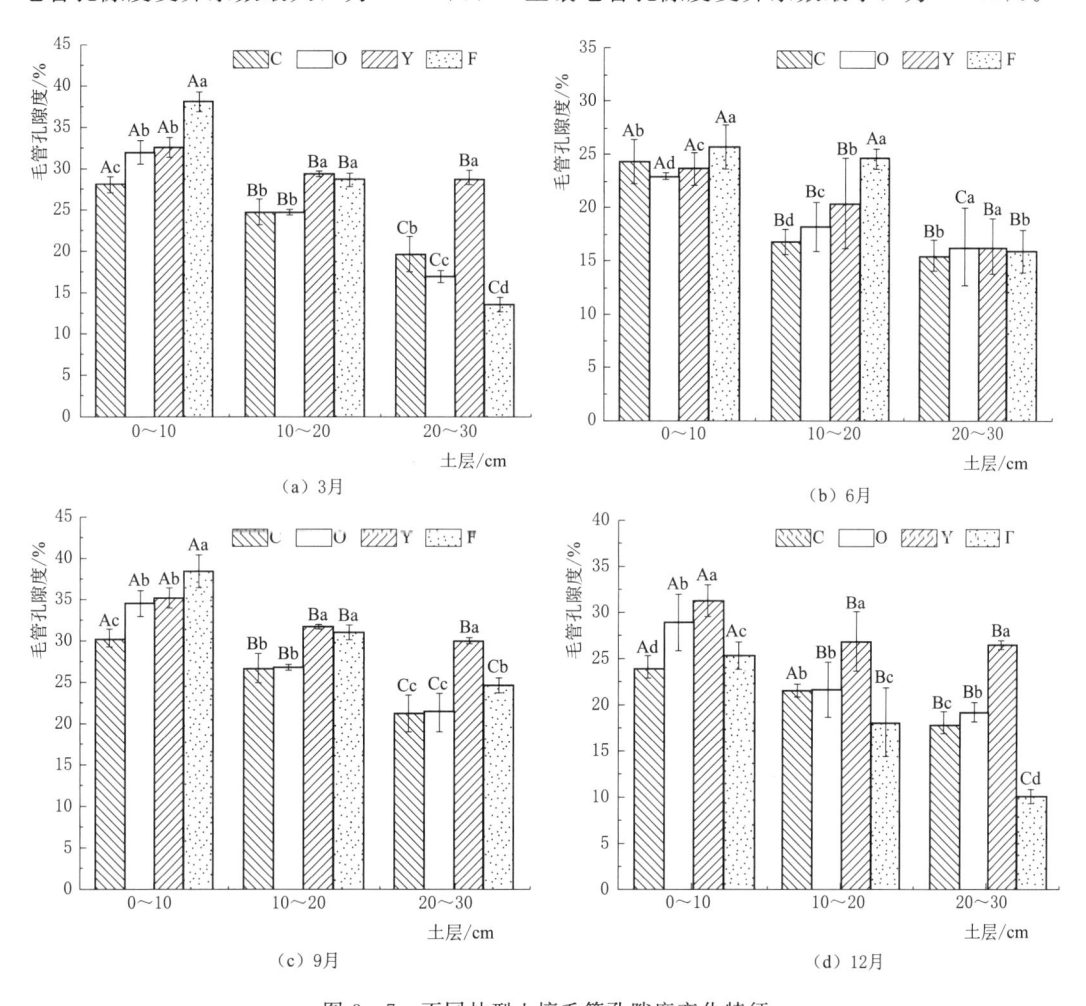

图3-7 不同林型土壤毛管孔隙度变化特征

3.8 土壤非毛管孔隙度变化特征

非毛管孔隙度是指非毛管孔隙体积占土壤总体积的百分比，决定了土壤的通气性，非毛管孔隙度越大，透气性越好，入渗速率越快[128,130]。不同林型土壤非毛管孔隙度变化特征见图3-8。相同林型和月份，不同土层土壤非毛管孔隙度差异显著（$P<0.05$）；相同月份和土层，不同林型土壤非毛管孔隙度差异显著（$P<0.05$）；相同土层和林型，不同月份土壤非毛管孔隙度差异显著（$P<0.05$）。

不同月份所有林型土壤非毛管孔隙度在0～30cm土层显著差异（$P<0.05$），所有月份土壤非毛管孔隙度均值由大到小为：C（30.55%）＞O（23.25%）＞Y（24.20%）＞F（19.95%）。从变异系数看，4个林型变异系数均小于10%～40%，表明土壤毛管孔隙度在季相变化中有一定波动，其中，C土壤毛管孔隙度变异系数最大，为23.86%，F土壤毛管孔隙度变异系数最小，为12.33%。

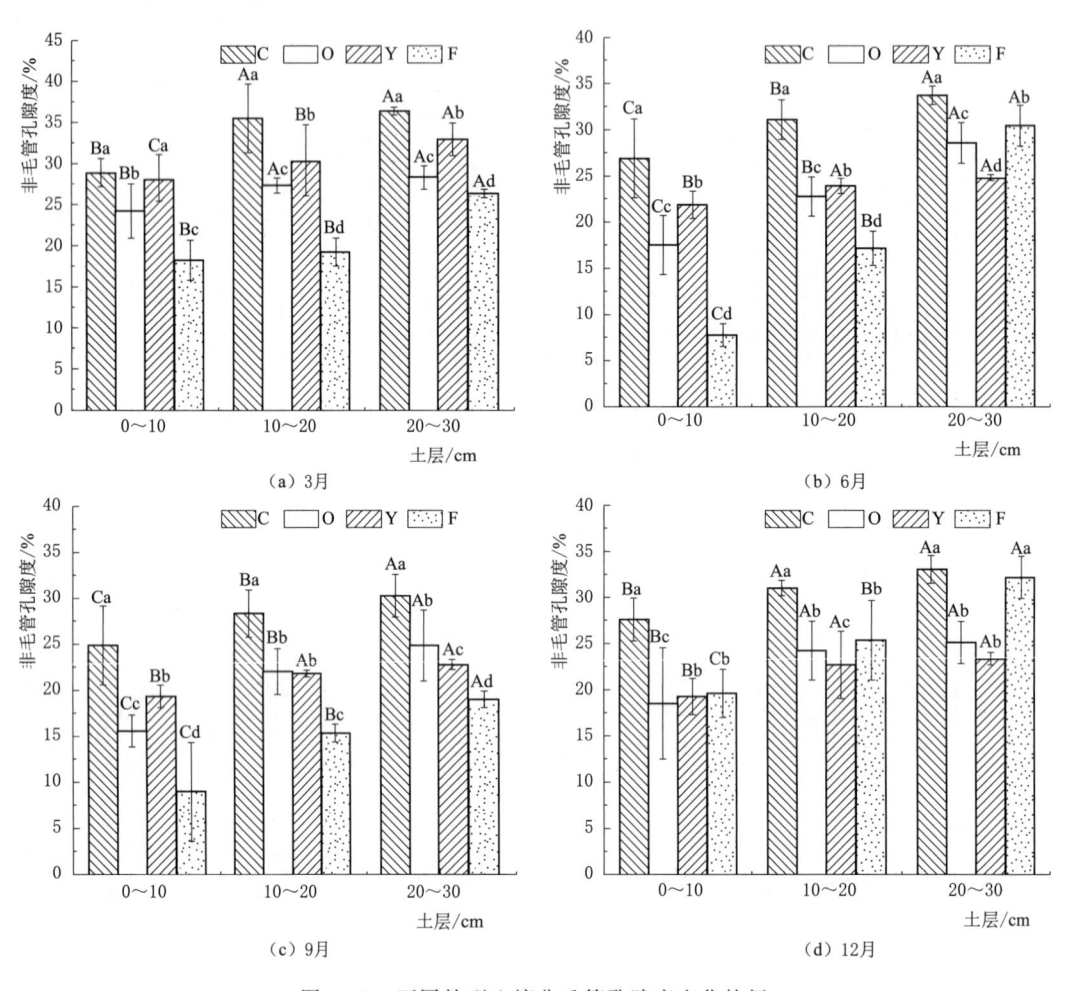

图3-8 不同林型土壤非毛管孔隙度变化特征

3.9 土壤机械组成变化特征

土壤机械组成是指由不同土壤固体颗粒按一定比例组合而成的颗粒特征[131]，反映土壤物理特性的一个综合指标[132]。本书将不同林型下土壤机械组成分为：黏粒

（<0.001mm）、细粒砂（0.001～0.005mm）、中粉砂（0.005～0.01mm）、粗粉砂（0.01～0.05mm）和细砂（0.05～0.25mm）。

相同林型和月份，不同土层土壤黏粒差异显著（$P<0.05$）；相同月份和土层，不同林型土壤黏粒差异显著（$P<0.05$）；相同土层和林型，不同月份土壤黏粒差异显著（$P<0.05$）。

不同林型土壤黏粒变化特征见图3-9。不同月份所有林型土壤黏粒在0～30cm土层显著差异（$P<0.05$），其中，3月、6月、9月和12月土壤黏粒平均含量为：2.83%、6.60%、8.58%和10.19%。不同林型全年土壤黏粒无显著差异，其均值处于6.79%～7.52%，所有月份土壤黏粒均值由大到小为：O（7.52%）>F（7.01%）>C（6.87%）>Y（6.79%）。从变异系数看，4个林型变异系数均小于10%～40%，其中，F土壤黏粒变异系数最大，为39.18%，C土壤黏粒变异系数最小，为38.16%。

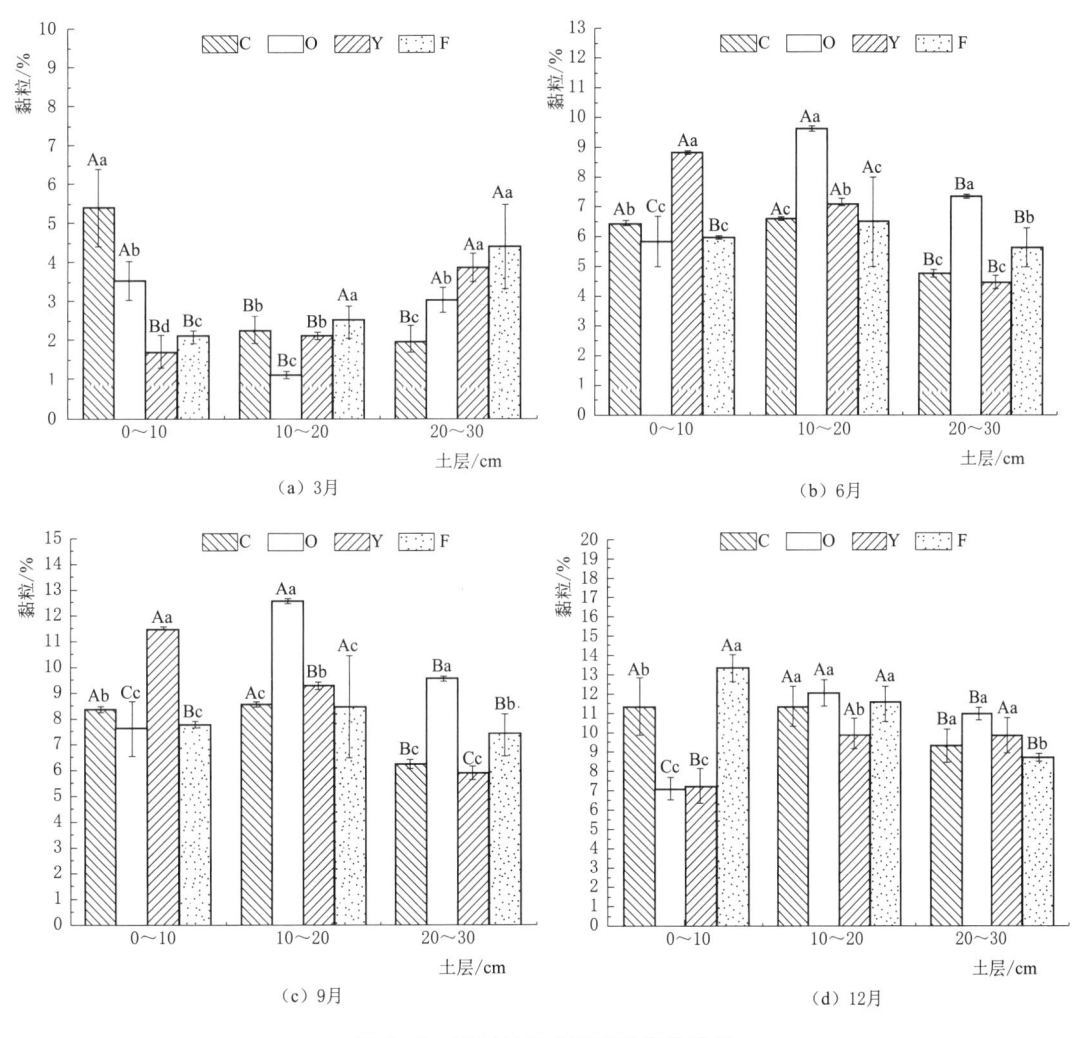

(a) 3月

(b) 6月

(c) 9月

(d) 12月

图3-9 不同林型土壤黏粒变化特征

不同林型土壤细粒砂变化特征见图 3-10。相同林型和月份，不同土层土壤细粒砂差异显著（$P<0.05$）；相同月份和土层，不同林型土壤细粒砂差异显著（$P<0.05$）；相同土层和林型，不同月份土壤细粒砂差异显著（$P<0.05$）。

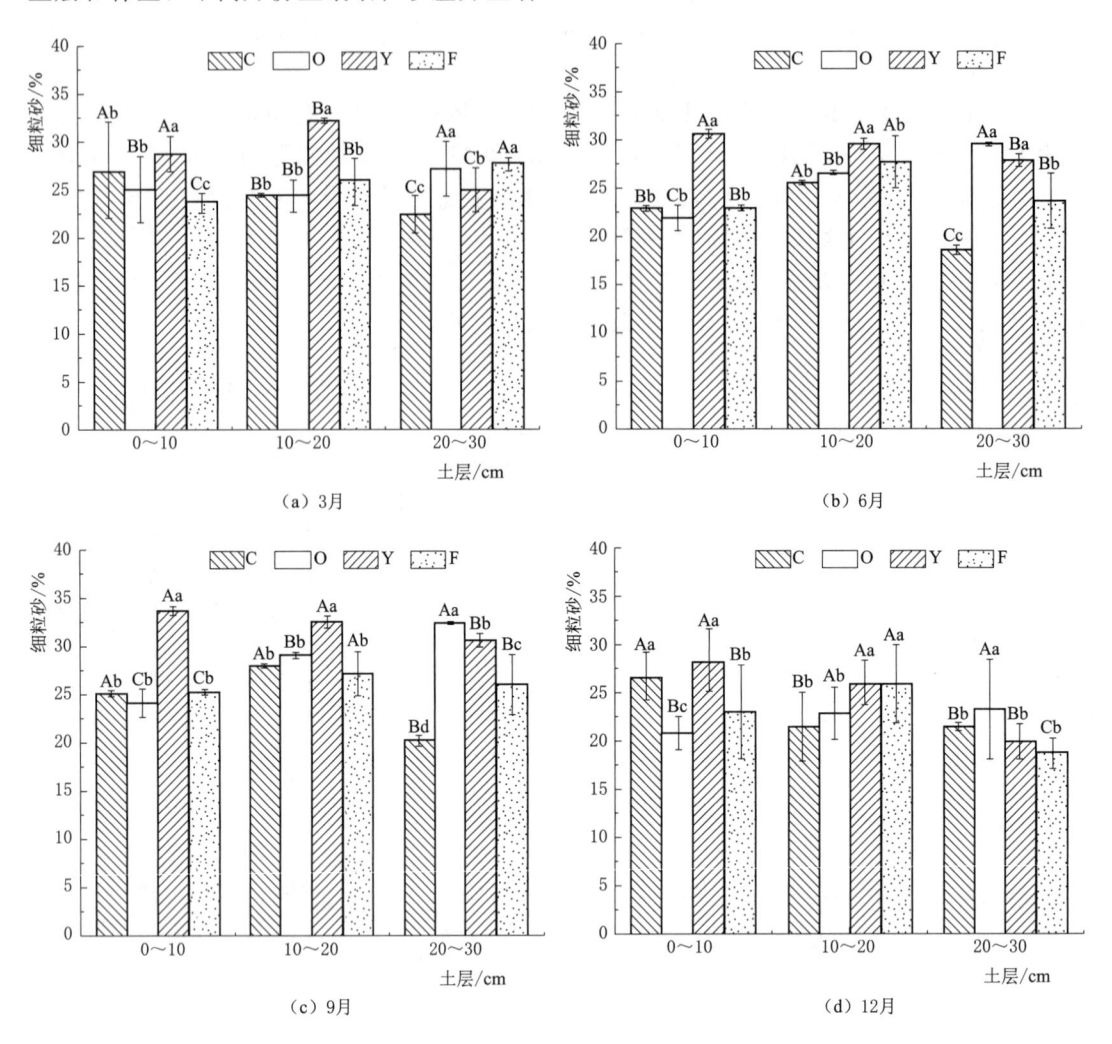

图 3-10 不同林型土壤细粒砂变化特征

不同月份所有林型土壤细粒砂在 0～30cm 土层无显著差异，3月、6月、9月和12月土壤细粒砂平均含量为 26.09%、25.58%、27.86% 和 23.17%。不同林型全年土壤细粒砂无显著差异，其均值处于 23.60%～28.71%，所有月份土壤细粒砂均值由大到小为：Y（28.71%）＞O（25.61%）＞F（24.77%）＞C（23.60%）。4 个林型变异系数均小于 0～10%，Y 土壤细粒砂变异系数最大，为 9.36%，C 土壤细粒砂变异系数最小，为 4.13%。

不同林型土壤中粉砂变化特征见图 3-11。相同林型和月份，不同土层土壤中粉砂差异显著（$P<0.05$），相同月份和土层，不同林型土壤中粉砂差异显著（$P<0.05$），相同土层和林型，不同月份土壤中粉砂差异显著（$P<0.05$）。

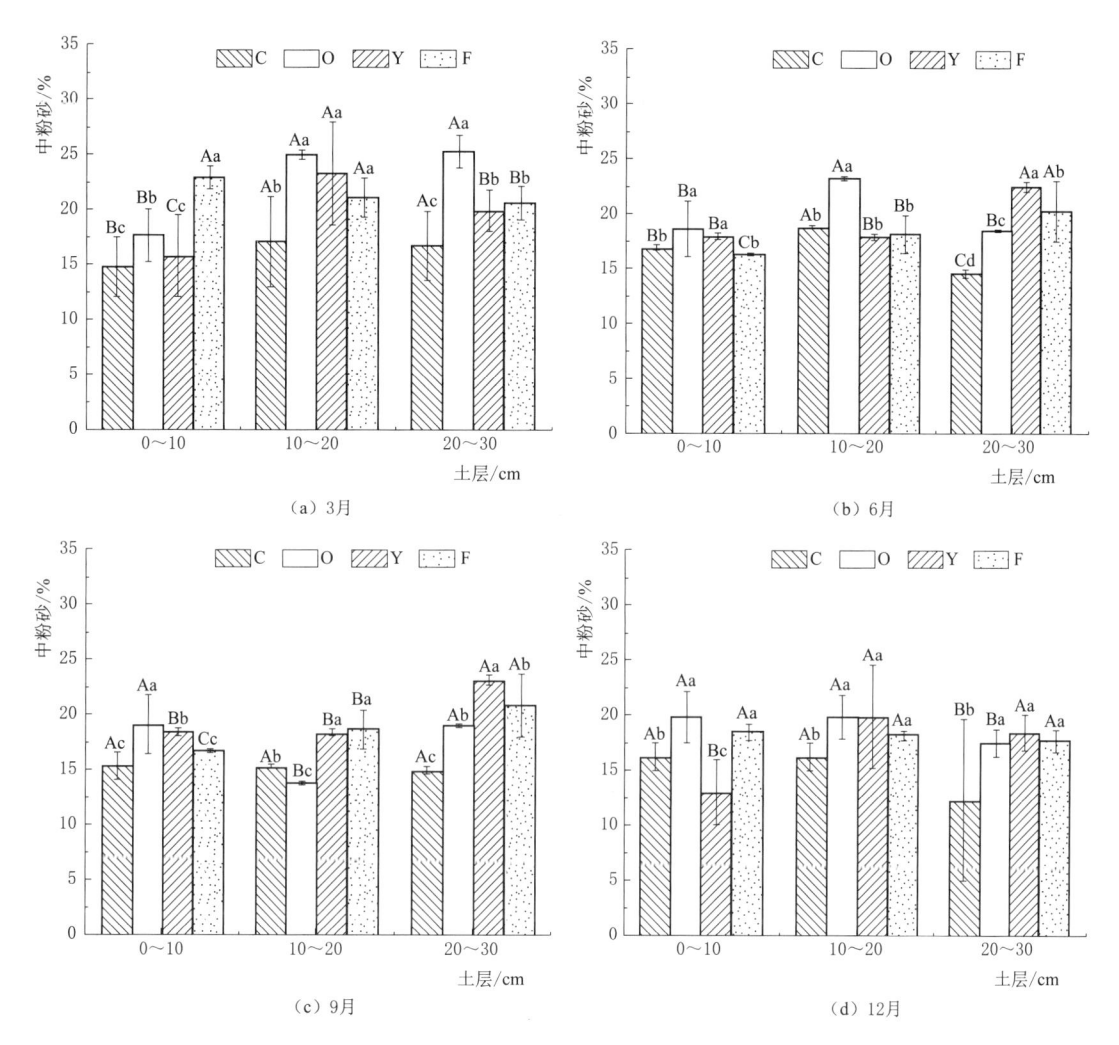

图 3-11 不同林型土壤中粉砂变化特征

不同月份所有林型土壤中粉砂在 0~30cm 土层无显著差异，3月、6月、9月和12月土壤中粉砂平均含量为：19.92%、18.58%、17.80%和17.21%。不同林型全年土壤中粉砂无显著差异，其均值处于 15.67%~19.75%，所有月份土壤中粉砂均值由大到小为：O（19.75%）＞F（19.14%）＞Y（18.96%）＞C（15.67%）。4 个林型变异系数均小于 0~10%，O 土壤中粉砂变异系数最大，为 9.67%，C 土壤中粉砂变异系数最小，为 4.73%。

不同林型土壤粗粉砂变化特征见图 3-12。相同林型和月份，不同土层土壤粗粉砂差异显著（$P<0.05$）；相同月份和土层，不同林型土壤粗粉砂差异显著（$P<0.05$）；相同土层和林型，不同月份土壤粗粉砂差异显著（$P<0.05$）。

不同月份所有林型土壤粗粉砂在 0~30cm 土层无显著差异，3月、6月、9月和12月土壤粗粉砂平均含量为：39.77%、40.01%、39.41%和39.96%。不同林型全年土壤粗粉砂无显著差异，其均值处于 36.10%~43.30%，所有月份土壤粗粉砂均值由大到小为：

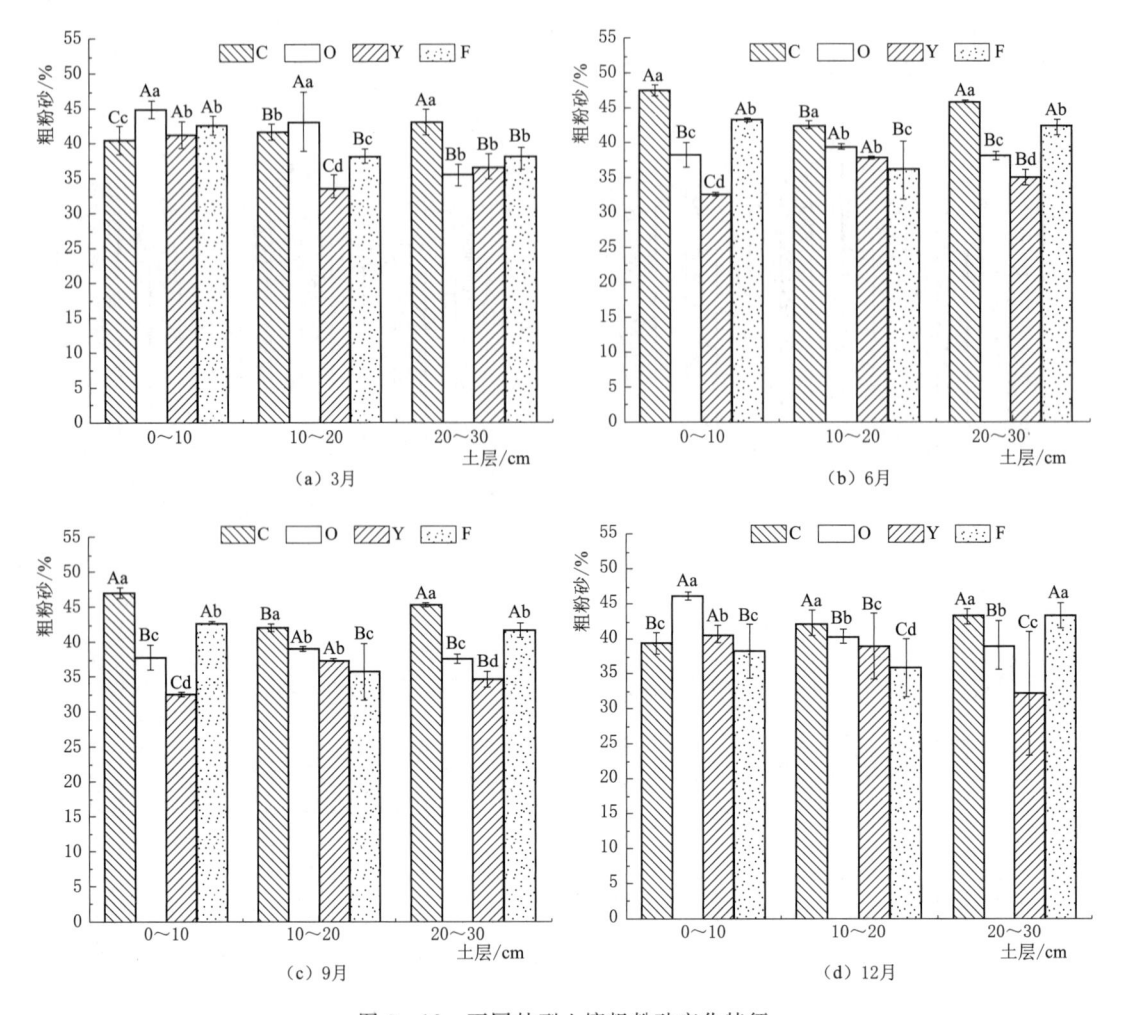

图 3-12 不同林型土壤粗粉砂变化特征

C（43.30%）＞O（39.94%）＞F（39.80%）＞Y（36.10%）。4 个林型变异系数均小于 0～10%，C 土壤粗粉砂变异系数最大，为 4.10%，F 土壤粗粉砂变异系数最小，为 1.41%。

不同林型土壤细砂变化特征见图 3-13。相同林型和月份，不同土层土壤细砂差异显著（$P<0.05$）；相同月份和土层，不同林型土壤细砂差异显著（$P<0.05$）；相同土层和林型，不同月份土壤细砂差异显著（$P<0.05$）。

不同月份所有林型土壤细砂在 0～30cm 土层差异显著（$P<0.05$），3 月、6 月、9 月和 12 月土壤细砂平均含量为：11.39%、9.24%、6.36% 和 9.47%。不同林型全年土壤细砂无显著差异，其均值处于 7.18%～10.56%，所有月份土壤细砂均值由大到小为：C（10.56%）＞Y（9.44%）＞F（9.28%）＞O（7.18%）。4 个林型变异系数均小于 10%～40%，Y 土壤细砂变异系数最大，为 34.69%，O 土壤细砂变异系数最小，为 11.70%。

综上，不同林型 0～30cm 土层土壤机械组成在同月份均表现为粗粉砂＞细粉砂＞中粉砂＞细砂＞黏粒。一方面，主要是由于不同林型植物根系的穿插作用[133]、物种丰富

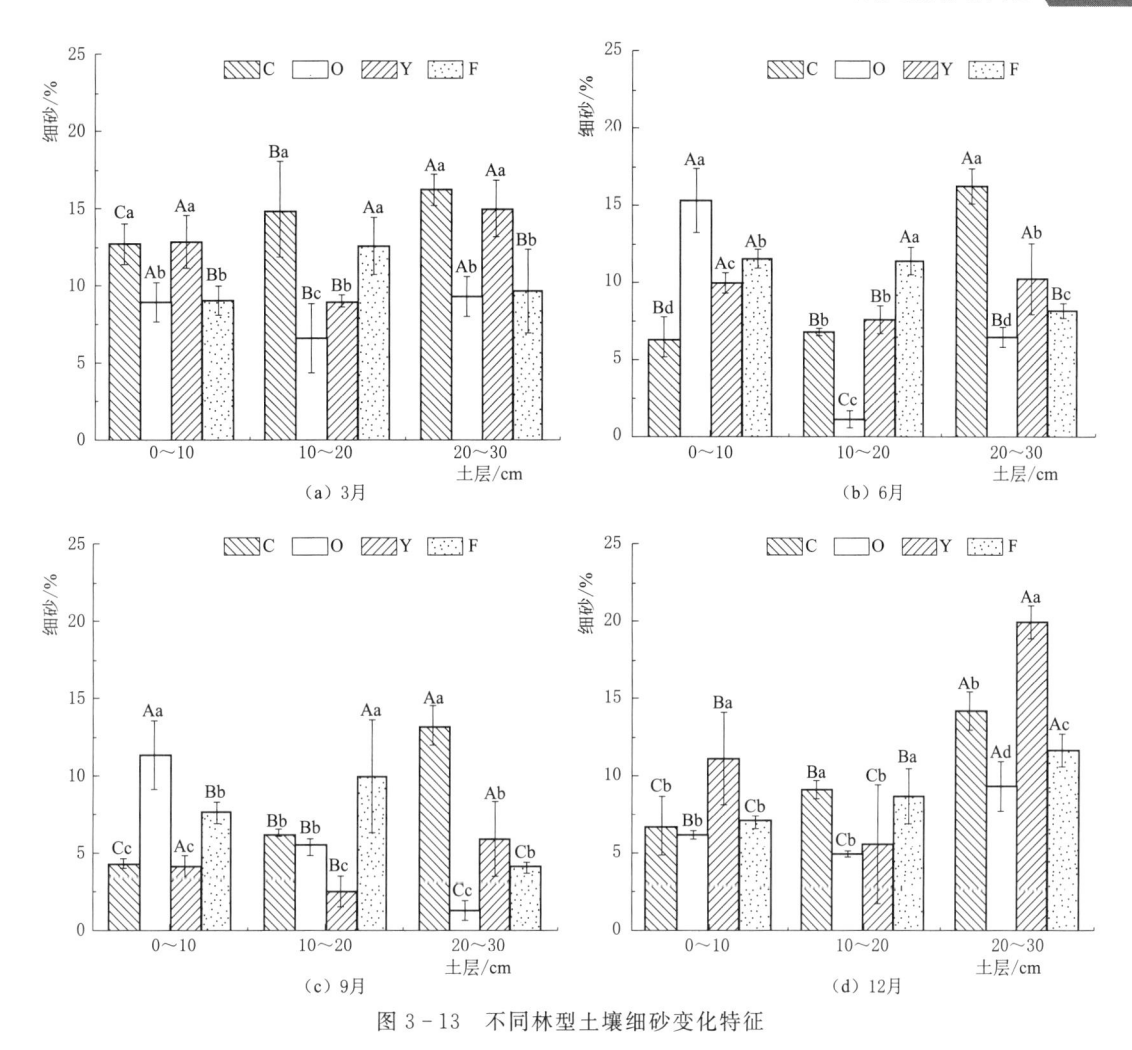

图 3-13 不同林型土壤细砂变化特征

度、植物体凋落物、根系分泌物、微生物及其代谢产物含量不同，导致不同林型土壤有机质有所差异，其改善土壤团聚体程度不同，而有机质是土壤团聚体形成过程中重要的胶结剂，有利于大团聚体的形成[134]，土壤颗粒组成有所差异[135-136]；另一方面，母岩矿物组成直接影响土壤颗粒组成，如母岩由玄武岩及其风化物组成的基性火山岩，土壤颗粒较小[137]，母岩由花岗岩及其风化物组成的碎屑岩和泥质岩，土壤颗粒较大[138]，以及不同土层淋洗和淀积状况不同，故不同林型和土层土壤机械组成有所差异。

3.10 土壤物理指标相关性

0~30cm 土层所有月份不同林型土壤物理指标之间的相关性如图 3-14 所示，不同林型土壤含水率与容重、非毛管孔隙度显著负相关（$P<0.05$），容重与粗粉砂、毛管孔隙度、总孔隙度、毛管孔隙度显著负相关（$P<0.05$），饱和持水量与细粒砂、总孔隙度显著负相关（$P<0.05$），毛管持水量与细粒砂显著负相关（$P<0.05$），田间持水量与细

粒砂、总孔隙度显著负相关（$P<0.05$），总孔隙度与中粉砂显著负相关（$P<0.05$），黏粒与细砂、细粒砂和中粉砂与细砂和粗粉砂显著负相关（$P<0.05$）。含水率与毛管孔隙度显著正相关（$P<0.05$），容重与中粉砂显著正相关（$P<0.05$），饱和持水量、毛管持水量和田间持水量与粗粉砂显著正相关（$P<0.05$），总孔隙度与非毛管孔隙度显著正相关（$P<0.05$），黏粒与细粒砂显著正相关（$P<0.05$）。

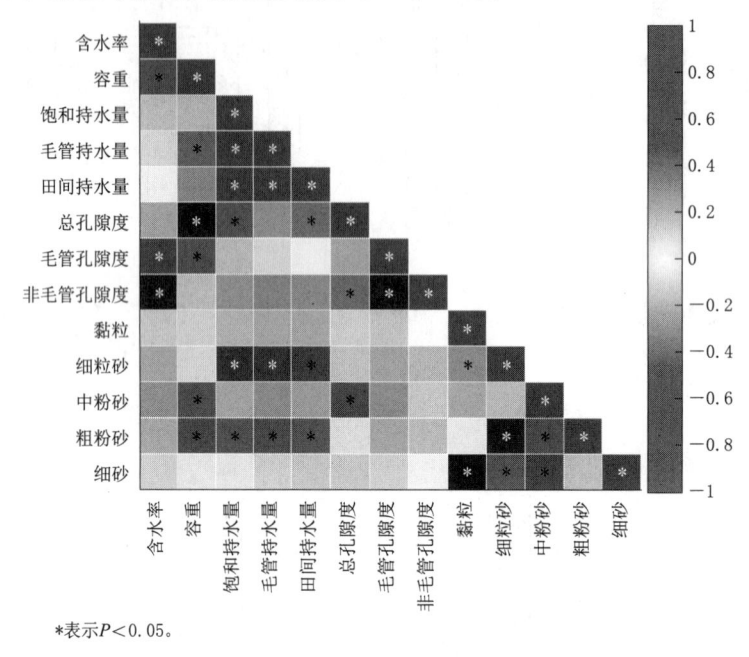

*表示$P<0.05$。

图3-14 土壤物理指标相关性

3.11 小　　结

（1）相同林型和月份，土壤含水率、饱和持水量、毛管持水量和田间持水量随土层增加而减少，且差异显著（$P<0.05$）；毛管孔隙度、非毛管孔隙度、黏粒、细砂、容重、细粒砂、中粉砂和粗粉砂随土层增加无明显变化规律，但差异显著（$P<0.05$）。相同月份和土层，不同林型土壤含水率、饱和持水量、毛管持水量、田间持水量、毛管孔隙度、非毛管孔隙度、黏粒、细砂、容重、总孔隙度、细粒砂、中粉砂和粗粉砂变化无明显规律，但差异显著（$P<0.05$）。相同土层和林型，不同月份土壤含水率、饱和持水量、毛管持水量和田间持水量在9月最高，且差异显著（$P<0.05$）；毛管孔隙度、非毛管孔隙度、黏粒、细砂、细粒砂、中粉砂和粗粉砂无明显变化，但差异显著（$P<0.05$）。

（2）不同月份所有林型除土壤容重、总孔隙度、细砂、中粉砂和粗粉砂在0～30cm土层无显著差异外，其余指标9月含量最高，且显著差异（$P<0.05$）。

第 4 章

不同林型土壤化学性质变化特征

4.1 土壤 pH 值变化特征

pH 值表示土壤酸碱度，是土壤重要的化学性质之一，综合反映土壤各种化学性质，它和土壤微生物活动、有机质合成与分解、各种营养元素的转化与释放及有效性关系密切[33-35]。同时也是影响土壤质量因素之一，因此 pH 值对植物生长发育有着不可忽视的作用[36-37]。

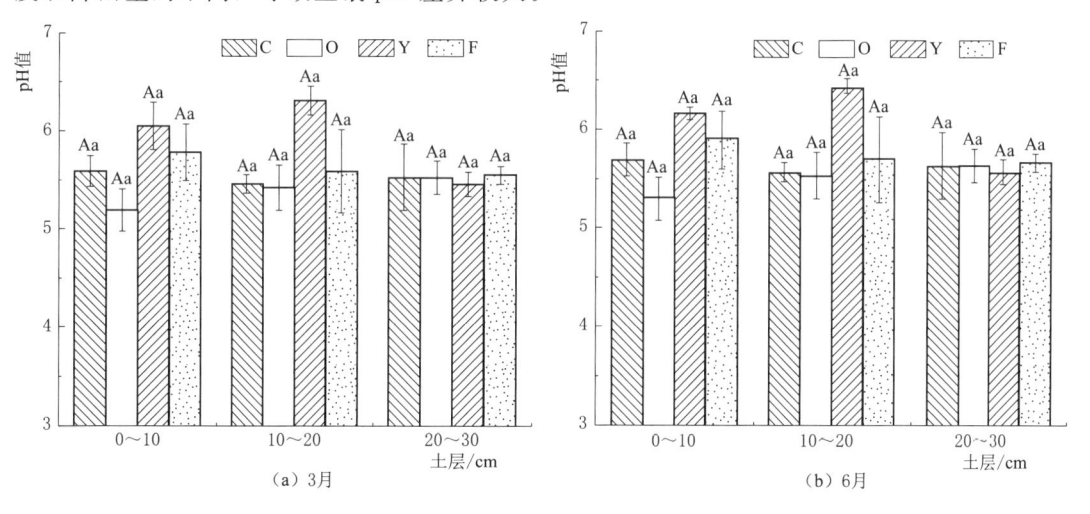

不同林型土壤 pH 值变化特征见图 4-1。相同林型和月份，不同土层土壤 pH 值无显著差异；相同月份和土层，不同林型土壤 pH 值无显著差异；相同土层和林型，不同月份土壤 pH 值无显著差异。不同月份所有林型土壤 pH 值在 0~30cm 土层无显著差异，相同月份，不同林型土壤 pH 值无显著差异。3 月、6 月、9 月和 12 月所有林型 0~30cm 土层土壤 pH 值范围分别为：4.90~7.64、5.00~7.80、5.15~8.03 和 5.00~5.70，全年所有林型 0~30cm 土层土壤 pH 值范围为 4.90~5.70，整体 9 月 pH 值偏大，从变异系数看，四个林型变异系数均小于 10%，表明土壤总孔隙度在季相变化中较为稳定，其中，Y 土壤总孔隙度变异系数最大，为 7.90%，O 土壤总孔隙度变异系数最小，为 1.77%。主要是由于该季节降水较多，氢离子浓度降低，导致土壤 pH 值偏大，且由于该季节降雨强度和降雨量的不同，导致土壤 pH 差异较大。

图 4-1（一） 不同林型土壤 pH 值变化特征

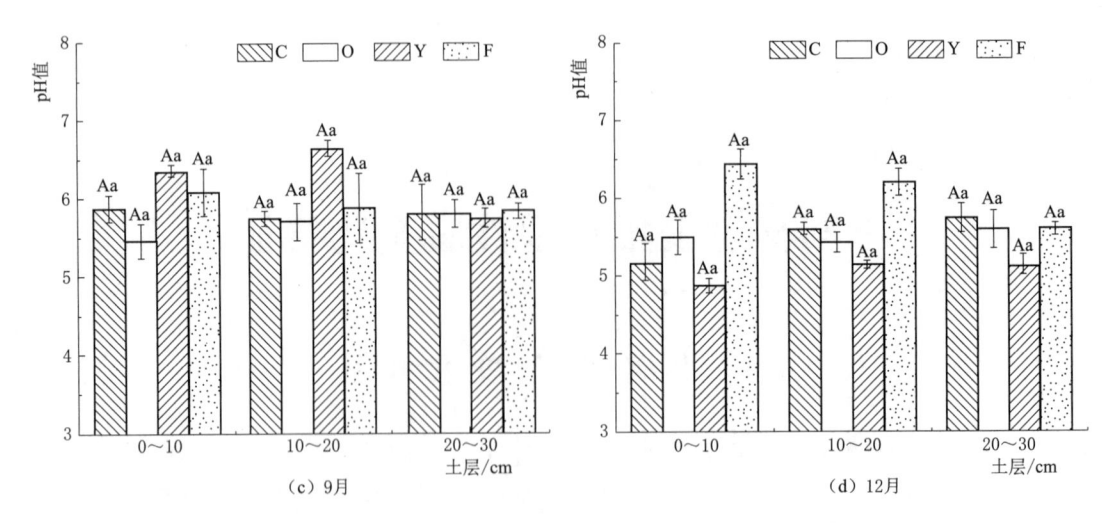

图 4-1（二） 不同林型土壤 pH 值变化特征

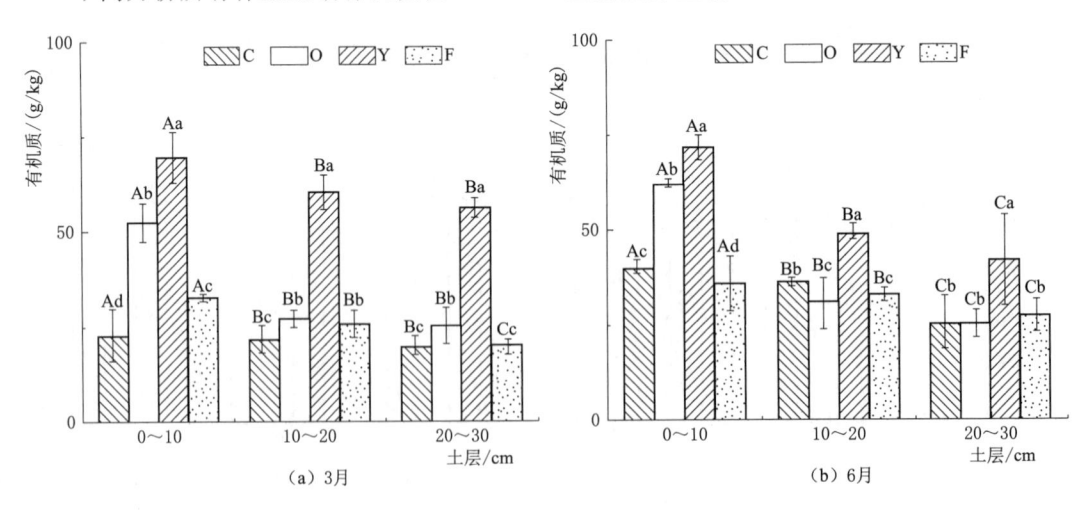

4.2 不同林型土壤有机质变化特征

土壤有机质是土壤固相部分重要组成成分[38-40]，土壤有机质被多数人认为是土壤质量衡量指标中唯一最重要的指标[41-42]，它能促进土壤团粒结构的形成，改善土壤结构，是良好的粘结剂[43]。其可以作为土壤和环境质量状况的重要表征[44]。

不同林型土壤有机质变化特征见图 4-2。相同林型和月份，不同土层土壤有机质差异显著（$P<0.05$）；相同月份和土层，不同林型土壤有机质差异显著（$P<0.05$）；相同土层和林型，不同月份土壤有机质差异显著（$P<0.05$）。

不同月份所有林型土壤有机质在 0~30cm 土层差异显著（$P<0.05$），相同月份，不

图 4-2（一） 不同林型土壤有机质变化特征

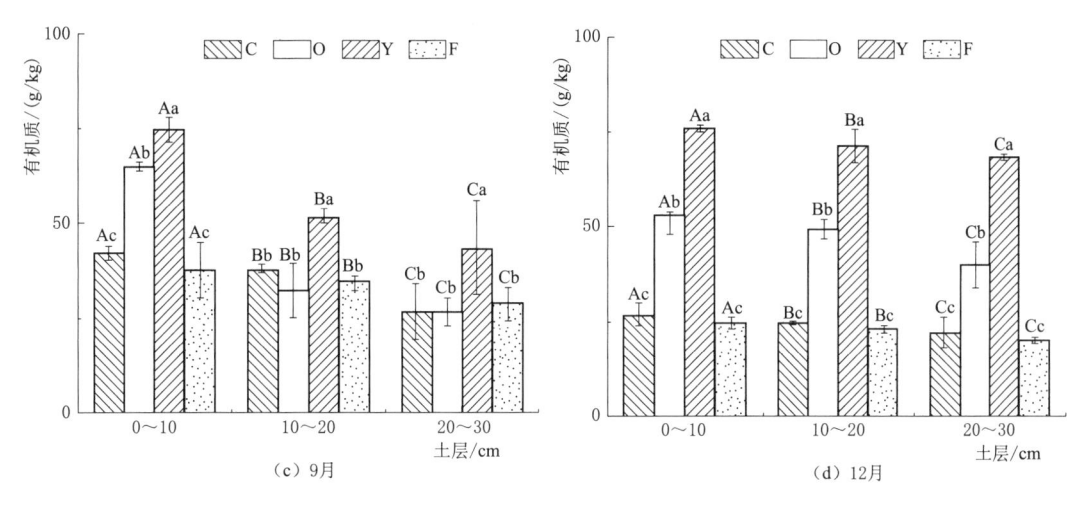

图 4-2（二） 不同林型土壤有机质变化特征

同林型土壤有机质差异显著（$P<0.05$）。3月、6月、9月和12月Y土壤有机质显著高于其他林型，分别为61.93g/kg、54.33g/kg、56.50g/kg和71.75g/kg，F土壤有机质含量最低，分别为26.02g/kg、32.23g/kg、33.51g/kg和22.40g/kg。从变异系数看，4个林型变异系数均处于10%～40%，表明土壤有机质在季相变化中有一定差异，属于低敏感指标，其中，C土壤有机质变异系数最大，为21.03%，O土壤有机质变异系数最小，为10.95%。导致该规律的主要原因是不同林型在不同月份下林下凋落物、植物残体、根系分泌物以及微生物分解作用不同，导致有机质进入土壤的含量不同[139]，有机质含量有所差异。

4.3 不同林型土壤氮素变化特征

土壤氮素是影响作物生长和产量的首要元素，土壤供应较少，因此，也是评价土壤质量和土地生产力重要指标[11]。不同林型土壤全氮变化特征见图4-3。相同林型和月份，不同土层土壤全氮差异显著（$P<0.05$）；相同月份和土层，不同林型土壤全氮差异显著（$P<0.05$）；相同土层和林型，不同月份土壤全氮差异显著（$P<0.05$）。

不同月份所有林型土壤全氮在0～30cm土层差异显著（$P<0.05$），相同月份，不同林型土壤全氮差异显著（$P<0.05$）。3月、6月、9月和12月F土壤全氮显著高于其他林型，分别为0.91g/kg、1.34g/kg、1.36g/kg和1.06g/kg，Y土壤全氮含量显著低于其他林型，分别为0.71g/kg、0.54g/kg、0.60g/kg和0.99g/kg。从变异系数看，4个林型变异系数均处于10%～80%，表明土壤全氮含量在季相变化中差异较大，属于中低敏感指标，其中，Y土壤全氮变异系数最大，为45.89%，F土壤全氮变异系数最小，为16.24%。这主要是因为土壤氮素来源途径较多，主要来源于有机质外、生物固氮作用和降水等[11]，故不同土层、月份和林型土壤氮素（全氮、氨态氮、硝态氮和水解氮）不同。

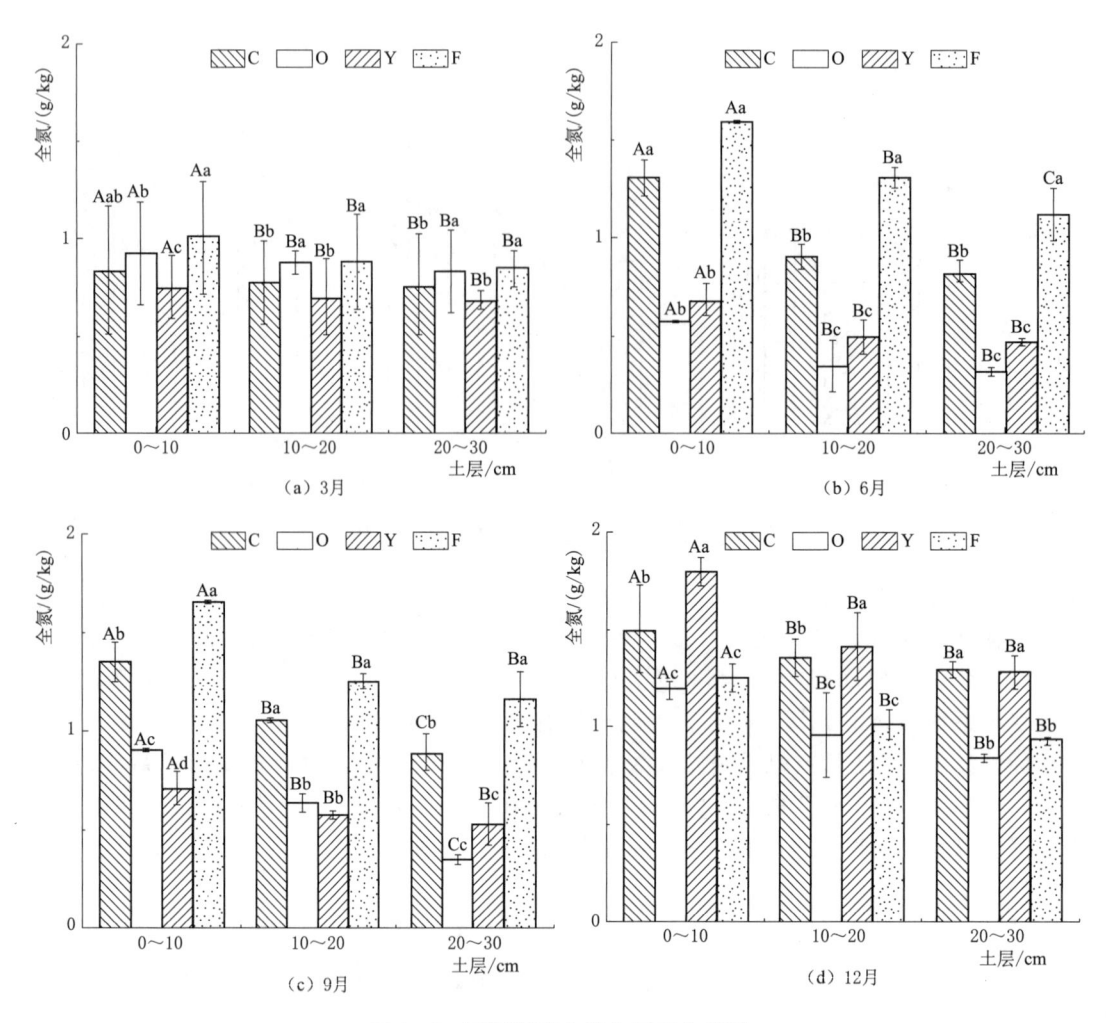

图 4-3 不同林型土壤全氮变化特征

不同林型土壤铵态氮变化特征见图 4-4。相同林型和月份，不同土层土壤铵态氮差异显著（$P<0.05$）；相同月份和土层，不同林型土壤有机质差异显著（$P<0.05$）；相同土层和林型，不同月份土壤铵态氮差异显著（$P<0.05$）。

不同月份所有林型土壤铵态氮在 0~30cm 土层差异显著（$P<0.05$），相同月份，不同林型土壤铵态氮差异显著（$P<0.05$）。3月、6月、9月和12月O土壤铵态氮显著高于其他林型，分别为 6.78mg/kg、4.52mg/kg、6.15mg/kg 和 6.66mg/kg，F 土壤铵态氮含量显著低于其他林型，分别为 5.03mg/kg、3.83mg/kg、4.75mg/kg 和 4.67mg/kg。从变异系数看，C、Y 和 F 铵态氮变异系数均小于10%，表明土壤铵态氮含量在季相变化中稳定，O 变异系数处于 10%~40%，表明土壤铵态氮含量在季相变化有一定波动，属低敏感指标，全年整体较稳定，其中，O 土壤铵态氮变异系数最大，为 14.96%，C 土壤铵态氮变异系数最小，为 7.09%。

不同林型土壤硝态氮变化特征见图 4-5。相同林型和月份，不同土层土壤硝态氮差

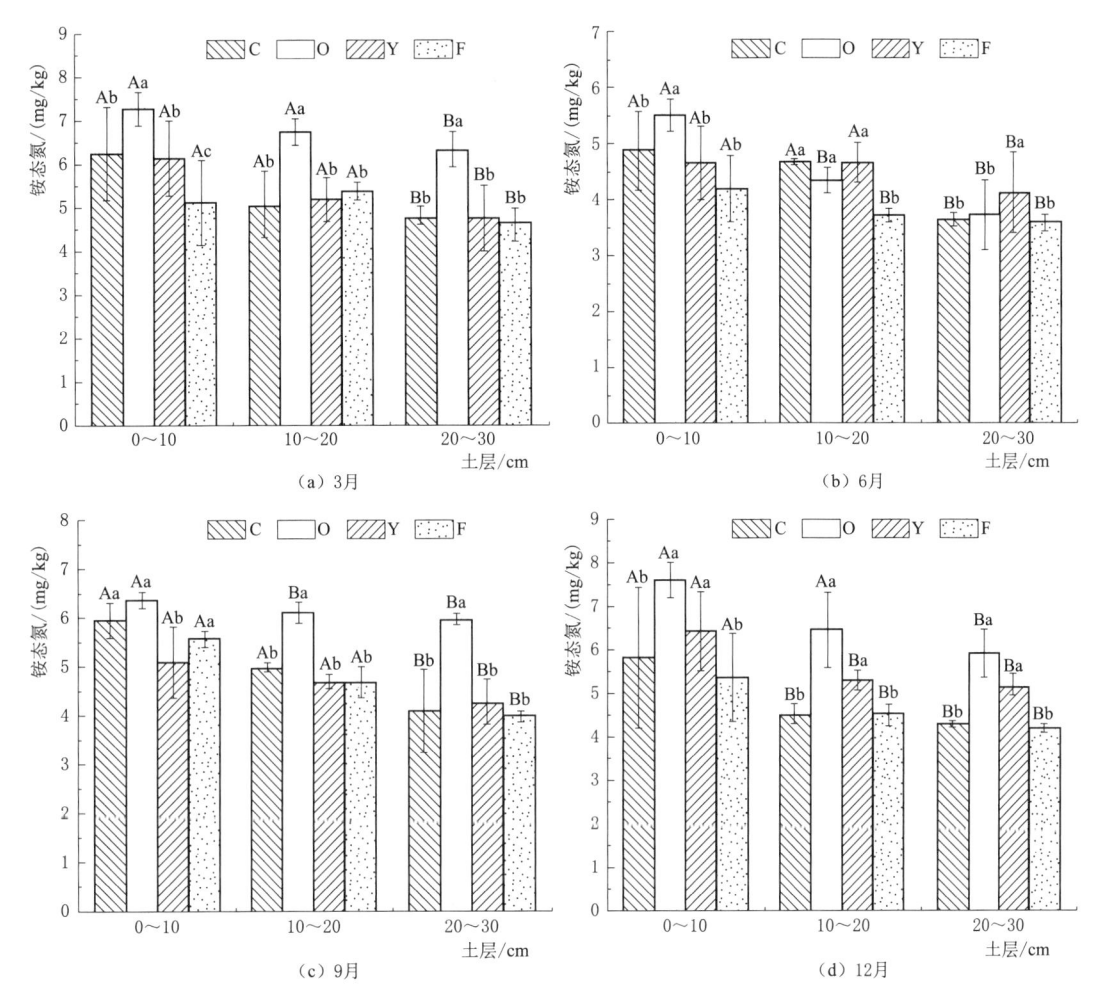

图 4-4 不同林型土壤铵态氮变化特征

异显著（$P<0.05$）；相同月份和土层，不同林型土壤硝态氮差异显著（$P<0.05$）；相同土层和林型，不同月份土壤硝态氮差异显著（$P<0.05$）。

不同月份所有林型土壤硝态氮在 0～30cm 土层差异显著（$P<0.05$），相同月份，不同林型土壤硝态氮差异显著（$P<0.05$）。3月、6月、9月和12月 Y 土壤硝态氮显著高于其他林型，分别为 9.21mg/kg、8.39mg/kg、10.12mg/kg 和 11.62mg/kg，C 土壤硝态氮含量显著低于其他林型，分别为 4.82mg/kg、4.24mg/kg、5.11mg/kg 和 5.87mg/kg。从变异系数看，4 个林型硝态氮变异系数处于 10%～40%，表明土壤硝态氮含量在季相变化有一定波动，属低敏感指标，其中，F 土壤硝态氮变异系数最大，为 12.43%，O 土壤硝态氮变异系数最小，为 11.68%。土壤全氮有效氮素变化不一，即全氮含量充足并不意味着有效氮素供应充足，这是因为虽然有机质是土壤氮素的主要来源，但其矿化过程受土壤 pH 值的影响外，还受到土壤中微生物影响，导致有效氮素挥发，故全氮充足但效氮素缺乏或增多[11]，因此探究不同林型土壤微生物多样性及其群

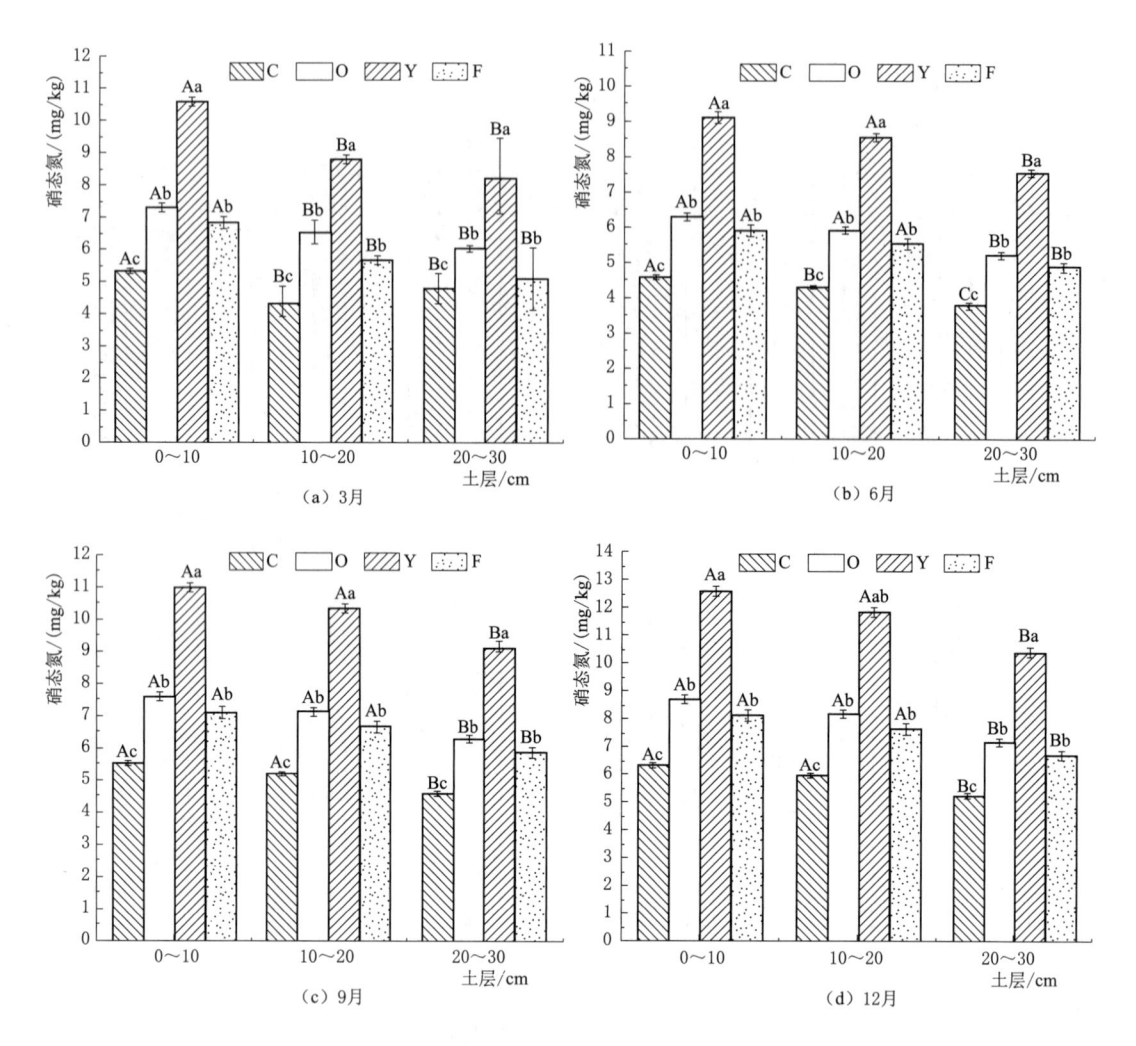

图 4-5 不同林型土壤硝态氮变化特征

落结构显得尤为重要。

不同林型土壤水解氮变化特征见图 4-6。相同林型和月份，不同土层土壤水解氮差异显著（$P<0.05$）；相同月份和土层，不同林型土壤水解氮差异显著（$P<0.05$）；相同土层和林型，不同月份土壤水解氮差异显著（$P<0.05$）。

不同月份所有林型土壤水解氮在 0~30cm 土层差异显著（$P<0.05$），相同月份，不同林型土壤水解氮差异显著（$P<0.05$）。3月、6月、9月和12月C土壤水解氮整体高于其他林型，分别为 175.69mg/kg、141.29mg/kg、155.42mg/kg 和 138.39mg/kg，O 土壤水解氮含量显著低于其他林型，分别为 141.03mg/kg、85.87mg/kg、88.68mg/kg 和 138.13mg/kg。从变异系数看，4 个林型水解氮变异系数处于 10%~40%，表明土壤水解氮含量在季相变化有一定波动，属低敏感指标，其中，F 土壤水解氮变异系数最大，为 37.61%，C 土壤水解氮变异系数最小，为 10.66%。

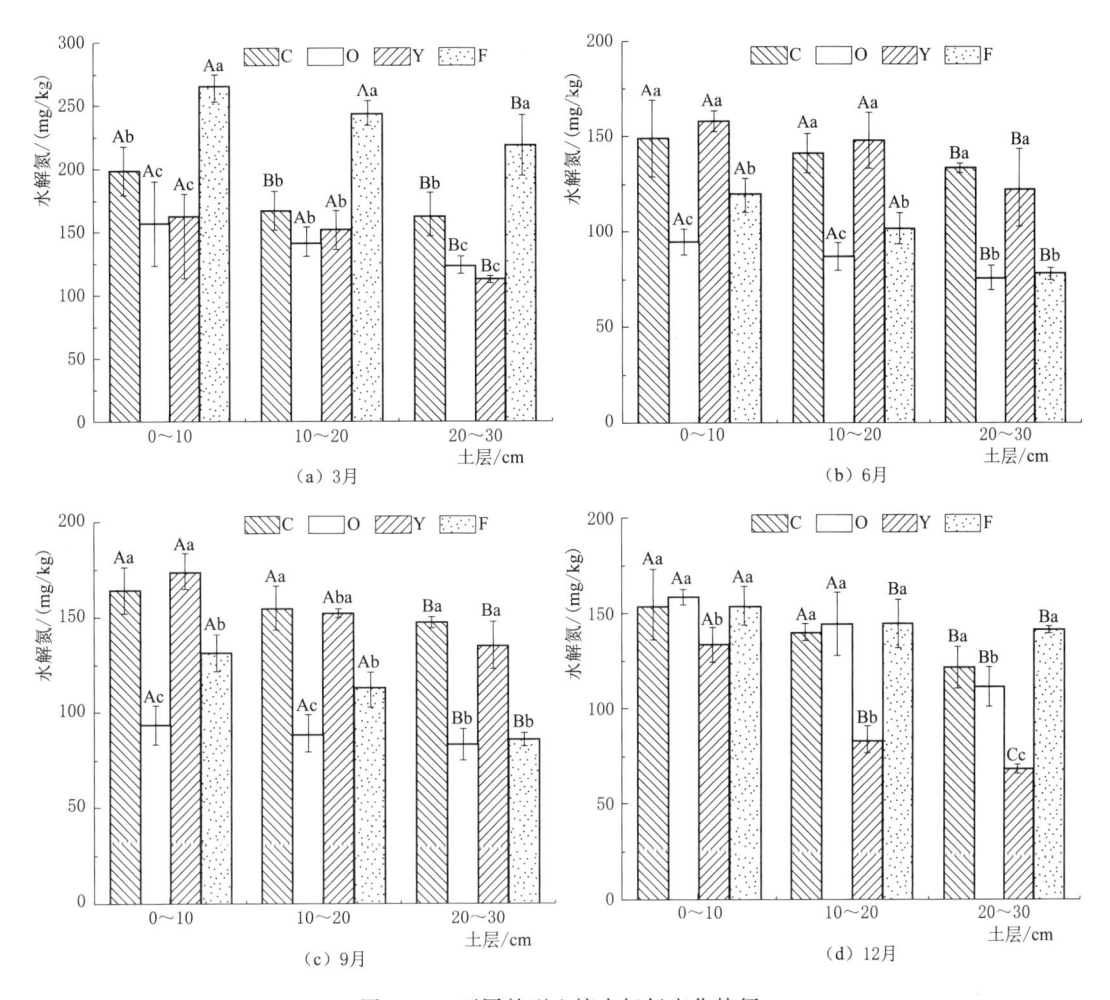

图 4-6 不同林型土壤水解氮变化特征

4.4 不同林型土壤磷素变化特征

土壤磷素是植物生长发育必需的元素之一[16]，是一种沉积性矿物[140]，其中，全磷是衡量土壤供磷潜力的指标[13]。不同林型土壤全磷变化特征见图4-7。相同林型和月份，不同土层土壤全磷无显著差异；相同月份和土层，不同林型土壤全磷差异显著（$P<0.05$）；相同土层和林型，不同月份土壤全磷差异显著（$P<0.05$）。

不同月份所有林型土壤全磷在0~30cm土层差异显著（$P<0.05$），相同月份，不同林型土壤全磷差异显著（$P<0.05$）。3月、6月、9月和12月冷杉-云杉针叶混交林土壤全磷显著高于其他林型，分别为0.26g/kg、0.22g/kg、0.29g/kg和0.72g/kg，石棉玉山竹竹林土壤全磷含量显著低于其他林型，分别为0.13g/kg、0.16g/kg、0.21g/kg和0.26g/kg。从变异系数看，4个林型全磷变异系数处于10%~80%，属中低敏感指标，其中，冷

45

(a) 3月

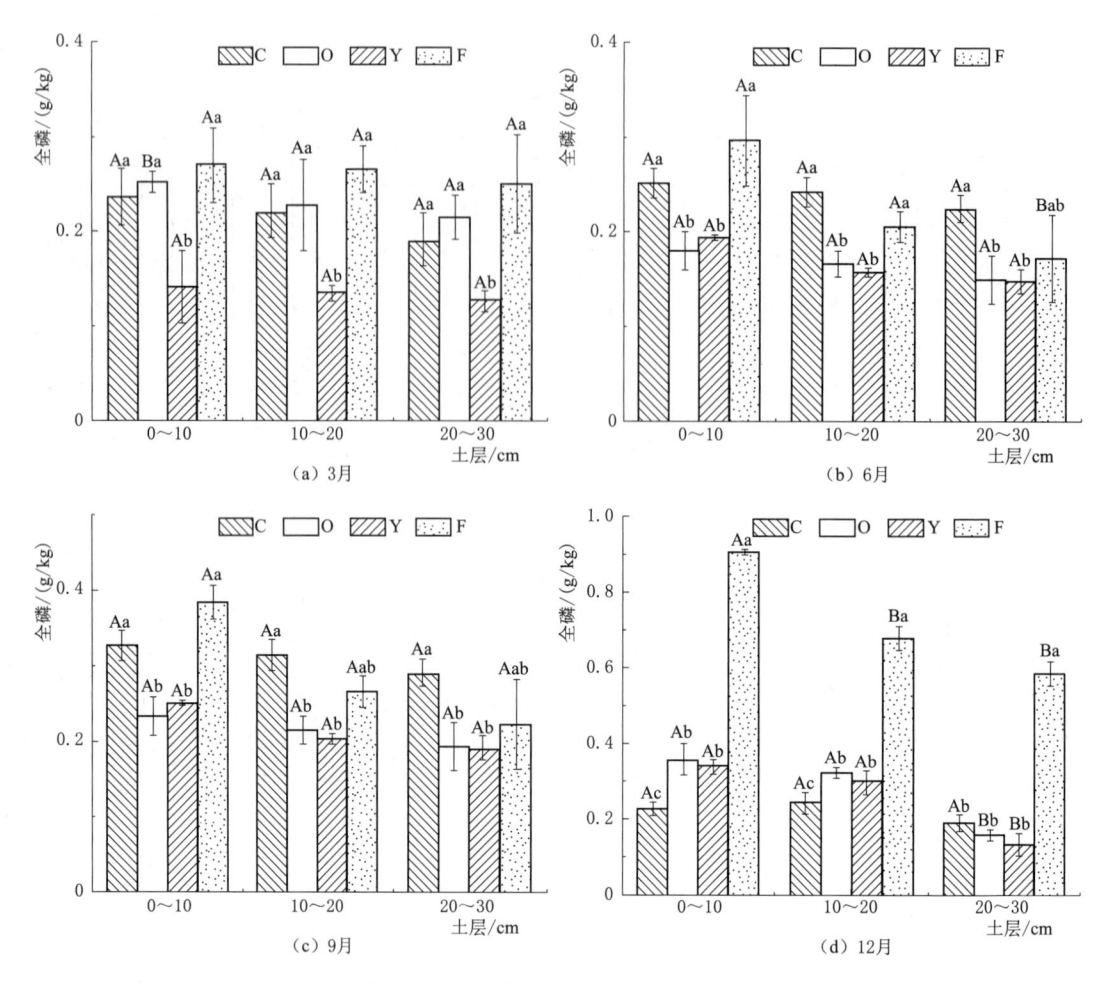

(b) 6月

(c) 9月

(d) 12月

图 4-7 不同林型土壤全磷变化特征

杉-云杉针叶混交林土壤全磷变异系数最大，为 53.92%，青冈-川杨阔叶混交林土壤全磷变异系数最小，为 15.40%。表明全磷含量受植被和成土因素的生物因素影响较大。

有效磷是反映土壤现实供磷水平的指标，故用有效磷含量来判断土壤磷素丰缺状况，其含量取决于母质类型和成土作用[13]。不同林型土壤有效磷变化特征见图 4-8。相同林型和月份，不同土层土壤有效磷无显著差异，相同月份和土层，不同林型土壤有效磷差异显著（$P<0.05$），相同土层和林型，不同月份土壤有效磷差异显著（$P<0.05$）。

不同月份所有林型土壤有效磷在 0～30cm 土层差异显著（$P<0.05$），相同月份，不同林型土壤有效磷差异显著（$P<0.05$）。3月、6月、9月和12月青冈-川杨阔叶混交林土壤有效磷整体高于其他林型，分别为 28.06mg/kg、31.03mg/kg、32.23mg/kg 和 29.51mg/kg，冷杉-云杉针叶混交林土壤有效磷含量显著低于其他林型，分别为 19.28mg/kg、22.59mg/kg、23.47mg/kg 和 16.95mg/kg。从变异系数看，4个林型有效磷变异系数处于 10%～40%，属低敏感指标，其中，石棉玉山竹竹林土壤有效磷变异系

数最大,为 25.83%,青冈-川杨阔叶混交林土壤有效磷变异系数最小,为 7.53%。

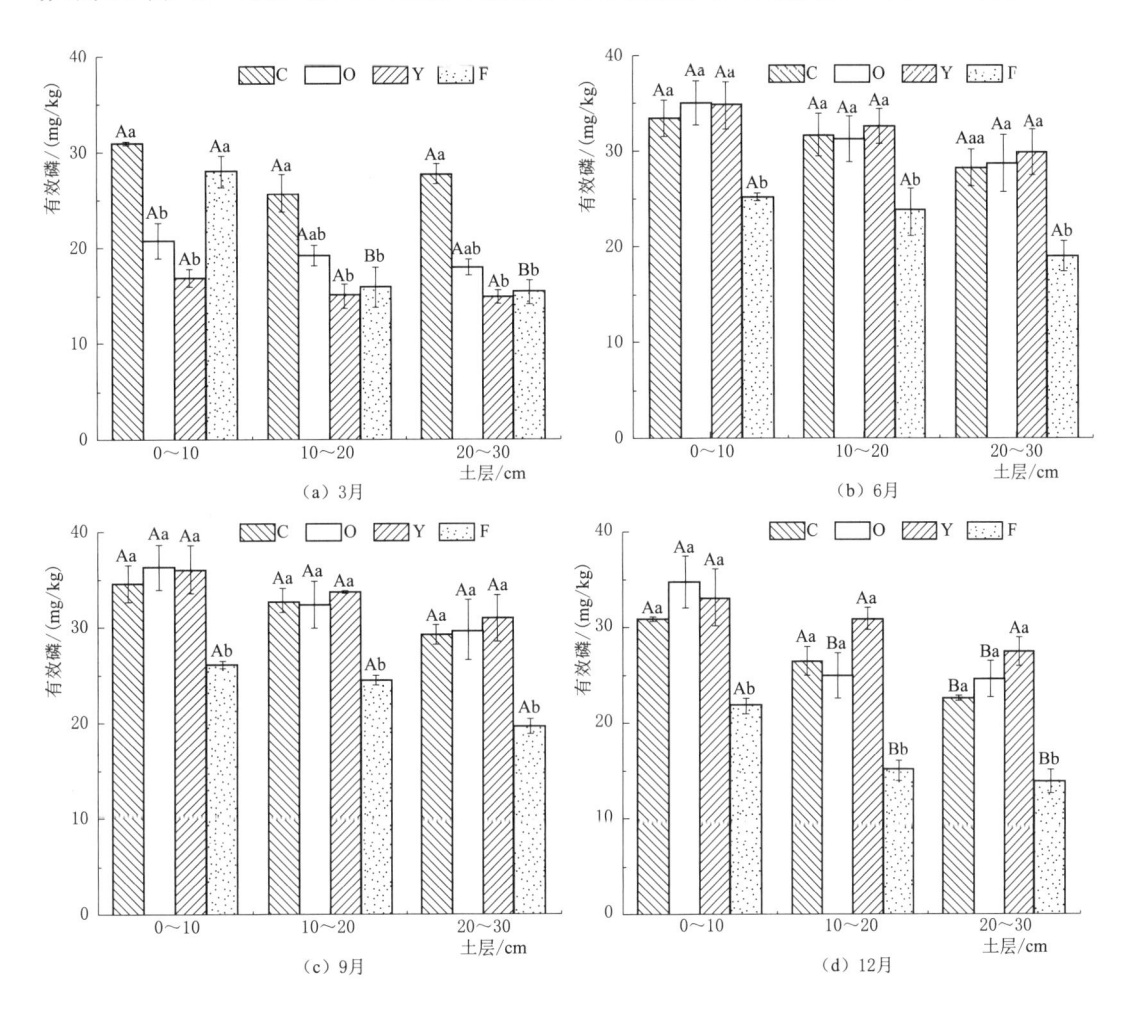

图 4-8 不同林型土壤有效磷变化特征

4.5 不同林型土壤钾素变化特征

土壤全钾含量的代表钾素潜在供应能力[45],主要来自含钾矿物的自然供给[45-46]。土壤全钾含量与母质、风化及成土条件和质地均有关系[46]。植物所需钾主要自然补给源来自土壤不同形态的钾,它们相互转化,对植物的有效性发挥着不同的作用[47]。不同林型土壤全钾变化特征见图 4-9。相同林型和月份,不同土层土壤全钾差异显著($P<0.05$);相同月份和土层,不同林型土壤全钾差异显著($P<0.05$);相同土层和林型,不同月份土壤全钾差异显著($P<0.05$)。

不同月份所有林型土壤全钾在 0~30cm 土层差异显著($P<0.05$),相同月份,不同林型土壤全钾差异显著($P<0.05$)。3月、6月、9月和12月冷杉-云杉针叶混交林土壤

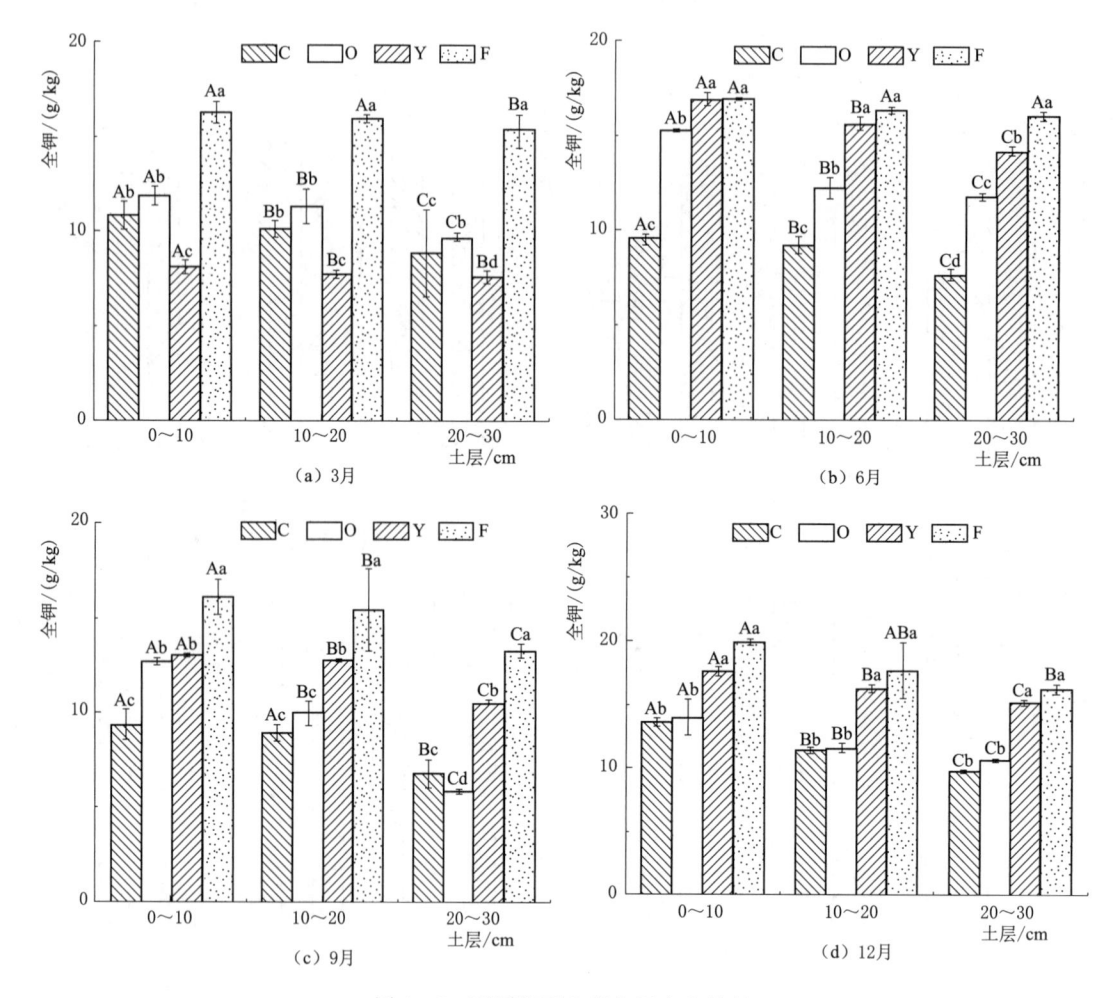

图4-9 不同林型土壤全钾变化特征

全钾显著高于其他林型,分别为15.82g/kg、16.42g/kg、14.89g/kg和17.94g/kg,青冈-川杨阔叶混交林土壤全钾含量显著低于其他林型,分别为9.89g/kg、8.78g/kg、8.34g/kg和11.60g/kg。从变异系数看,4个林型全钾变异系数处于10%~40%,属低敏感指标,其中,石棉玉山竹竹林土壤全钾变异系数最大,为26.04%;冷杉-云杉针叶混交林土壤全钾变异系数最小,为6.82%。

不同林型土壤速效钾变化特征见图4-10。相同林型和月份,不同土层土壤速效钾差异显著($P<0.05$);相同月份和土层,不同林型土壤速效钾差异显著($P<0.05$);相同土层和林型,不同月份土壤速效钾差异显著($P<0.05$)。

不同月份所有林型土壤速效钾在0~30cm土层差异显著($P<0.05$),相同月份,不同林型土壤速效钾差异显著($P<0.05$)。3月、6月、9月和12月冷杉-云杉针叶混交林土壤速效钾显著高于其他林型,分别为159.97mg/kg、226.70mg/kg、235.73mg/kg和153.99mg/kg,栓皮栎落叶阔叶林土壤速效钾含量低于其他林型,分别为129.40mg/kg、

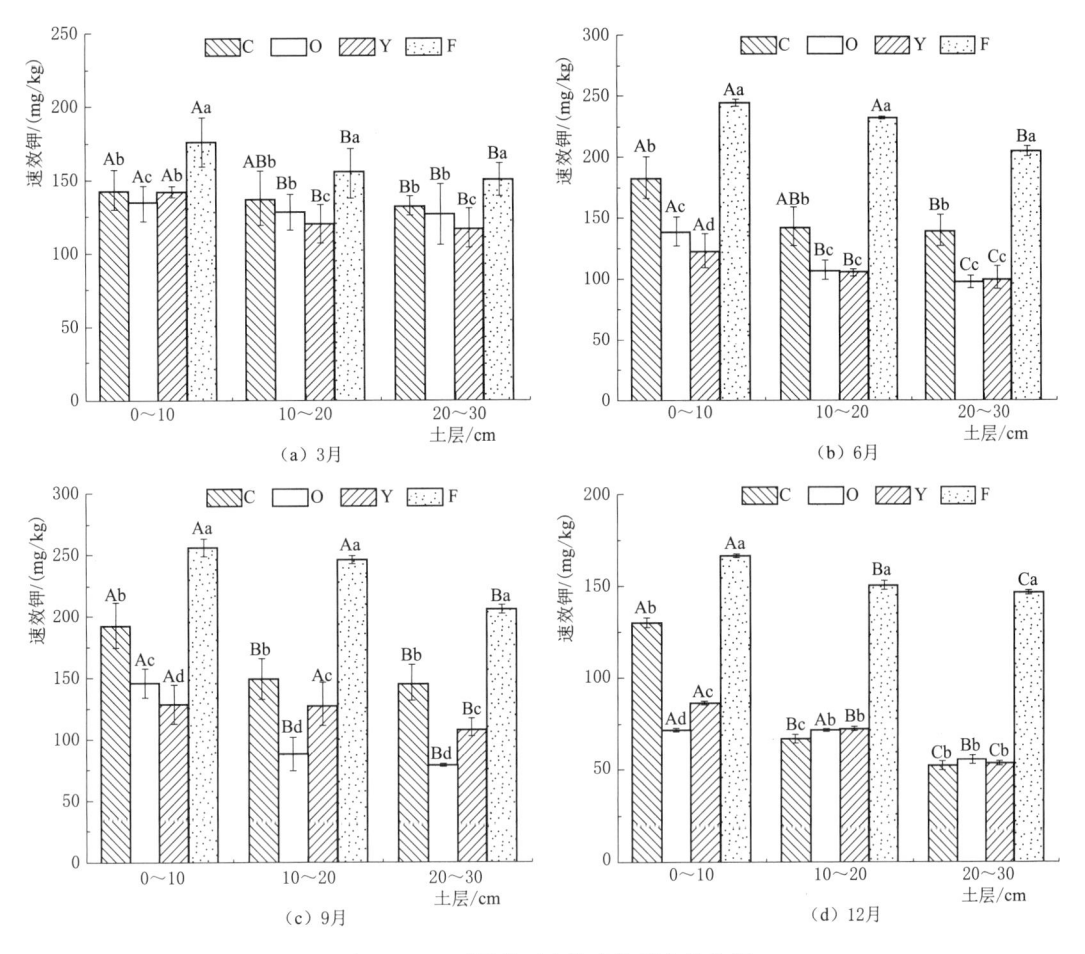

图 4-10 不同林型土壤速效钾变化特征

114.39mg/kg、104.32mg/kg 和 66.50mg/kg。从变异系数看，4 个林型速效钾变异系数处于 10%～40%，属低敏感指标，其中，青冈-川杨阔叶混交林土壤速效钾变异系数最大，为 23.29%，冷杉-云杉针叶混交林土壤速效钾变异系数最小，为 19.22%。

4.6 土壤化学指标相关性

0～30cm 土层所有月份不同林型土壤化学指标之间的相关性如图 4-11 所示，不同林型有机质与速效钾显著负相关（$P<0.05$），有效磷与速效钾、全钾显著负相关（$P<0.05$）；有机质与有效磷、硝态氮、铵态氮显著正相关（$P<0.05$），全氮与速效钾、全钾、全磷、水解氮显著正相关（$P<0.05$），铵态氮与有效磷显著正相关（$P<0.05$），硝态氮与全钾显著正相关（$P<0.05$），水解氮与速效钾、全磷显著正相关（$P<0.05$），全磷与速效钾、全钾显著正相关（$P<0.05$），全价与速效钾显著正相关（$P<0.05$）。

*表示$P<0.05$。

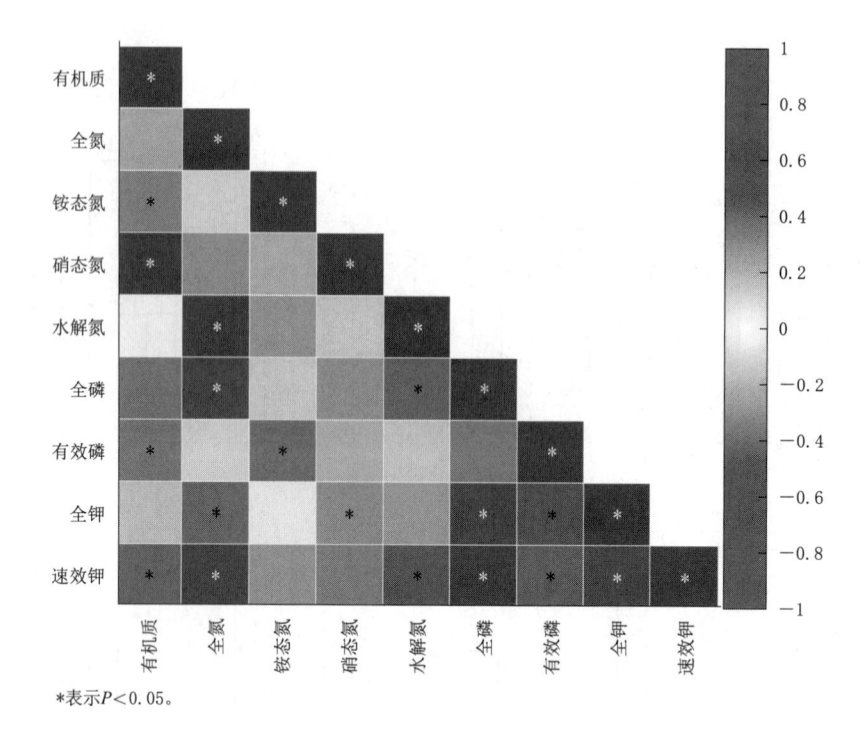

图 4-11 土壤化学指标相关性

4.7 小　　结

(1) 相同林型和月份，土壤有机质、全氮、铵态氮、硝态氮、水解氮、有效磷、全磷、全钾和速效钾随土层的增加而减小，且差异显著（$P<0.05$），但全磷无显著差异；相同月份和土层，不同林型有机质、全氮、铵态氮、硝态氮、水解氮、全磷、有效磷、全钾和速效钾差异显著（$P<0.05$），其中 F 土壤有机质、全氮、水解氮、全磷、全钾和速效钾、O 土壤铵态氮、Y 土壤硝态氮、C 土壤有效磷含量最高。相同土层和林型，不同月份土壤有机质、全氮、铵态氮、硝态氮、水解氮、全磷、有效磷、全钾和速效钾差异显著（$P<0.05$），且 9 月含量最高，pH 值变化无明显规律。

(2) 不同月份所有林型土壤有机质、全氮、铵态氮、硝态氮、水解氮、全磷、有效磷、全钾和速效钾在 0～30cm 土层差异显著（$P<0.05$），且 9 月含量最高；相同月份，不同林型土壤有机质、全氮、铵态氮、硝态氮、水解氮、全磷、有效磷、全钾和速效钾差异显著（$P<0.05$），其中，F 土壤有机质、全氮、水解氮、全磷、全钾和速效钾、O 土壤铵态氮、Y 土壤硝态氮、C 土壤有效磷含量最高。pH 值变化无明显规律。

第5章

不同林型土壤酶活性及微生物量碳氮变化特征

5.1 不同林型土壤脲酶活性垂直变化特征

土壤生物学性质可敏感反映出土壤质量状况[53]，是土壤质量评价中不可或缺的指标之一[54]。土壤酶作为土壤重要组成部分[55]，参与土壤所有生物化学过程[141]，在土壤生物和生物化学过程维持中发挥重要作用。土壤酶不仅是有机物质转化的驱动力，影响碳、氮、磷和钾等元素转化速率[56]，同时是土壤理化性质性状保持和变化的驱动力[132,142]。土壤酶是一类具有专性催化作用的较稳定的蛋白质[56]，有着测定方便而且应用广泛的特点，被看作是比较理想的反映土壤质量的综合度量指标[57-58]。

脲酶是广泛存在于土壤中的并对土壤有机氮分解转化起重要作用的专性酶[132]，能促进尿素水解生成氨、二氧化碳和水[13]。因此，脲酶对尿素氮肥利用率的提高至关重要。不同林型土壤脲酶活性变化特征见图5-1。相同林型和月份，不同土层土壤脲酶差异显著（$P<0.05$）；相同月份和土层，不同林型土壤脲酶差异显著（$P<0.05$）；相同土层和林型，不同月份土壤脲酶差异显著（$P<0.05$）。

不同月份所有林型土壤脲酶在0～30cm土层差异显著（$P<0.05$），相同月份，不同林型土壤脲酶差异显著（$P<0.05$）。3月、6月、9月和12月土壤脲酶由大到小均为：

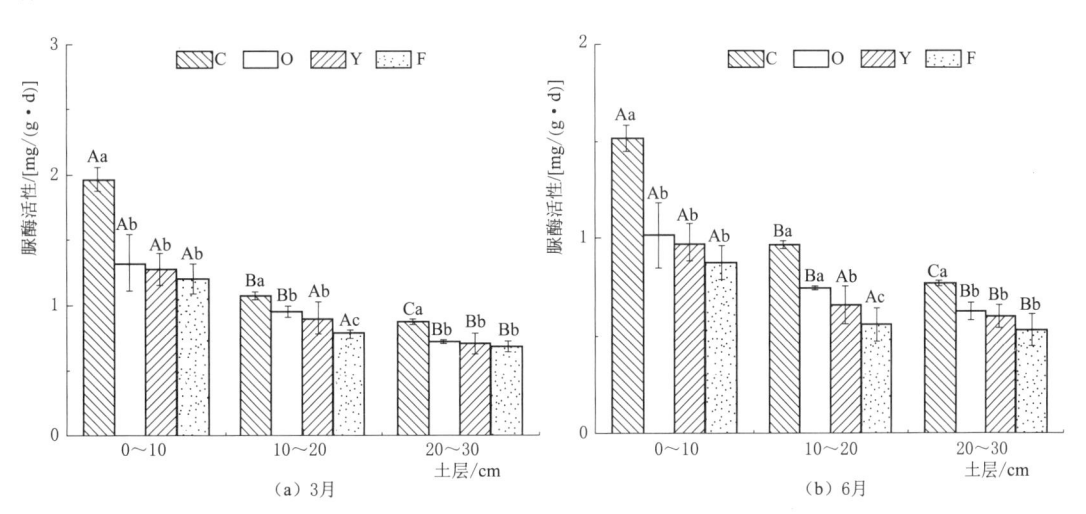

图5-1（一） 不同林型土壤脲酶活性变化特征

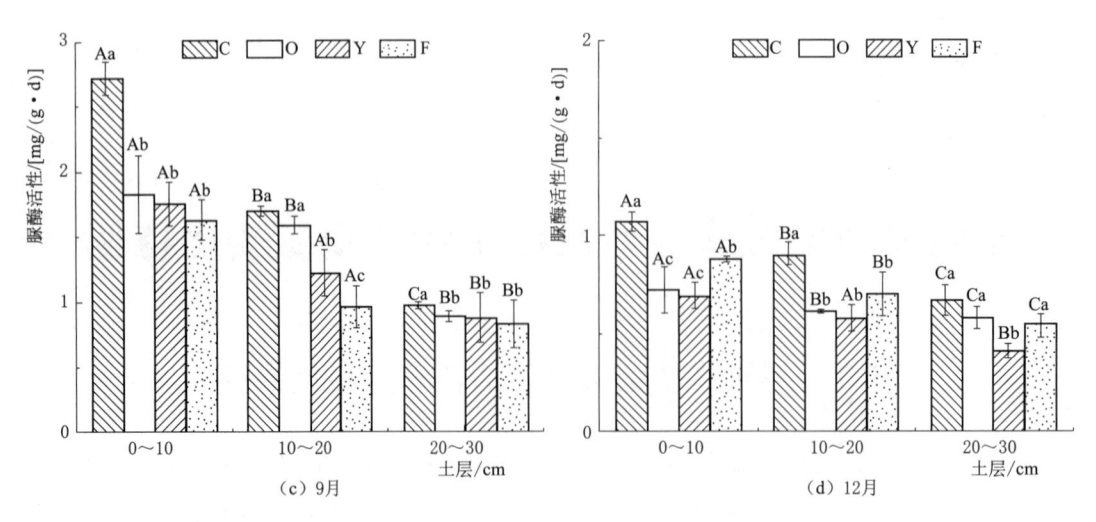

图 5-1（二） 不同林型土壤脲酶活性变化特征

C>O>Y>F。从变异系数看，4个林型脲酶变异系数处于10%～40%，属低敏感指标，其中，Y土壤脲酶变异系数最大，为31.78%，C土壤脲酶变异系数最小，为26.11%。

5.2　不同林型土壤蔗糖酶活性垂直变化特征

蔗糖酶是多种低聚糖水解的催化剂[132]，是参与循环的重要酶[143]，它使土壤蔗糖大分子水解成可吸收的葡萄糖和果糖补充碳源和能源[11]，是评价土壤肥力的指标[144]。不同林型土壤蔗糖酶活性变化特征见表5-2。相同林型和月份，不同土层土壤蔗糖酶差异显著（$P<0.05$）；相同月份和土层，不同林型土壤蔗糖酶差异显著（$P<0.05$）；相同土层和林型，不同月份土壤蔗糖酶差异显著（$P<0.05$）。

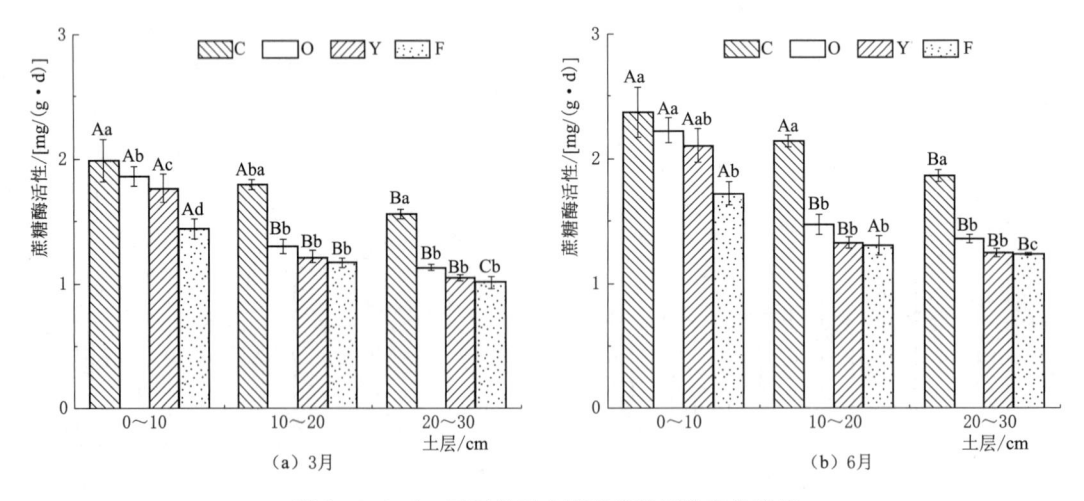

图 5-2（一） 不同林型土壤蔗糖酶活性变化特征

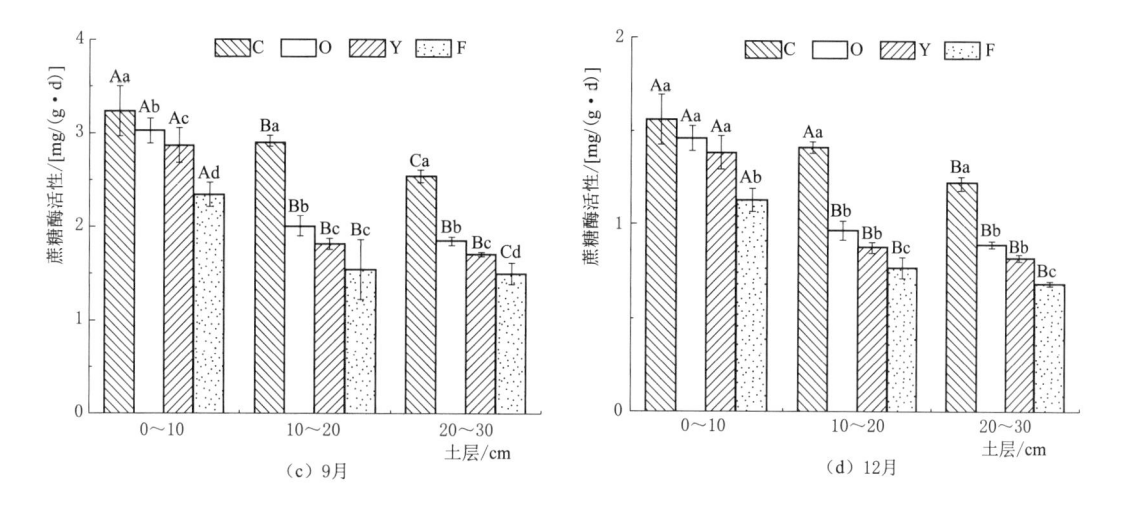

图 5-2（二） 不同林型土壤蔗糖酶活性变化特征

不同月份所有林型土壤蔗糖酶在 0~30cm 土层差异显著（$P<0.05$），相同月份，不同林型土壤蔗糖酶差异显著（$P<0.05$）。3月、6月、9月和12月C土壤蔗糖酶显著高于其他林型，分别为 1.78mg/(g·d)、2.13mg/(g·d)、2.89mg/(g·d) 和 1.40mg/(g·d)，F 土壤蔗糖酶含量显著低于其他林型，分别为 1.23mg/(g·d)、1.42mg/(g·d)、1.79mg/(g·d) 和 0.86mg/(g·d)。从变异系数看，4 个林型蔗糖酶变异系数处于 10%~40%，属低敏感指标，且各林型变异系数较稳定，变化范围为 25.38%~26.86%。土壤蔗糖酶主要来自植物根系[132]，不同林型植物根系类型和根系发育程度以及植被覆盖度等因素不同，故不同林型、土层和月份土壤蔗糖酶差异显著（$P<0.05$）。

5.3 不同林型土壤过氧化氢酶活性垂直变化特征

过氧化氢酶活性大小和变化可以体现有机质含量的变化和转化方向，由此可见，过氧化氢酶活性可以体现土壤肥力状况，是评价土壤肥力的指标[11,144]。不同林型土壤过氧化氢酶活性变化特征见图 5-3。相同林型和月份，不同土层土壤过氧化氢酶差异显著（$P<0.05$）；相同月份和土层，不同林型土壤过氧化氢酶差异显著（$P<0.05$）；相同土层和林型，不同月份土壤过氧化氢酶差异显著（$P<0.05$）。

不同月份所有林型土壤过氧化氢酶在 0~30cm 土层差异显著（$P<0.05$），相同月份，不同林型土壤过氧化氢酶差异显著（$P<0.05$）。3月、6月、9月和12月C土壤过氧化氢酶高于其他林型，分别为 2.73mg/(g·d)、3.41mg/(g·d)、5.80mg/(g·d) 和 2.18mg/(g·d)，F 土壤过氧化氢酶含量显著低于其他林型，分别为 1.95mg/(g·d)、2.43mg/(g·d)、4.16mg/(g·d) 和 1.56mg/(g·d)。从变异系数看，4 个林型过氧化氢酶变异系数处于 10%~80%，属中低敏感指标，变化范围为 34.01%~45.25%。

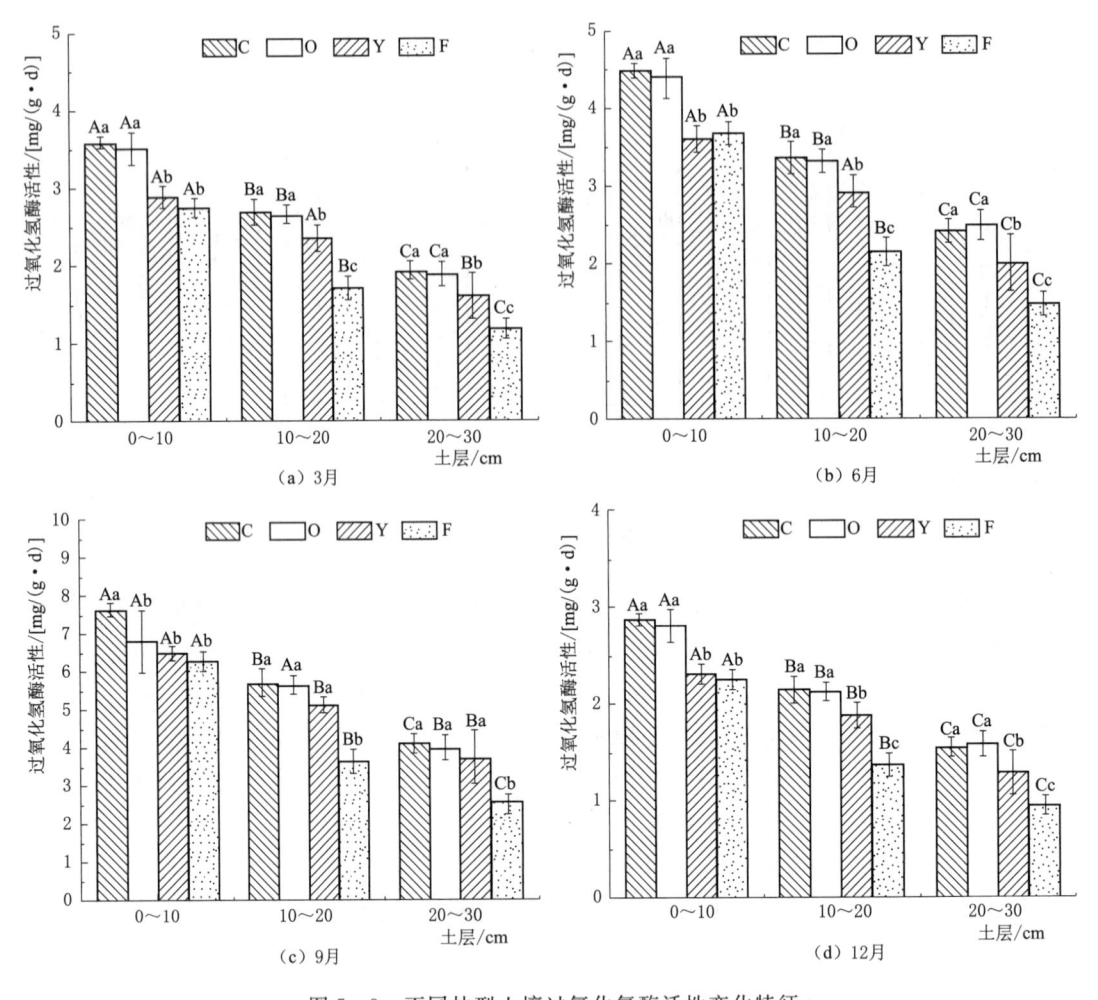

图 5-3 不同林型土壤过氧化氢酶活性变化特征

5.4 不同林型土壤酸性磷酸酶活性垂直变化特征

磷酸酶参与土壤有机磷转化成无机磷的过程[145]，是土壤中最活跃酶类之一，是表征土壤生物活性的重要酶，在土壤磷循环中起重要作用[146-147]。保护区土壤整体属中弱酸性土，磷酸酶在酸性条件下分解能力显著高于碱性条件，故本书测定酸性磷酸酶更具代表性。不同林型土壤酸性磷酸酶活性变化特征见图 5-4。相同林型和月份，不同土层土壤酸性磷酸酶差异显著（$P<0.05$）；相同月份和土层，不同林型土壤酸性磷酸酶差异显著（$P<0.05$）；相同土层和林型，不同月份土壤酸性磷酸酶差异显著（$P<0.05$）。

不同月份所有林型土壤酸性磷酸酶在 0~30cm 土层差异显著（$P<0.05$），相同月份，不同林型土壤酸性磷酸酶差异显著（$P<0.05$），3月、6月、9月和12月各林型土壤

酸性磷酸酶由大到小均为：C＞O＞Y＞F。从变异系数看，4个林型酸性磷酸酶变异系数处于10%～40%，属低敏感指标，变异系数由大到小为：F＞O＞Y＞C，整体处于21.28%～24.33%，变异系数均较大，主要与土壤有机质含量差异有关。

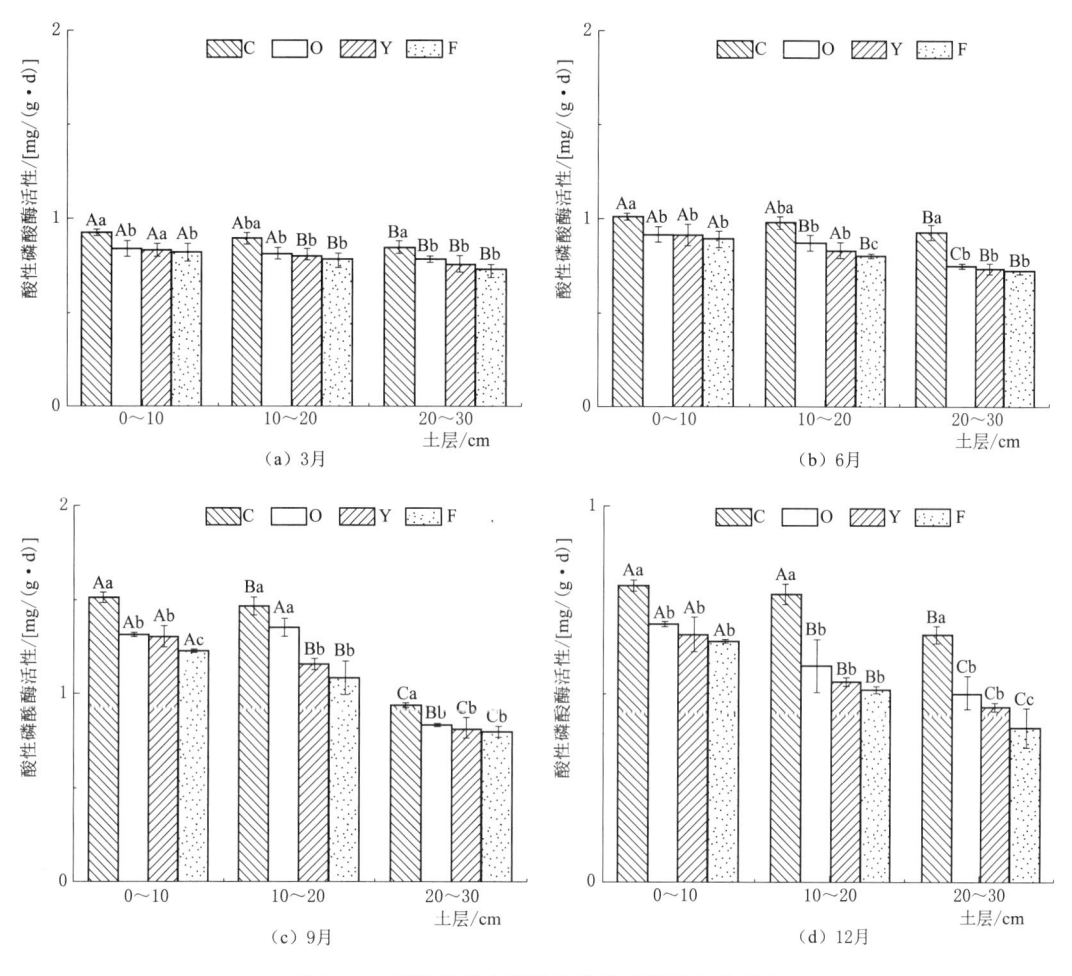

图 5-4 不同林型土壤酸性磷酸酶活性变化特征

5.5 不同林型土壤微生物量碳氮变化特征

土壤微生物生物量是土壤养分库评估重要参数，也是陆地生态系统对环境变化敏感的指标，不同土壤因物理化学及生物学性质的差异，导致土壤微生物生物量存在差异[148-149]。不同林型土壤微生物量碳变化特征见图5-5。相同林型和月份，不同土层土壤微生物量碳差异显著（$P<0.05$）；相同月份和土层，不同林型土壤微生物量碳差异显著（$P<0.05$）；相同土层和林型，不同月份土壤微生物量碳差异显著（$P<0.05$）。

不同月份所有林型土壤微生物量碳在0～30cm土层差异显著（$P<0.05$），相同月

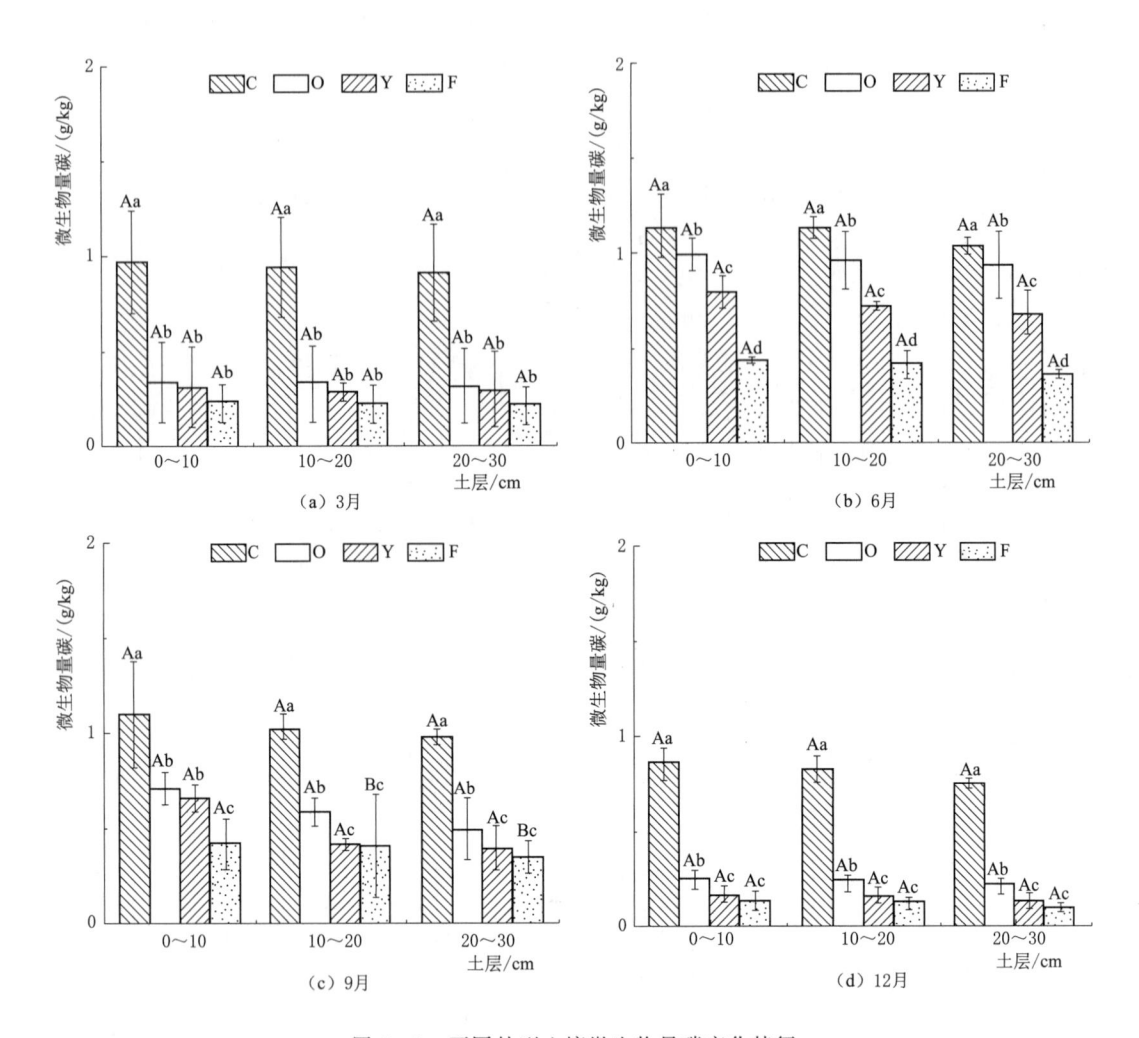

图 5-5 不同林型土壤微生物量碳变化特征

份，不同林型土壤微生物量碳差异显著（$P<0.05$），3月、6月、9月和12月各林型土壤微生物量碳由大到小为：C＞O＞Y 和 F。从变异系数看，4个林型微生物量碳变异系数处于10%～40%，属低敏感指标，变异系数由大到小为：F＞O＞Y＞C，整体处于21.28%～24.33%。

不同林型土壤微生物量氮变化特征见图 5-6。相同林型和月份，不同土层土壤微生物量氮无显著差异；相同月份和土层，不同林型土壤微生物量氮差异显著（$P<0.05$）；相同土层和林型，不同月份土壤微生物量氮差异显著（$P<0.05$）。

不同月份所有林型土壤微生物量氮在0～30cm土层差异显著（$P<0.05$），相同月份，不同林型土壤微生物量氮差异显著（$P<0.05$），3月、6月、9月和12月各林型土壤微生物量氮由大到小均为：Y＞F＞C＞O。从变异系数看，4个林型微生物量氮变异系数处于10%～40%，属低敏感指标，变异系数由大到小为：O＞F＞Y＞C，整体处于18.63%～37.56%。

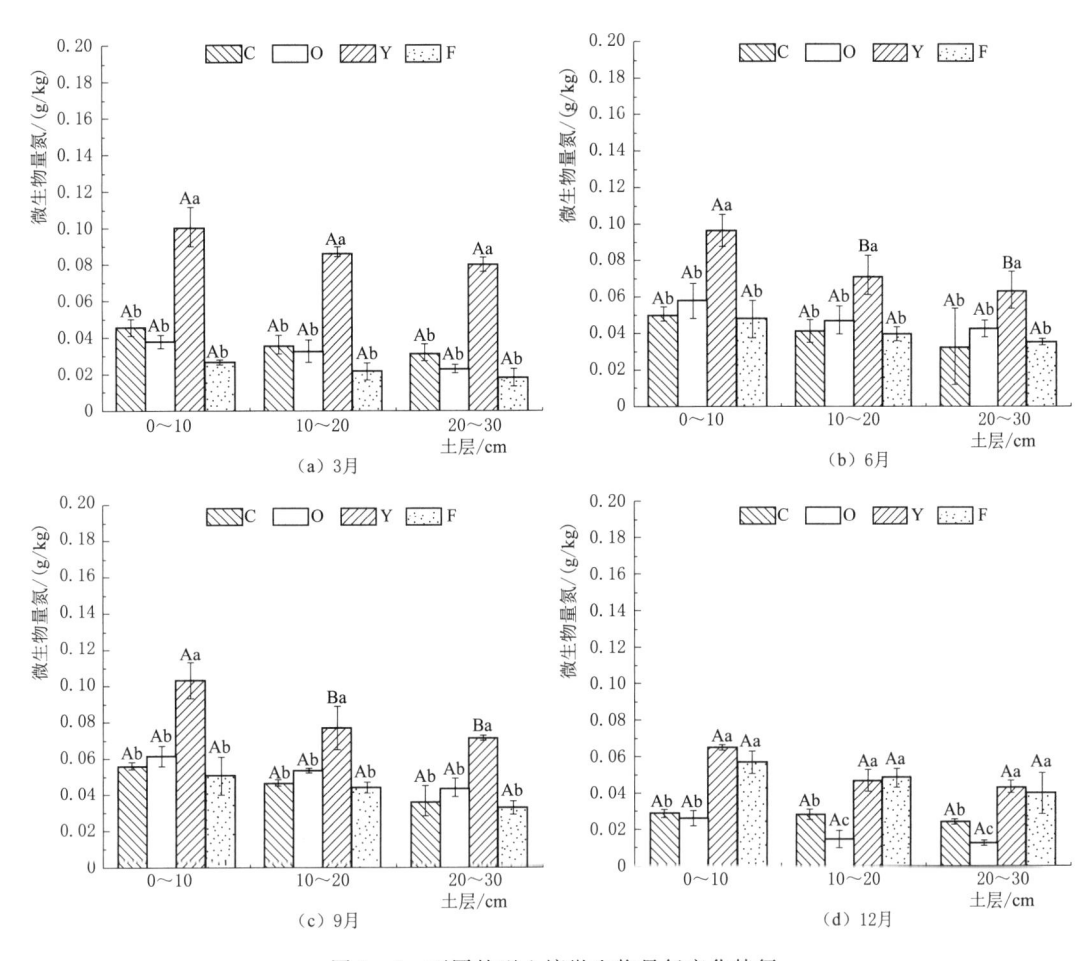

图 5-6　不同林型土壤微生物量氮变化特征

5.6　土壤生物学指标相关性

0～30cm 土层所有月份不同林型土壤生物学指标之间的相关性如图 5-7 所示，各指标与其余生物学指标均显著正相关（$P<0.05$），且蔗糖酶与酸性磷酸酶相关系数最高，脲酶与微生物量碳相关系数最低。

5.7　小　　结

（1）不同土层，土壤脲酶、蔗糖酶、过氧化氢酶、酸性磷酸酶、微生物量碳和微生物量氮差异显著（$P<0.05$），0～10cm 土层土壤酶活性、微生物量碳和微生物量氮最高，20～30cm 土层土壤最低。相同月份和土层，不同林型土壤脲酶、蔗糖酶、过氧化氢酶、酸性磷酸酶、微生物量碳和微生物量氮差异显著（$P<0.05$），C 土壤酶活性、微生物量碳和微生物量氮最高，F 土壤最低。相同土层和林型，不同月份土壤脲酶、蔗糖酶、过氧

*表示$P<0.05$。

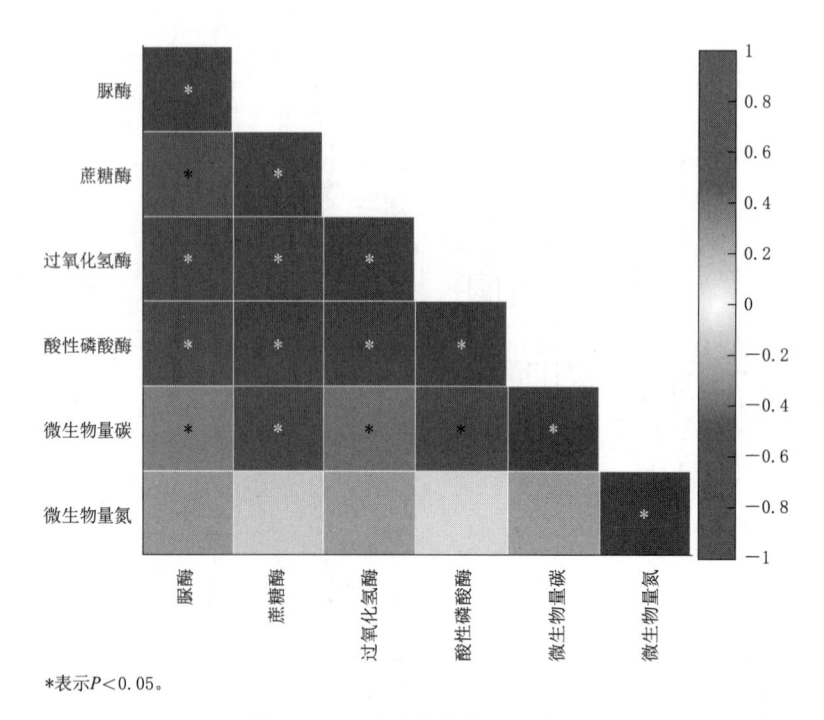

图 5-7 土壤生物学指标相关性

化氢酶、酸性磷酸酶、微生物量碳和微生物量氮差异显著（$P<0.05$），9月酶活性、微生物量碳和微生物量氮最高。

（2）不同月份所有林型土壤脲酶、蔗糖酶、过氧化氢酶、酸性磷酸酶、微生物量碳和微生物量氮在0～30cm土层差异显著（$P<0.05$），相同月份，不同林型土壤脲酶、蔗糖酶、过氧化氢酶、酸性磷酸酶、微生物量碳和微生物量氮差异显著（$P<0.05$），且整体上在9月含量最高。

第6章

不同林型土壤微生物多样性及群落结构组成特征

6.1 土壤微生物α多样性分析

不同林型土壤真菌和细菌物种组成见表6-1。通过高通量测序，以97%序列相似度水平为条件，基于Illumina NovaSeq测序平台，利用双末端测序（Paired-End）方法，构建小片段文库进行测序。通过对Reads拼接过滤，聚类或去噪，测定108个土壤样品土壤细菌16S和真菌ITS rRNA基因共得到1022304条和874548条有效序列。12个土样细菌隶属39门95纲239目491科741属919种，真菌隶属16门62纲144目341科711属1105种，公共细菌24门46纲98目147科185属203种，真菌9门37纲71目131科178属179种。

表6-1 不同林型下土壤真菌和细菌种类组成

土壤微生物	林型	门	纲	目	科	属	种
细菌	F	26	52	115	196	273	333
	Y	29	66	167	314	464	570
	O	32	67	146	256	358	421
	C	37	91	215	401	568	672
真菌	F	13	51	107	215	372	485
	Y	14	51	108	238	432	597
	O	14	47	102	221	390	521
	C	13	45	98	215	382	515

注 C为青冈-川杨阔叶混交林，O为栓皮栎落叶阔叶林，Y为石棉玉山竹竹林，F为冷杉-云杉针叶混交林。

不同林型土壤细菌和真菌群落α多样性指数见表6-2，细菌和真菌OTU、Ace指数、Chao指数、Simpson指数和Shannon-Winner指数符合正态分布且单因素方差分析显著差异（$P<0.05$），相同林型土壤细菌群落多样性指数显著高于真菌群落多样性指数。O土壤细菌和Y土壤真菌多样性指数均显著高于其他林型土壤多样性指数，细菌多样性指数由大到小为O>Y>C>F，真菌为Y>O>C>F，覆盖率高（>98%），但无显著差异。

表6-2　　　　　　　　　　不同林型土壤细菌和真菌群落α多样性指数

土壤微生物	多样性指数	林型 F	林型 Y	林型 O	林型 C
细菌	OTU	1258.00±42.14c	1616.00±31.05b	1940.00±66a	1516.00±80.39b
细菌	Ace 指数	1260.91±41.49c	1620.72±31.88b	1942.32±70.26a	1518.05±80.05b
细菌	Chao 指数	1258.42±41.92c	1617.04±31.43b	1940.39±70.64a	1516.15±80.13b
细菌	Simpson 指数	1.00±0.00d	1.00±0.00b	1.00±0.00a	1.00±0.00c
细菌	Shannon-Winner 指数	9.25±0.06d	9.73±0.02b	10.14±0.06a	9.58±0.03c
细菌	覆盖度/%	1.00±0.00a	0.99±0.00a	1.00±0.00a	1.00±0.00a
真菌	OTU	447.00±53.93c	711.00±72.97a	613.00±38.21ab	542.00±36.35b
真菌	Ace 指数	447.00±53.93c	710.71±72.94a	612.67±38.21ab	542.38±36.33b
真菌	Chao 指数	447.00±53.93c	710.67±72.97a	612.67±38.21ab	542.33±36.35b
真菌	Simpson 指数	0.89±0.0133c	0.96±0.0491a	0.95±0.0171ab	0.92±0.0042bc
真菌	Shannon-Winner 指数	4.90±0.32d	7.53±0.91a	6.68±0.32b	5.87±0.07c
真菌	覆盖度/%	1.00±0.00a	1.00±0.00a	1.00±0.00a	1.00±0.00a

注　同一行不同小写字母差异有统计学意义（$P<0.05$）。

6.2　不同林型土壤微生物群落结构组成

不同林型土壤细菌门水平群落组成结构如图6-1（a）所示，不同林型土壤共有11个细菌类群（不包括相对丰度<1%类群），优势种群结构相似，丰度存在差异。C土壤和O土壤优势细菌门（相对丰度>10%）有酸性菌门和变形菌门，C土壤和O土壤酸性菌门相对丰度分别为27.19%和33.71%，变形菌门分别为27.03%和25.06%；Y土壤和F土壤优势细菌门有酸性菌门、变形菌门和浮霉菌门，Y土壤和F土壤酸性菌门相对丰度分别为31.17%和35.29%，变形菌门分别为25.65%和27.41%，浮霉菌门分别为10.38%和13.50%。不同林型土壤真菌门水平群落组成结构如图6-1（b）所示，不同林型土壤共有11个真菌群落（不包括相对丰度<1%类群），优势种群结构差异较大。C土壤、O土壤和F土壤优势细菌菌属有担子菌属和子囊菌属，C土壤、O土壤和F土壤担子菌属相对丰度分别为49.23%、34.81%和79.17%，子囊菌属分别为38.09%、26.08%和16.40%；Y土壤真菌优势细菌菌属有子囊菌属和未分类真菌属，其相对丰度为44.90%和29.63%。

不同林型土壤真菌门水平群落组成结构如图6-2（a）所示，不同林型土壤共有11个真菌类群，C土壤、O土壤、Y土壤和F土壤优势真菌门均为其他真菌门，相对丰度分别为67.72%、60.93%、62.933%和55.78%。典型林型下土壤真菌属水平群落组成结构如图6-2（b）所示，C土壤、O土壤、Y土壤和F土壤分别有11个、11个、6个和9个

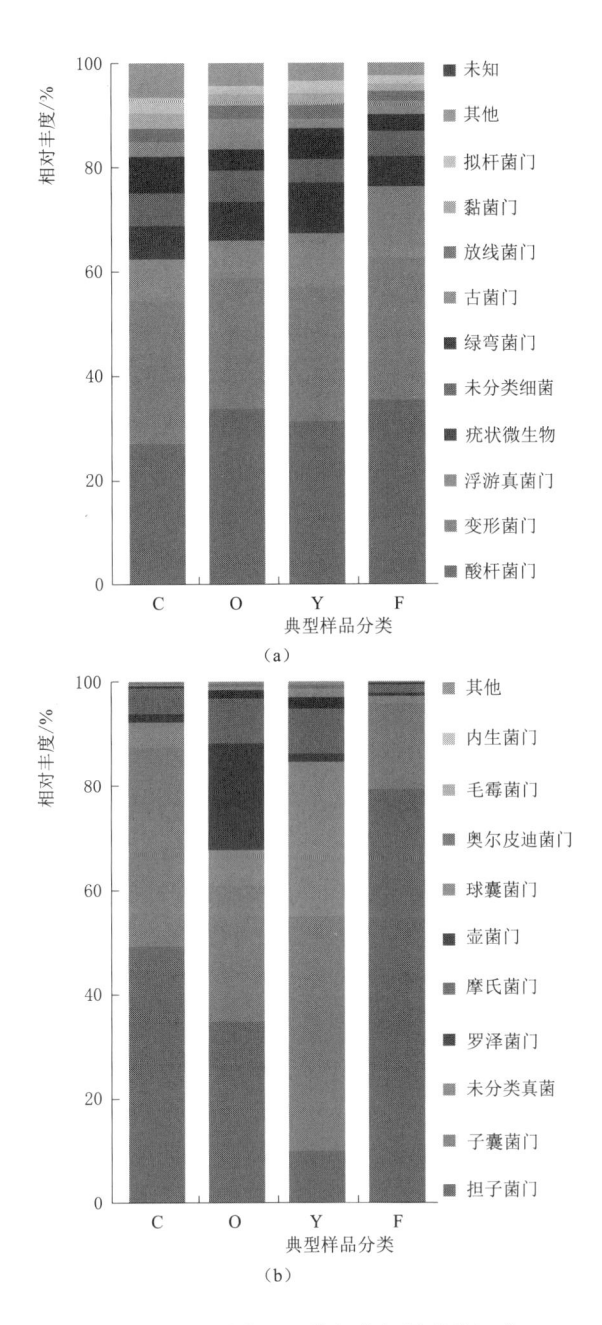

图 6-1 不同林型土壤细菌门属群落组成

注：C 为青冈-川杨阔叶混交林；O 为栓皮栎落叶阔叶林；Y 为石棉玉山竹竹林；
F 为冷杉-云杉针叶混交林，下同。

真菌群落，且优势种群结构差异较大。C 土壤优势真菌属有其他真菌属（30.57%）、盘菌属（11.38%）和蜡蘑属（10.28%），O 土壤优势真菌属有其他真菌属（44.13%）和罗兹菌属（18.02%），Y 土壤优势真菌属有其他真菌属（40.11%）和未分类真菌属

(29.63%)，F土壤优势真菌属有其他真菌属（21.84%）和丝盖伞属（50.17%）。

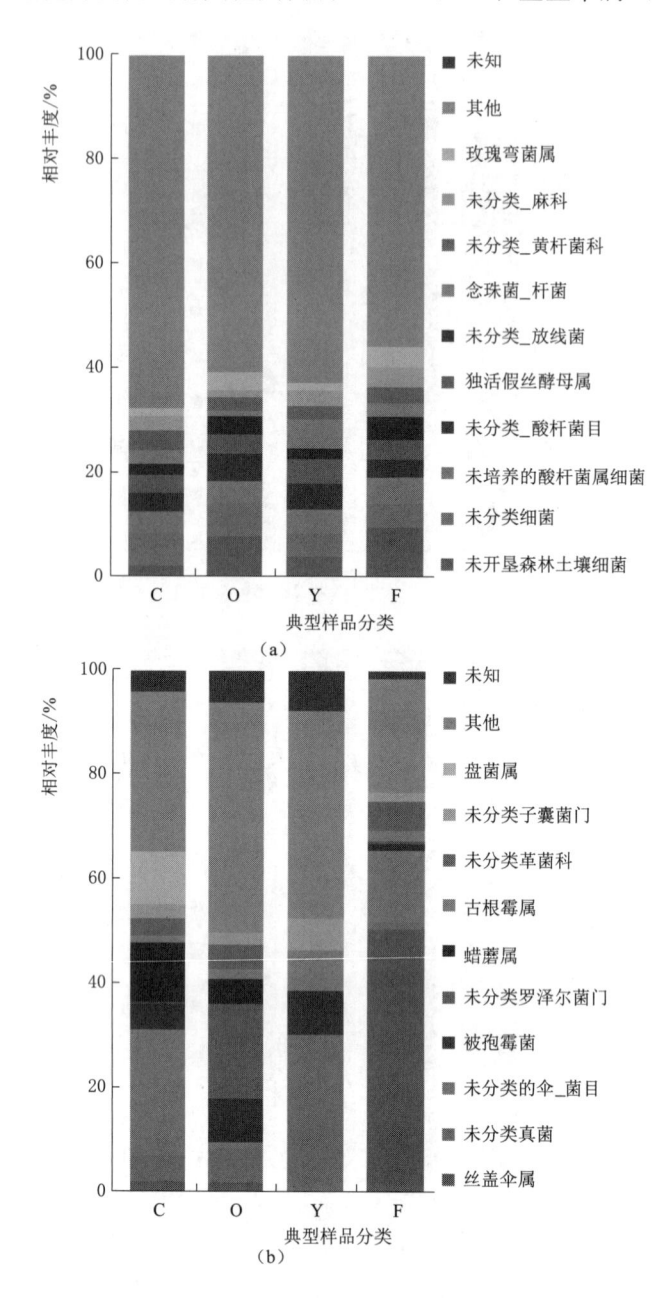

图6-2 不同林型土壤真菌门属群落组成

基于Bray-Curtis距离的土壤真菌及细菌的主坐标分析见图6-3。F土壤和Y土壤细菌群落分布分散，与其他林型间出现明显分离；O土壤和F土壤真菌群落分布分散，与其他两组之间出现明显分离。ADONIS检验结果表明典型林型土壤细菌群落结构差异显著；真菌结构无显著差异。

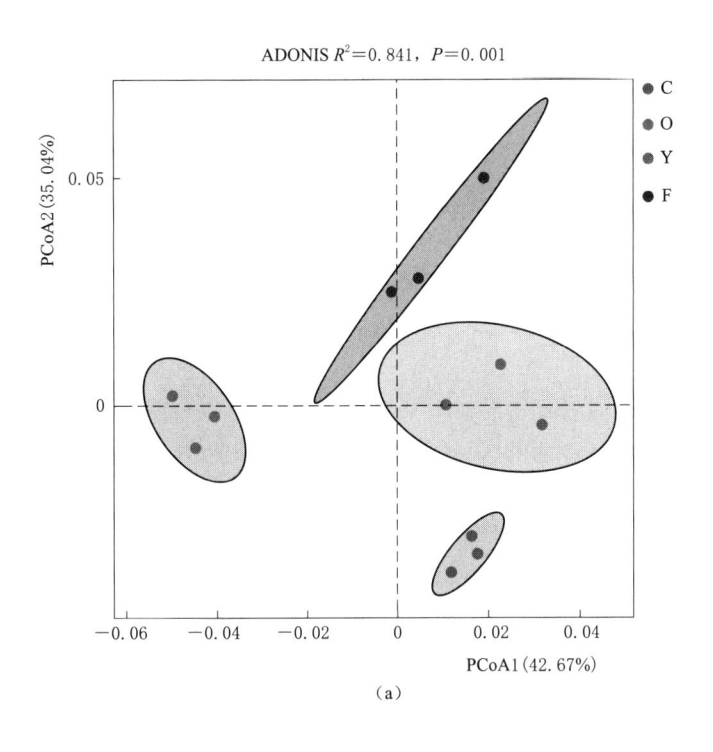

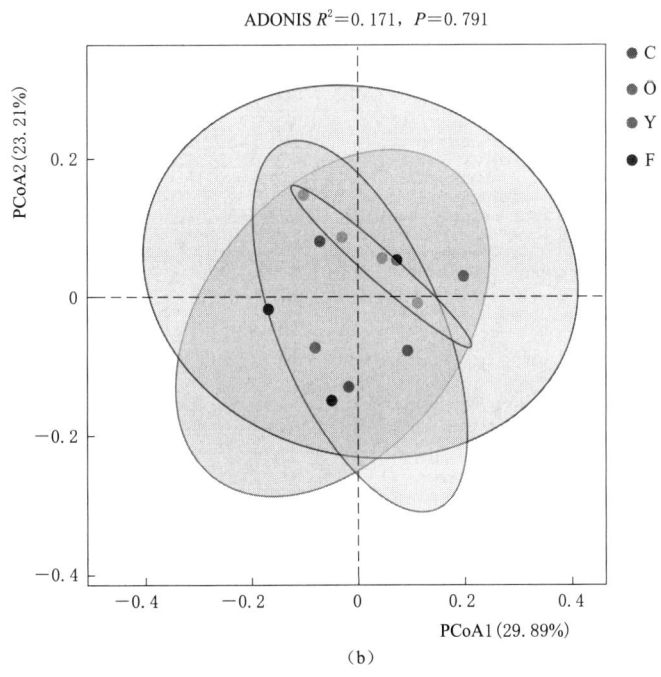

图 6-3　基于 Bray-Curtis 距离的土壤真菌和细菌主坐标分析（PCoA）

6.3 不同林型土壤微生物群落差异

不同林型土壤细菌 LEfSe 分析如图 6-4（a）所示，Y 土壤、O 土壤、F 土壤和 C 土壤分别存在 9 个、3 个、25 个和 6 个显著差异细菌群落，共有 7 门、6 纲、10 目、8 科、6 属和 6 种不同分类水平的细菌差异类群，其中，Y 土壤存在 1 门、2 纲、3 目、1 科、1 属和 1 种，O 土壤存在 1 门、1 目和 1 科，F 土壤存在 3 门、3 纲、4 目、5 科、5 属和 5 种，C 土壤存在 2 门、1 纲、2 目和 1 科不同分类水平的真菌差异类群。F 土壤差异细菌群落数量远高于其他林型土壤差异细菌群落，表明 F 土壤细菌群落会富集更多的差异分类群。

不同林型土壤真菌 LEfSe 分析如图 6-4（b）所示，Y 土壤、O 土壤、F 土壤和 C 土壤分别存在 12 个、12 个、10 个和 10 个显著差异真菌群落，共有 4 门、5 纲、9 目、8 科、7 属和 11 种不同分类水平的真菌差异类群，其中，Y 土壤存在 2 门、2 纲、3 目、1

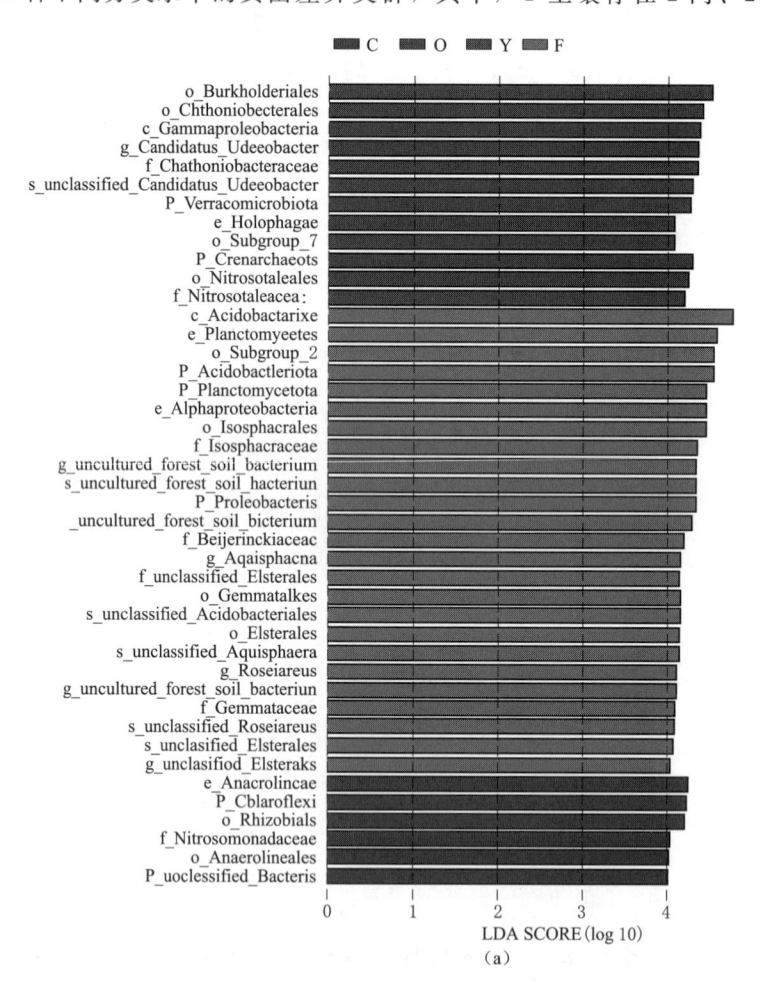

图 6-4（一） 不同林型土壤细菌和真菌的 LEfSe 分析

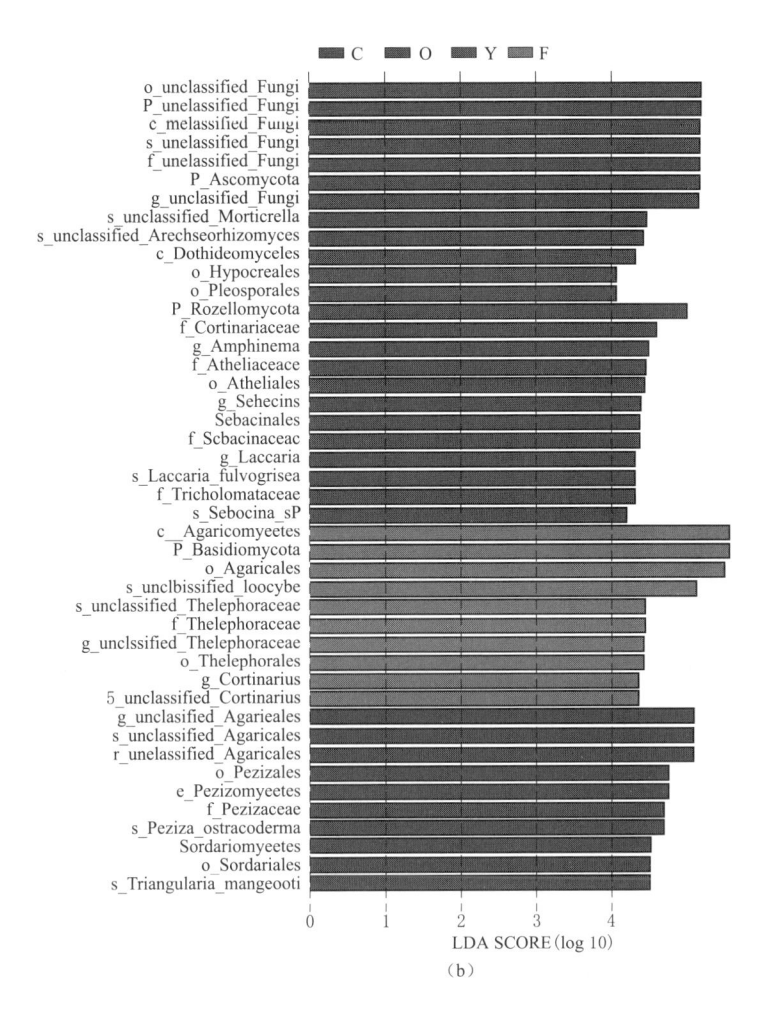

图 6-4（二）　不同林型土壤细菌和真菌的 LEfSe 分析

注：A 为细菌，B 为真菌。从 LDA 值分布的直方图可以看出，细菌与真菌的 LDA 值存在显著差异。

科、1 属和 3 种，O 土壤存在 1 门、2 目、4 科、3 属和 2 种，F 土壤存在 1 门、1 纲、2 目、1 科、2 属和 3 种，C 土壤存在 2 纲、2 目、2 科、1 属和 3 种不同分类水平的真菌差异类群。

6.4　不同林型土壤理化性质和微生境状况

通过方差齐性检验土壤理化性质和微生境指标均符合正态分布，单因素方差分析结果见表 6-3。典型林地土壤理化性质存在差异，不同典型林型下容重、pH 值和速效钾含量无显著差异。C 土壤微生物量碳和水解氮显著高于其他林型（$P<0.05$），O 土壤有机质显著高于其他林型（$P<0.05$），Y 土壤有效磷显著高于其他林型（$P<0.05$），F 土壤森林覆盖率、蓄积量、地上生物量、优势树种各器官含量、基盖度和郁闭度均显著高于其

他林型（$P<0.05$）。

表 6-3　　　　　　　　　　　　不同林型土壤理化性质

指　标	林　型			
	F	Y	O	C
含水率 SMC/%	17.73±1.86b	24.25±2.54a	23.60±1.9a	25.65±2.54a
容重 BD/(g/cm³)	1.18±0.13a	1.21±0.10a	1.20±0.05a	1.31±0.02a
pH 值	5.32±0.15a	5.59±0.20a	6.04±0.79a	5.78±0.35a
有机质 SOM/(g/kg)	22.59±8.31d	32.16±2.26c	69.42±8.13a	37.68±0.64b
水解氮 HN/(mg/kg)	86.75±20.06b	162.49±69.73b	164.77±57.73b	264.38±37.27a
有效磷 AP/(mg/kg)	16.49±2.71b	25.62±4.84a	13.76±4.67b	15.90±2.61b
速效钾 AK/(mg/kg)	161.97±17.89a	136.89±22.77a	119.48±16.2a	154.59±69.56a
蓄积量/ha	760.62±1.36a	516.39±1.20b	511.59±1.46c	344.88±0.02d
森林覆盖率/%	72.50±3.54a	62.50±2.31b	60.50±2.54b	57.50±3.38b
地上生物量/(g·m²)	72.80±1.64a	56.77±1.71b	49.44±1.13c	33.37±1.02d
优势树种各器官含碳量/%	45.16±0.84a	42.96±0.44b	42.79±0.21c	41.88±0.33d
基盖度/%	0.56±0.00a	0.53±0.00b	0.48±0.00c	0.42±0.01d
郁闭度/%	0.50±0.01a	0.49±0.01a	0.45±0.70b	0.41±0.03b

注　SMC 为土壤含水率；BD 为容重；SOM 为土壤有机质；HN 为水解氮；AP 为有效磷；AK 为有效钾。表中数据均为均数±标准差，不同林分类型下不同小写字母表示差异显著（$P<0.05$）。20m×20m 样地的树高、森林盖度、冠层密度、基础盖度和冠层密度的视觉精度均为 5%。树种的胸径为样地所有树种的平均胸径。

6.5　不同林型对土壤微生物多样性及群落结构的影响

采用 Kolmogorov-Smirnov test 检验 19 个变量方差齐性，所有变量均符合正态分布的变量，利用单因素方差分析（ANOVA）检验变量间差异，选择土壤含水率、有机质、水解氮、速效磷、蓄积量、森林覆盖率、地上生物量、优势树种各器官含碳量、基盖度、郁闭度、OUT、Ace 指数、Chao 指数、Simpson 指数和 Shannon-Winner 指数 15 个差异显著变量后进行共线性检验，选择 VIF<10 的变量作为观测变量，最终选择海拔为典型林型观测变量，土壤含水率和有机质为土壤理化性质观测变量，地上生物量和优势树种各器官含碳量为微生境观测变量，Simpson 指数和 OUT 为细菌 α 多样性观测变量，Ace 指数和 OUT 为真菌 α 多样性观测变量，采用 SmartPLS3 软件，通过一致性算法计算观测变量因子荷载、平方差萃取值、Cronbach's Alpha（克隆巴赫系数）、组合信度评价模型外部测量模型拟合优度，通过 R^2 对内部结构模型进行效度评估，得到 Cronbach's Alpha、AVE、R^2、CR 值进而评估模型预测能力。Cronbach's Alpha、AVE、R^2、CR 值均大于 0.7（表 6-4），收敛效度较高，具有较高内部收敛一致性，解释度较好，信度效果较高，模型拟合较好。此外，利用 Bootstrapping 法检验路径之间的显著性。通过 Bootstrapping

计算，得到模型路径系数 T 值。在样本为 16 时，T 值均通过显著性检验，路径系数值具有研究价值。

表 6-4　　　　　　　　　　　　　信度和效度分析

土壤微生物	变量	AVE	R^2	CR	Cronbach's Alpha
细菌	土壤状况	0.915	0.972	0.955	0.947
	微环境	0.935	0.967	0.966	0.966
	细菌 α 多样性	0.860	0.930	0.922	0.922
真菌	土壤状况	0.914	0.969	0.944	0.946
	微环境	0.934	0.966	0.964	0.963
	真菌 α 多样性	0.850	0.928	0.921	0.917

运行一致性算法（PLS algorithm）进行分析计算得到路径图，建立偏最小二乘法路径模型（PLS-PM）如图 6-5 可知，各潜变量对土壤微生物多样性影响力大小典型林型与微生境、土壤状况和细菌和真菌 α 多样性间存在显著正相关关系（$P<0.05$）且通过微

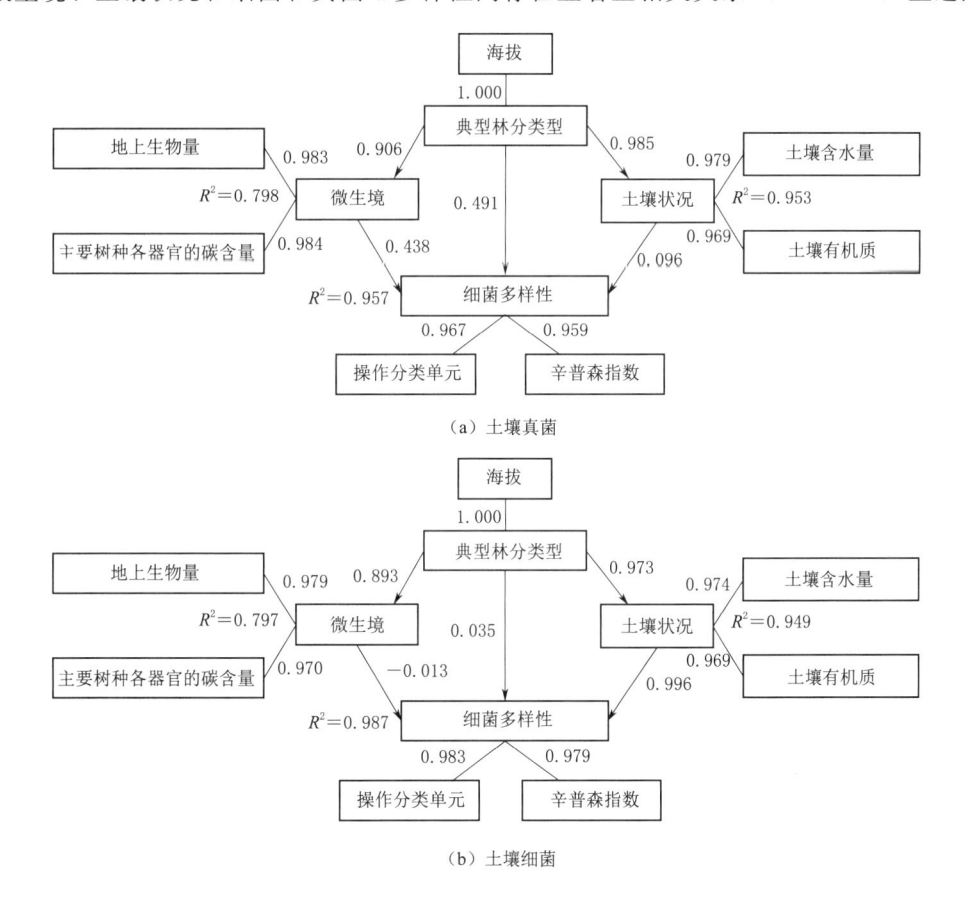

（a）土壤真菌

（b）土壤细菌

图 6-5　最小路径模型对不同林型预测土壤微生物 α 多样性的影响

注：A 为土壤真菌。B 为土壤细菌。实线值表示潜变量的因子负荷，箭头实线表示显著正相关，箭头值表示路径系数。

环境和土壤状况间接影响细菌和真菌α多样性。典型林型、微环境和土壤状况对细菌α多样性路径系数为 0.491、0.438 和 0.096。影响因素由大到小为典型林型＞土壤状况＞微环境，典型林型对微环境和土壤状况的影响较大，路径系数分别为 0.906 和 0.985，R^2 为 0.798 和 0.953，信度高，表明典型林型还通过微环境和土壤状况间接影响土壤细菌α多样性。典型林型、微环境和土壤状况对真菌α多样性路径系数为 0.035、-0.013 和 0.996。影响因素由大到小为：土壤状况＞典型林型＞微环境，典型林型对微环境和土壤状况的影响较大，路径系数分别为 0.893 和 0.973，R^2 为 0.797 和 0.947，信度高，表明典型林型还通过微环境和土壤状况的影响间接影响土壤细菌α多样性，因此未来应注意保护区微生境和土壤状况的修复。

最后采用冗余分析（RDA）评价土壤细菌和真菌群落结构与环境变量间的相关性。典型林型土壤微生物群落组成门水平与环境因子的冗余分析（RDA）如图 6-6（a），细菌群落 RDA1 和 RDA2 分别解释总物种变量的 66.96% 和 17.44%。不同典型林型微生物群落有明显的聚类，表明不同典型林型显著影响土壤细菌和真菌群落结构。进一步分析环境因子对土壤细菌和真菌群落的影响，结果表明，土壤有机质、地上生物量和优势树种各器官含碳量是显著影响细菌群落变化的主要因子（P=0.001、0.001、0.007），有机质对 Y 土壤细菌群落变化影响最大，F 土壤细菌群落变化最小，地上生物量和优势树种各器官含碳量对 C 土壤群落变化影响最大，F 土壤群落变化最小。F 土壤和 O 土壤细菌样品距离近，其细菌群落结构较相似，C 和 Y 样品距离远，二者细菌群落结构差异较大。Y 土壤样本点与有机质箭头距离近，表明有机质对 Y 土壤细菌群落变化影响大且呈正相关，含水率对 O 土壤细菌群落变化影响小且呈负相关；地上生物量和优势树种各器官含碳量对 C 土壤细菌群落变化影响大且呈正相关，对 F 土壤和 O 土壤细菌群落变化影响小且呈负相关。

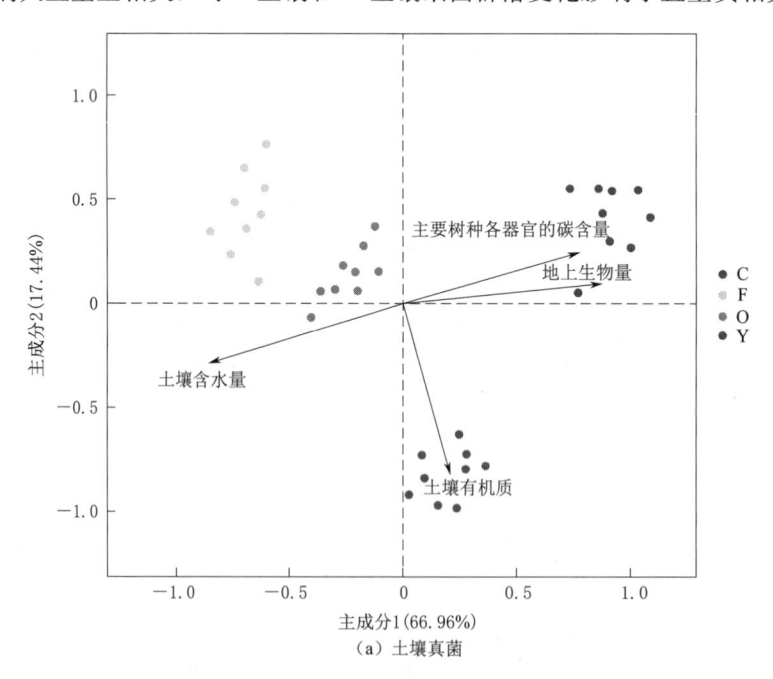

（a）土壤真菌

图 6-6（一） 不同林型土壤微生物群落组成（栅位）与环境因子的冗余分析（RDA）

(b) 土壤细菌

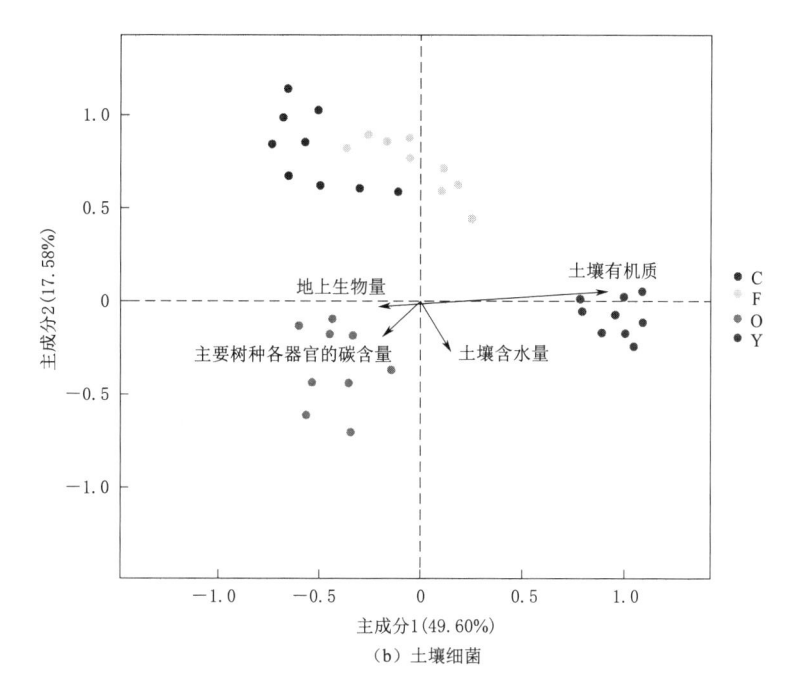

图 6-6（二） 不同林型土壤微生物群落组成（栅位）与环境因子的冗余分析（RDA）
注：线段的长度表示环境因子对群落变化的影响强度，线段的长度越长，环境因子的影响越大。箭头与坐标轴的夹角表示环境因素与坐标轴的相关性，夹角越小，相关性越高。样本点与箭头的距离越近，说明环境因素对样本的影响越强。样本位于箭头方向相同，说明环境因子与样本物种群落变化呈正相关，样本位于箭头相反方向，说明环境因子与样本物种群落变化呈负相关关系。

真菌群落 RDA1 和 RDA2 分别解释总物种变量的 49.60% 和 17.58%。有机质是显著影响真菌群落变化的主要因子（$P=0.018$），有机质对 O 土壤细菌群落变化影响最大，Y 土壤细菌群落变化最小。C 土壤和 F 土壤细菌样品距离近，其细菌群落结构较相似，O 土壤和 Y 样品距离远，二者细菌群落结构差异较大。Y 土壤样本点与有机质箭头距离近，表明有机质对 Y 土壤细菌群落变化影响大且呈正相关，地上生物量和优势树种各器官含碳量对 O 土壤细菌群落变化影响大且呈正相关，含水率对 C 土壤和 F 土壤细菌群落变化影响小且呈负相关。

6.6 小 结

典型林分类型及其微环境和土壤性质对土壤微生物多样性及其群落结构的影响不同，但驱动土壤微生物多样性及其群落结构差异的具体因子尚不清楚。过去采用高通量测序技术测定 4 种典型植被类型土壤微生物群落结构及多样性，并构建偏最小二乘法，采用冗余分析探讨驱动导致其差异的主要影响因子。16S rDNA 和 ITS 全长高通量测序结果表明：典型林分类型下细菌和真菌 OTU、Ace Index、Chao Index、Simpson Index 和 Shannon - Winner Index 显著差异（$P<0.05$），相同林分类型土壤细菌群落多样性指数显著高于真菌群落多样性指数（$P<0.05$）。研究区所有典型林分类型共有优势细菌门（相对丰

度＞10%）为酸杆菌门和变形菌门，特有优势细菌门为浮霉菌门，共有优势真菌门为担子菌门，特有优势真菌门为未分类真菌门和子囊菌门；共有优势细菌和真菌属均为其他真菌属（other），特有优势细菌和真菌属均为盘菌属、蜡蘑属、罗兹菌门、未分类真菌属和丝盖伞属。运用一致性算法计算得到路径图，建立偏最小二乘法路径模型发现，典型林分类型、土壤状况和微环境均影响土壤微生物多样性，其中，典型林分类型还通过影响微环境和土壤状况间接影响土壤微生物多样性，微环境因子对其影响最小。冗余分析表明，土壤状况和微生境指标分别解释真菌和细菌群落结构变化的 84.40% 和 67.18%，具体而言，土壤有机质、地上生物量和优势树种各器官含碳量是驱动土壤细菌群落结构差异主要因子，有机质是驱动土壤真菌群落结构差异主要因子。因此未来应注意保护区内微生境和土壤状况的修复。

第 7 章

不同林型植物叶、凋落叶和土壤生态化学计量学特征

7.1 不同林型植物叶碳、氮、磷元素再吸收率

养分（碳、氮、磷）再吸收率计算公式见式（7-1）：

$$碳、氮、磷再吸收率\% = \frac{植物叶碳、氮、磷含量 - 凋落叶碳、氮、磷含量}{植物叶碳、氮、磷含量} \quad (7-1)$$

式中：植物叶碳、氮、磷含量为乔木叶和灌木叶碳、氮、磷含量均值。

不同林型间碳、氮、磷再吸收率显著差异（$P<0.05$）（图 7-1）。各林分类型碳、氮、磷再吸收率变化范围分别为 52.97%～34.38%、56.01%～35.57%、55.52%～38.06%，平均值分别为 43.50%、48.28% 和 46.56%，4 种林分类型碳和氮再吸收率表现为 Y>O>C>F，磷再吸收率表现为 Y>F>C>O。

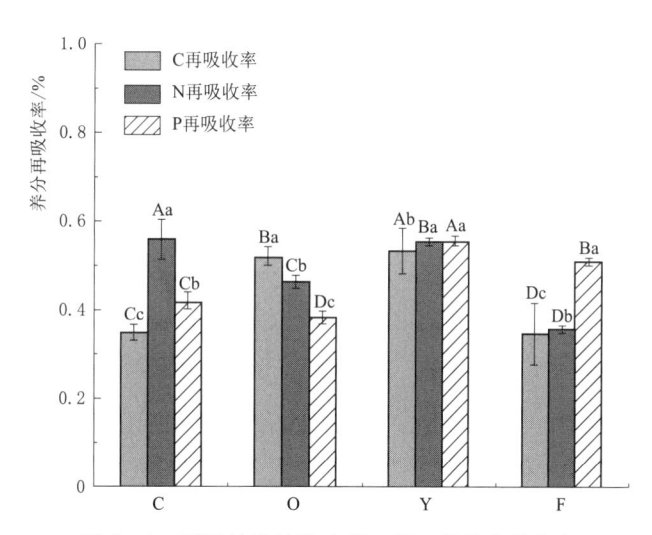

图 7-1 不同林型植物叶碳、氮、磷的重吸收率

注：不同大写字母表示不同林分类型碳、氮、磷再吸收率间差异显著（$P<0.05$），不同小写字母表示相同林分类型碳和氮、碳和磷、氮和磷之间的再吸收率差异显著（$P<0.05$）。

7.2 乔木-灌木-凋落叶-土壤系统中碳、氮、磷含量

不同林型植物叶（乔木叶和灌木叶）、凋落叶和土壤碳、氮、磷含量间显著差异（$P<0.05$）（表7-1），F植物叶（乔木叶和灌木叶）和凋落叶碳、氮、磷含量显著高于其他林分类型碳、氮、磷含量，由大到小均为F>C>O>F。在本书中，叶片的平均碳含量为425.40g/kg，低于全球平均水平（464.00g/kg）。叶片平均氮含量为33.25g/kg，高于全球平均水平（18.60g/kg）。叶片平均磷含量为3.36g/kg，高于全球平均水平（1.77g/kg），这些结果与植物的种类和土壤含水率有关。不同组分间，4种林分类型碳、氮、磷含量显著差异（$P<0.05$），且均表现为乔木叶>灌木叶>凋落叶>土壤。

表7-1 不同林分类型乔木叶-灌木叶-凋落物叶-土壤系统中碳、氮、磷含量

指标 /(g/kg)	组分	C	O	Y	F
C	乔木叶	439.58±1.06Ab	432.51±3.15Ac	412.38±6.27Ad	474.25±3.30Aa
	灌木叶	421.92±1.47Bb	400.54±1.42Bc	394.91±5.37Bd	427.12±10.29Ba
	凋落叶	281.34±2.56Cb	200.09±4.68Cc	189.84±2.38Cd	295.72±3.67Ca
	土壤	40.82±13.72Db	61.13±11.15Da	28.54±4.80Dc	28.74±4.99Dc
N	乔木叶	39.76±6.35Ab	32.49±2.05Ac	26.11±1.69Ad	41.90±3.60Aa
	灌木叶	32.60±6.16Bb	30.80±2.20Bc	24.61±7.70Bd	37.73±11.54Ba
	凋落叶	15.92±1.84Cb	17.02±2.75Cc	11.35±10.61Cd	25.65±0.48Ca
	土壤	0.73±0.15Dd	1.07±0.17Db	0.84±0.13Dc	1.17±0.18Da
P	乔木叶	4.01±2.09Ab	3.34±0.31Ac	2.06±0.23Ad	4.33±1.60Aa
	灌木叶	3.16±2.51Bb	2.49±0.16Bc	2.60±0.56Bd	4.91±2.74Ba
	凋落叶	2.09±0.62Cb	1.81±0.09C	1.05±0.16Cd	2.27±0.15Ca
	土壤	0.19±0.04Dd	0.22±0.04Dc	0.25±0.03Db	0.37±0.08Da

注 数据为平均值±SD（$n=9$）。不同的大写字母表示同一成分在不同的森林中存在显著差异（$P<0.05$）。不同小写字母表示同一森林不同成分间差异显著（$P<0.05$），下同。

不同林分类型土壤碳、氮、磷含量差异显著（$P<0.05$），其中，Y土壤碳含量最高，F土壤氮和磷含量最高（表3-5），所有林分类型其含量随土层深度显著降低（$P<0.05$）（图7-2）。

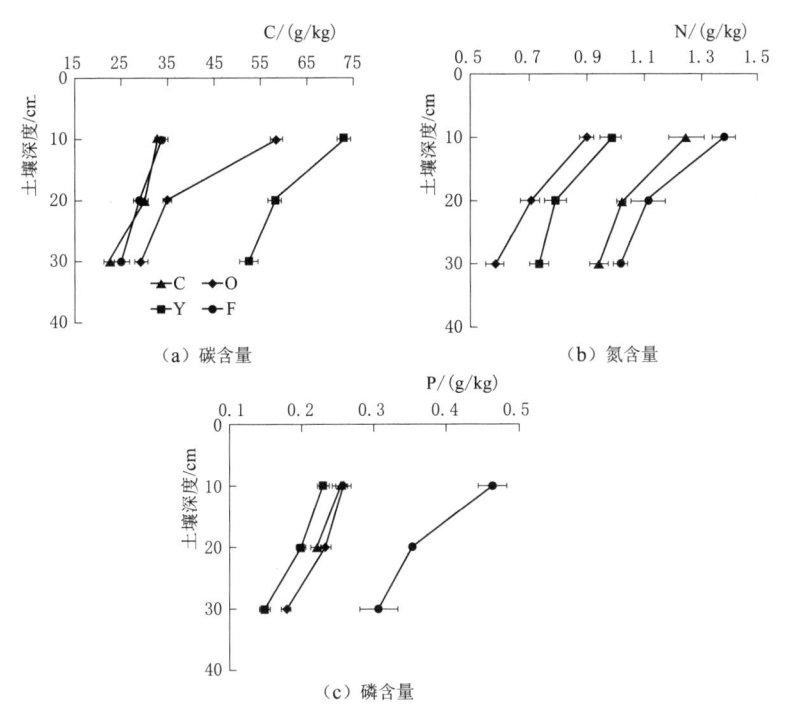

图 7-2 不同林型土壤碳、氮、磷的垂直分布特征

7.3 乔木-灌木-凋落叶-土壤系统中碳、氮、磷的化学计量比

不同林型乔木、灌丛、凋落叶和土壤的碳氮、碳磷和氮磷的化学计量比差异显著（$P<0.05$）（图 7-3）。乔木叶片、灌木叶片、凋落叶和土壤的碳氮比值分别为

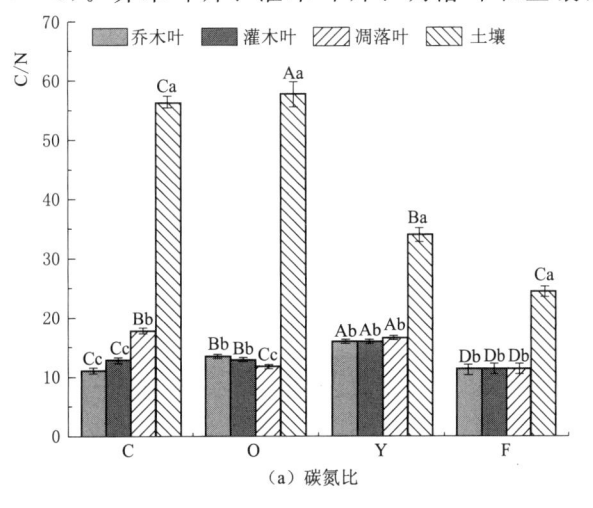

图 7-3（一） 不同林分类型的乔木、灌木、凋落叶和土壤的化学计量比

(b) 碳磷比

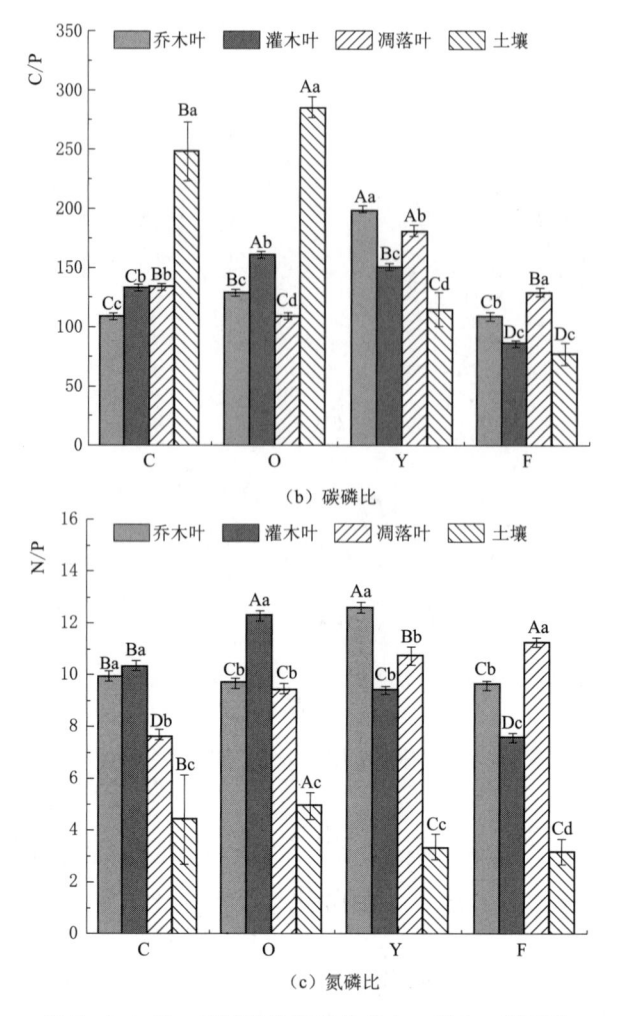

(c) 氮磷比

图 7-3（二） 不同林分类型的乔木、灌木、凋落叶和土壤的化学计量比

11.05～15.81、11.32～16.04、11.53～17.67 和 24.52～57.75。碳磷比变化范围为 109.53～199.30、87.04～160.87、110.86～180.90、78.29～285.78，氮磷比变化范围为 9.68～12.61、7.69～12.37，各林分类型间化学计量比差异均显著（$P<0.05$）。所有林型土壤碳氮比值显著高于乔木、灌丛和凋落叶，C 土壤和 O 土壤碳磷比显著高于乔木、灌丛和凋落叶，此外，土壤其他林分类型土壤的化学计量比均显著低于乔木、灌丛和凋落叶。

7.4 乔木-灌木-凋落叶-土壤系统中碳、氮、磷含量及其化学计量比的相关性

不同林分类型下乔木-灌木-凋落叶-土壤碳、氮、磷含量及其化学计量比的相关关系存在差异。乔木叶、灌木叶和凋落叶碳含量与土壤碳含量呈负相关关系，与土壤氮含量和

磷含量正相关关系,其余各含量之间均为极显著正相关关系。乔木叶、灌木叶和凋落叶氮含量与土壤氮含量和磷含量正相关关系,其余各含量之间均为极显著正相关关系。乔木叶磷含量与土壤碳含量和氮含量呈正相关关系,灌木叶磷含量与土壤碳含量呈负相关关系,与土壤氮含量和磷含量呈正相关关系,凋落叶磷含量与土壤碳含量呈负相关关系,与土壤氮含量和磷含量呈正相关关系($P<0.01$)。

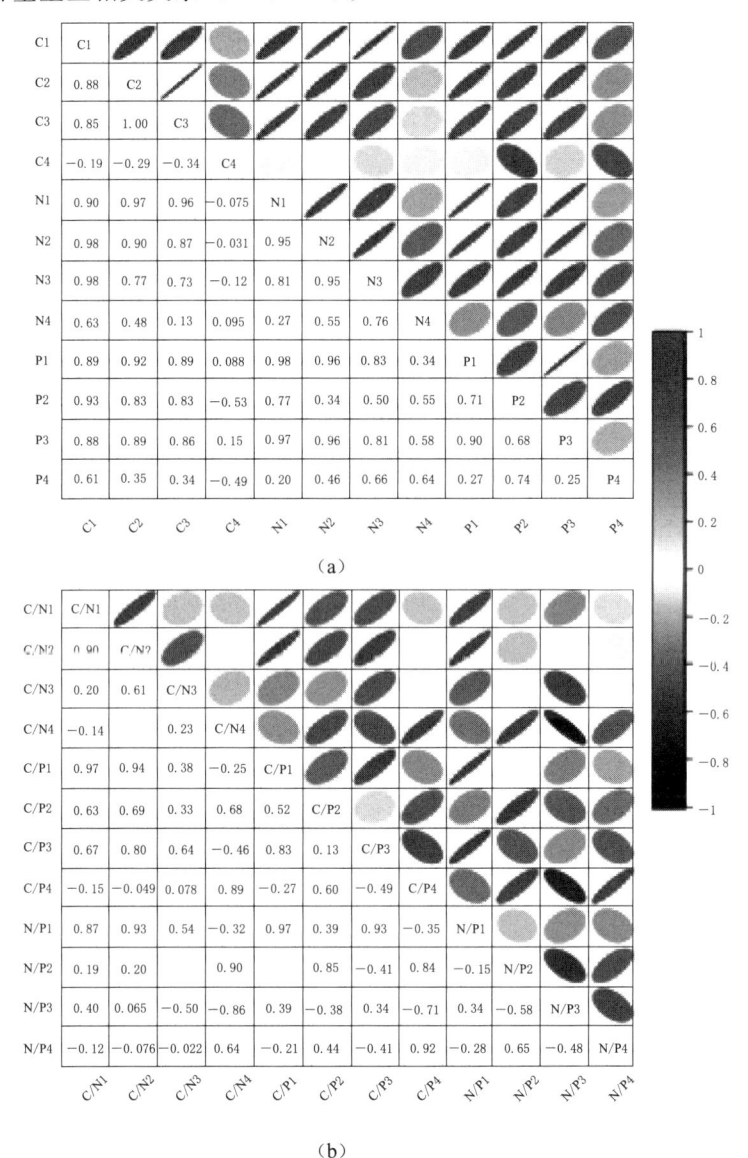

	C1	C2	C3	C4	N1	N2	N3	N4	P1	P2	P3	P4
C1	C1											
C2	0.88	C2										
C3	0.85	1.00	C3									
C4	−0.19	−0.29	−0.34	C4								
N1	0.90	0.97	0.96	−0.075	N1							
N2	0.98	0.90	0.87	−0.031	0.95	N2						
N3	0.98	0.77	0.73	−0.12	0.81	0.95	N3					
N4	0.63	0.48	0.13	0.095	0.27	0.55	0.76	N4				
P1	0.89	0.92	0.89	0.088	0.98	0.96	0.83	0.34	P1			
P2	0.93	0.83	0.83	−0.53	0.77	0.34	0.50	0.55	0.71	P2		
P3	0.88	0.89	0.86	0.15	0.97	0.96	0.81	0.58	0.90	0.68	P3	
P4	0.61	0.35	0.34	−0.49	0.20	0.46	0.66	0.27	0.74	0.25	P4	

(a)

	C/N1	C/N2	C/N3	C/N4	C/P1	C/P2	C/P3	C/P4	N/P1	N/P2	N/P3	N/P4
C/N1	C/N1											
C/N2	0.90	C/N2										
C/N3	0.20	0.61	C/N3									
C/N4	−0.14		0.23	C/N4								
C/P1	0.97	0.94	0.38	−0.25	C/P1							
C/P2	0.63	0.69	0.33	0.68	0.52	C/P2						
C/P3	0.67	0.80	0.64	−0.46	0.83	0.13	C/P3					
C/P4	−0.15	−0.049	0.078	0.89	−0.27	0.60	−0.49	C/P4				
N/P1	0.87	0.93	0.54	−0.32	0.97	0.39	0.93	−0.35	N/P1			
N/P2	0.19	0.20		0.90	0.85	−0.41	0.84	−0.15	N/P2			
N/P3	0.40	0.065	−0.50	−0.86	0.39	−0.38	0.34	−0.71	0.34	−0.58	N/P3	
N/P4	−0.12	−0.076	−0.022	0.64	−0.21	0.44	−0.41	0.92	−0.28	0.65	−0.48	N/P4

(b)

图 7−4 乔木-灌木-凋落物-土壤系统碳、氮、磷含量及其化学计量比的相关性

注:数据为 Pearson 相关系数,$P<0.05$ 显著水平;C1 为乔木叶 C;C2 为灌木叶片 C;C3 为凋落叶 C;C4 为土壤 C;N1 为乔木叶 N;N2 为灌木叶片 N;N3 为凋落叶 N;N4 为土壤 N;P1 为乔木叶 P;P2 为灌木叶片 P;P3 为凋落叶 P;P4 为土壤磷;C∶N1:乔木叶 C∶N;C∶N2:灌木叶片 C∶N;C∶N3:凋落叶;C∶N4:土壤 C∶N;C∶P1:乔木叶 C∶P;C∶P2:灌木叶片 C∶P;C∶P3:落叶层 C∶P;C∶P4:土壤 C∶P;N∶P1:乔木叶 N∶P;N∶P2:灌木叶片 N∶P;N∶P3:凋落叶 N∶P;N∶P4:土壤 N∶P,下同。

乔木叶碳氮比与灌木叶碳氮比、乔木叶碳氮比和乔木叶氮磷比呈极显著正相关关系，灌木叶碳氮比与乔木叶碳氮比、凋落叶碳磷比和乔木叶氮磷比呈极显著正相关关系，土壤碳氮比与土壤碳磷比、灌木叶氮磷比呈极显著正相关关系，与凋落叶氮磷比呈极显著负相关关系。乔木叶碳磷比与凋落叶碳磷比、乔木叶氮磷比呈极显著正相关关系，灌木叶碳磷比与灌木叶氮磷比呈极显著正相关关系，凋落叶碳磷比与乔木叶氮磷比呈极显著正相关关系，土壤碳磷比与灌木叶氮磷比、土壤氮磷比呈极显著正相关关系，与凋落叶氮磷比呈极显著负相关关系。乔木-灌木-凋落叶和土壤系统中氮磷比中，乔木叶氮磷比与灌木叶氮磷比呈正相关关系，灌木叶氮磷比与土壤氮磷比呈正相关关系，其余各组分氮磷比均呈负相关关系（$P<0.01$）。

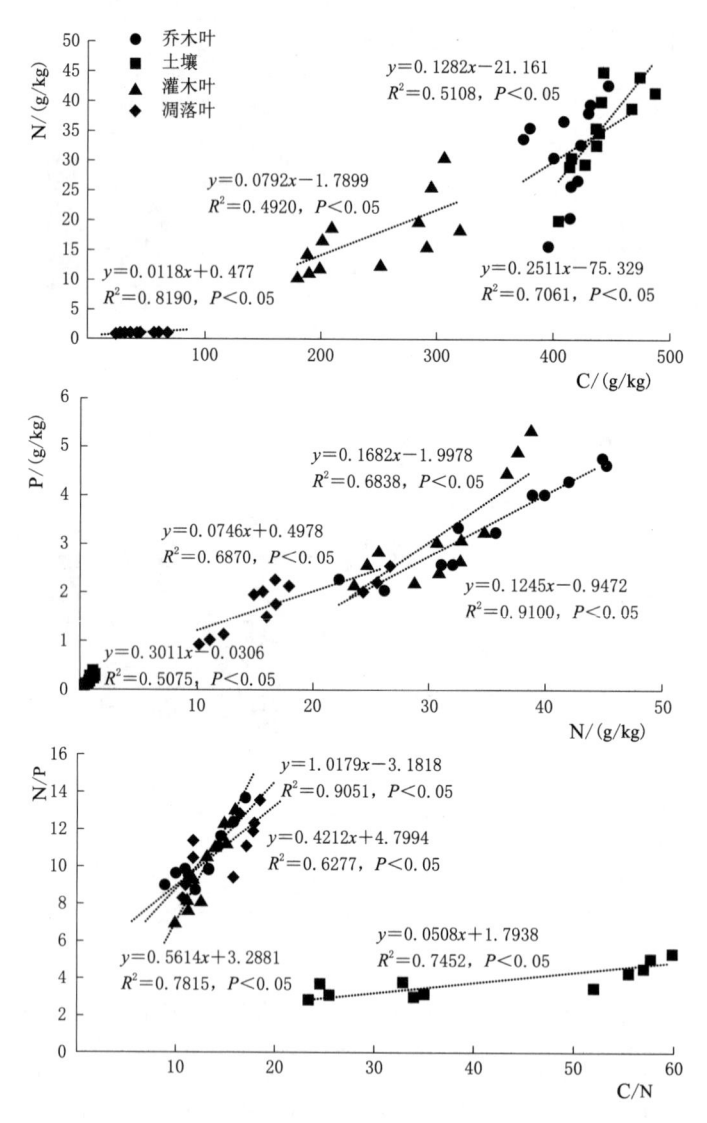

图 7-5（一） 乔木-灌木-凋落叶-土壤碳、氮、磷含量及其化学计量比相关关系

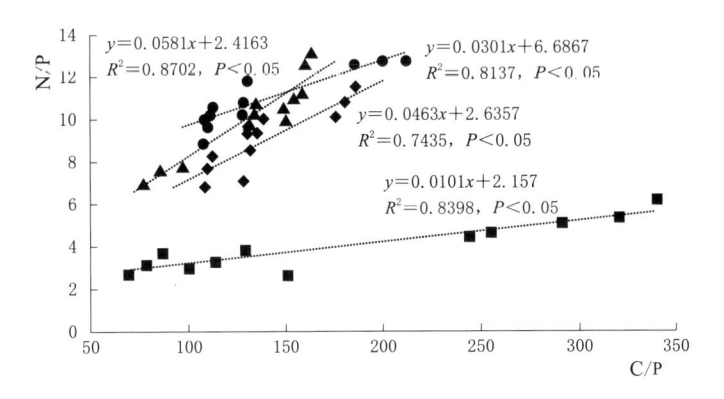

图7-5（二） 乔木-灌木-凋落叶-土壤碳、氮、磷含量及其
化学计量比相关关系

此外，利用一个简单的线性关系来探讨乔木-灌木-凋落叶-土壤系统的生态化学计量学之间的相关性，研究区4种林分类型碳和氮含量、氮和磷含量、碳氮比和氮磷比、碳磷比和、氮磷比之间的关系与乔木-灌木-凋落叶-土壤呈显著的正线性关系（$P<0.05$）。

7.5 生境因子对乔木-灌木-凋落物-土壤系统碳、氮、磷化学计量的影响

乔木-灌木-凋落叶-土壤系统碳、氮、磷含量及其在Ⅰ轴和Ⅱ轴上比值的累积解释率分别为85.61%和77.98%，能够准确反映碳、氮、磷化学计量学与关键微生境因子之间的整体关系（图7-6）。在RDA第Ⅰ轴上，土壤pH值、温度、微生物量碳、微生物量氮对乔木-灌木-凋落叶的碳、氮、磷含量和土壤碳和氮含量有较强的负向影响，土壤pH值和温度对土壤碳含量有较强的正向影响；土壤含水量、森林蓄积量和地上生物量对上述指标的影响则相反。森林蓄积量、海拔、地上生物量、土壤含水量、微生物量碳、微生物量氮对土壤碳氮比、碳磷比、氮磷比和灌木氮磷比比值的影响最大，且呈负相关关系，土壤pH值和温度对其的影响则相反。

进一步的分层分区分析揭示了微生境因子对乔木-灌木-凋落叶-土壤系统的碳、氮、磷含量及其比值的独立影响（图7-7）。结果表明，土壤微生物量对乔木叶片的碳氮磷含量、碳氮比和碳磷比的影响较大，微生物量碳对氮磷比的影响较大。灌木叶片碳、氮、磷含量及其比值主要受温度、微生物量碳、微生物量氮和土壤pH值的影响，凋落叶片主要受微生物量氮、森林蓄积量、微生物量碳和地上生物量的影响，此外，土壤还受到温度、海拔的影响。

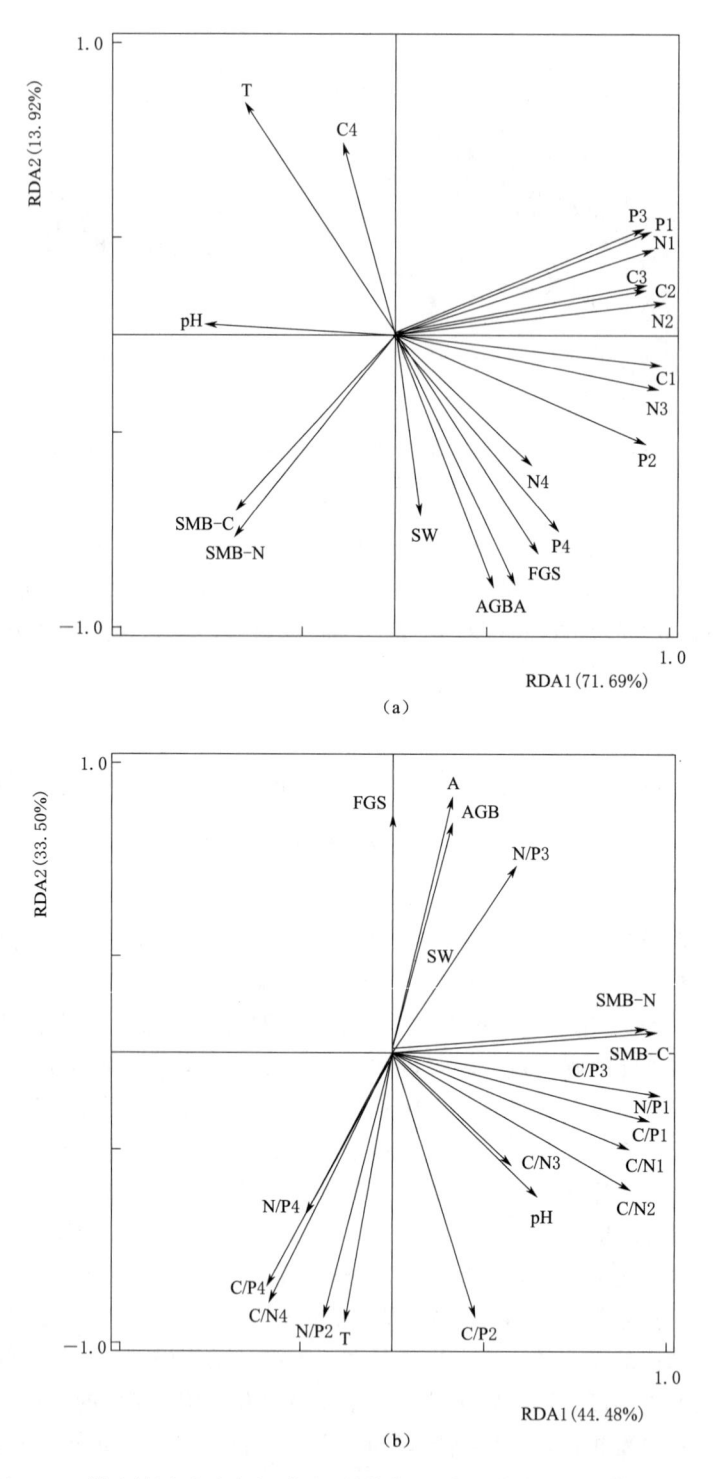

图 7-6 微生境因子对乔木-灌木-凋落物-土壤系统碳、氮、磷含量（a）及其化学计量比（b）的影响

7.5 生境因子对乔木-灌木-凋落物-土壤系统碳、氮、磷化学计量的影响

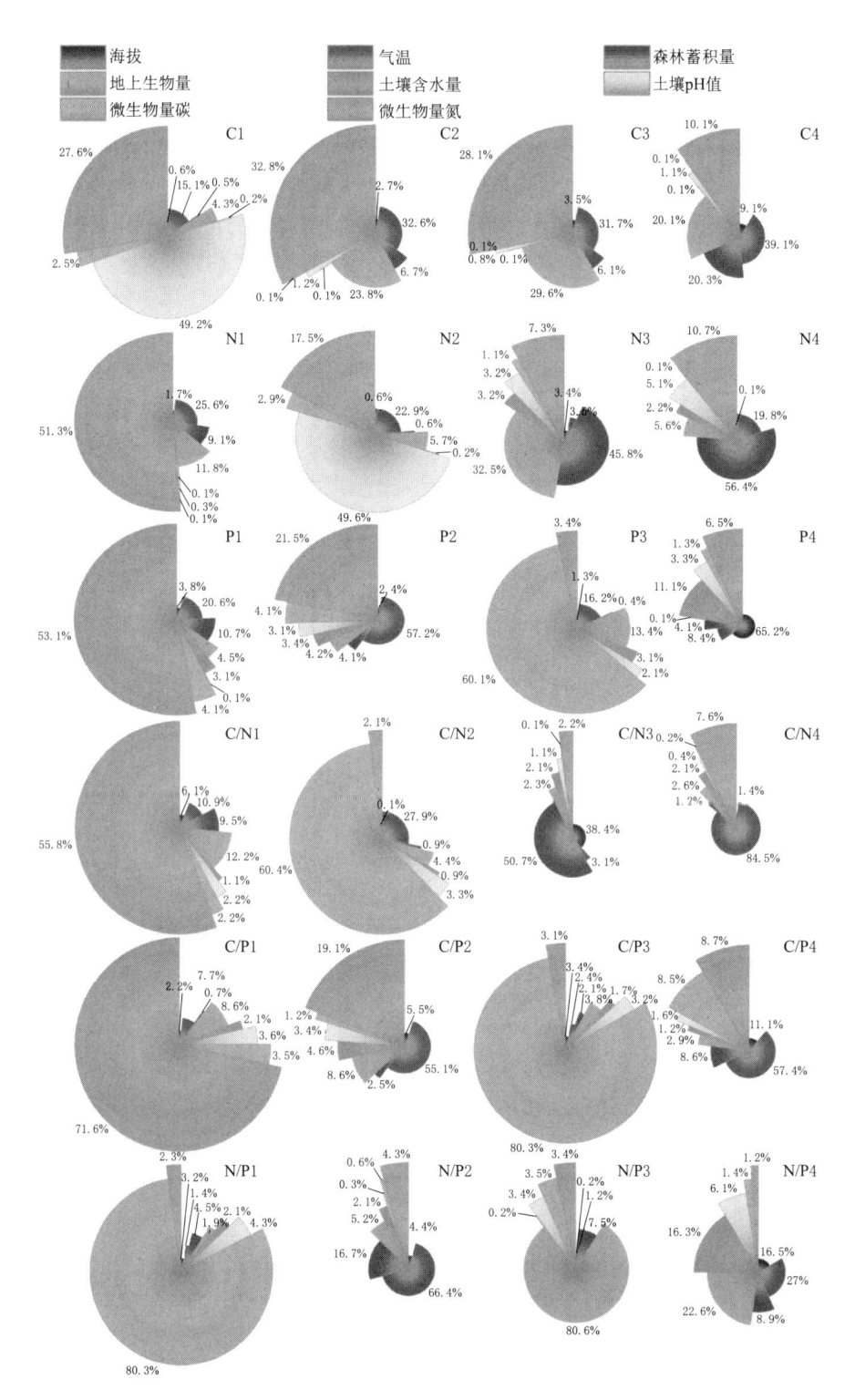

图 7-7 基于分层分区分析的不同乔木-灌木-凋落物-土壤系统微生境因子对碳、氮、磷含量及其化学计量比的独立影响

7.6 小　　结

（1）不同林型间碳、氮、磷再吸收率显著差异（$P<0.05$）。各林分类型碳、氮、磷再吸收率变化范围分别为 52.97%～34.38%、56.01%～35.57%、55.52%～38.06%，4种林分类型碳和氮再吸收率表现为 Y>O>C>F，磷再吸收率表现为 Y>F>C>O。

（2）不同林型植物叶（乔木叶和灌木叶）-凋落叶-土壤碳、氮、磷含量间显著差异（$P<0.05$），由大到小均为 F>C>O>F。不同林型乔木、灌丛、凋落叶和土壤的碳氮、碳磷和氮磷的化学计量比差异显著（$P<0.05$）。乔木叶片、灌木叶片、凋落叶和土壤的碳氮比值分别为 11.05～15.81、11.32～16.04、11.53～17.67 和 24.52～57.75。碳磷比变化范围为 109.53～199.30、87.04～160.87、110.86～180.90、78.29～285.78，氮磷比变化范围为 9.68～12.61、7.69～12.37，各林分类型间化学计量比差异均显著（$P<0.05$）。

（3）土壤 pH 值、温度、微生物量碳、微生物量氮对乔木-灌木-凋落叶的碳、氮、磷含量和土壤碳和氮含量有较强的负向影响，土壤 pH 值和温度对土壤碳含量有较强的正向影响；土壤含水量、森林蓄积量和地上生物量对上述指标的影响则相反。森林蓄积量、海拔、地上生物量、土壤含水量、微生物量碳、微生物量氮对土壤碳氮比、碳磷比、氮磷比和灌木氮磷比比值的影响最大，且呈负相关关系，土壤 pH 值和温度对其的影响则相反。为了解该区域森林生态系统的养分状况和揭示生物地球化学循环过程提供了理论数据。

第8章

基于最小数据集不同林型土壤质量评价

8.1 总数据集与最小数据集的构建

为精确探究不同林型下栗子坪自然保护区土壤质量状况,本书以四川栗子坪自然保护区不同林分下土壤为研究对象,结合金慧芳等[150]研究,土壤孔隙是土壤气相和液相物质转移的通道,其决定了土壤中物质转移的形式和速率,是影响评价土壤质量评价的重要指标之一。土壤微生物量碳氮是土壤重要组成部分,对生境变化极为敏感,在土壤生态系统物质和能量循环过程中发挥着不可替代的调控作用,常被作为重要参数用来评估土壤质量状况。因此,本书在指标选取方面多选取土壤孔隙度、毛管孔隙度、非毛管孔隙度、微生物量碳和微生物量氮作为四川栗子坪自然保护区不同林分类型土壤质量评价指标之一。共选取含水率、容重、饱和持水量、毛管持水量、田间持水量、总孔隙度、毛管孔隙度、非毛管孔隙度、黏粒、细粒砂、中粉砂、粗粉砂、细砂、pH值、有机质、全氮、铵态氮、硝态氮、水解氮、全磷、有效磷、全钾、速效钾、微生物量碳、微生物量氮、脲酶、蔗糖酶、过氧化氢酶和酸性磷酸酶29个指标作为总数据集指标。

对总数据集指标进行单因素方差和敏感性分析,选择具有差异显著和敏感指标作为重要数据集指标,对筛选指标进行标准化处理后进行主成分分析,结合Norm值,确定最小数据集指标[151]。Norm值的计算公式为

$$N_{ik} = \sqrt{\sum_{i}^{k} U_{ik}^2 \lambda_k} \tag{8-1}$$

式中:N_{ik}为第i个变量在第k个主成分荷载;λ_k为第k个主成分特征值。

8.2 土壤质量评分模型的构建

对选取指标进行标准化处理,由评价指标和土壤质量间相关性,建立隶属度函数,隶属度函数包括S型函数、反S型函数和抛物线型函数。隶属度函数及各函数中参数确定参见相关研究[152],对土壤容重采用反S型函数,pH值采用抛物线型函数,其他理化指标因子采用S型函数,不同指标隶属度函数如下。

反S型隶属度函数:

$$\mu(x) = \begin{cases} 1 & x \geqslant a_2 \\ \dfrac{x - a_1}{a_2 - a_1} & a_1 < x > a_2 \\ 0 & x \leqslant a_1 \end{cases} \tag{8-2}$$

抛物线型隶属度函数：

$$\mu(x)=\begin{cases} 1 & b_2 \geqslant x \geqslant b_1 \\ \dfrac{x-a_1}{b_1-a_1} & a_1 < x > b_1 \\ \dfrac{x-a_2}{b_2-a_2} & a_2 < x > b_2 \\ 0 & x \leqslant a_1, x \geqslant a_2 \end{cases} \tag{8-3}$$

S 型隶属度函数：

$$\mu(x)=\begin{cases} 1 & x \leqslant a_1 \\ \dfrac{x-a_2}{a_1-a_2} & a_1 < x > a_1 \\ 0 & x \geqslant a_2 \end{cases} \tag{8-4}$$

式中：x 为评价指标实际指标平均值；a_1、a_2 分别为测得指标最小值和最大值；b_1、b_2 分别为最适值的上下界点。

8.3 指标权重与 SQI 计算

运用主成分分析法，得出各指标荷载、方差贡献率和特征值后，确定土壤质量指标权重 W_i［式（8-5）］，最后计算不同林型土壤质量指数［式（8-6）］：

$$W_i = \dfrac{C_i}{\sum\limits_i^n C_i} \tag{8-5}$$

$$\mathrm{SQI} = \sum_j^n K_j \left(\sum_i^n W_i \times \mu_i\right) \tag{8-6}$$

式中：W_i 为指标权重；C_i 为指标载荷绝对值；n 为指标数量；SQI 为土壤质量指数；K_j 为主成分贡献率；μ_i 为第 i 个指标隶属度。

8.4 不同林型 0～10cm 土层土壤质量评价

8.4.1 不同林型 0～10cm 土层土壤理化性质特性

0～10cm 土层土壤理化指标描述性统计见表 8-1，不同林型土壤容重、中粉砂、过氧化氢酶和酸性磷酸酶无差异显著；其余指标均显著差异（$P<0.05$）。由土壤养分分级标准知[153]，不同林型整体土壤容重、pH 值、有机质、全氮、有效磷、全钾、速效钾和水解氮养分分级为"适宜""弱酸性""极高""中上""高""高""高"和"高"水平。

对总数据集 29 个指标进行方差分析，以及根据土壤质量敏感度分级[151]，变异系数（C_v）$<10\%$，为不敏感；$10\% \leqslant$ 变异系数（C_v）$<40\%$，为低敏感；$50\% \leqslant$ 变异系数（C_v）$<100\%$，为中等敏感；变异系数（C_v）$\geqslant 100\%$，强敏感。含水率、容重、总孔隙度、毛管孔隙度、中粉砂、粗粉砂、pH 值、有效磷、过氧化氢酶和酸性磷酸酶 $C_v<10\%$，

表 8-1　　　　　　　　　　0～10cm 土层土壤理化指标描述性统计

指　　标	青冈川杨阔叶混交林	栓皮栎落叶阔叶林	石棉玉山竹林	冷杉云杉针叶混交林	变异系数/%	敏感度
含水率 MWC/%	26.64±3.12b	29.62±4.92ab	31.91±4.76a	30.66±6.97ab	9.56	不敏感
容重 BD/(g/cm³)	1.13±0.02a	1.12±0.05a	1.17±0.14a	1.13±0.06a	1.69	不敏感
饱和持水量 SMC/(g/kg)	549.76±28.15b	602.31±31.82a	331.26±59.36c	611.21±28.84a	21.68	低
毛管持水量 CMC/(g/kg)	538.59±27.75a	565.52±29.13a	281.27±50.41b	552.92±23.29a	24.30	低
田间持水量 FC/(g/kg)	520.00±26.63a	529.69±27.99a	294.75±52.77b	516.24±24.36a	21.18	低
总孔隙度 TTP/%	53.61±3.27a	48.59±3.24b	52.73±2.22a	45.55±2.41c	6.48	不敏感
毛管孔隙度 CP/%	26.64±3.12b	29.62±4.92ab	30.66±4.76ab	31.91±6.97a	6.56	不敏感
非毛管孔隙度 Non-CP/%	26.97±3.78a	18.97±5.26c	22.07±4.35b	13.64±6.56d	23.71	低
黏粒 C/%	7.66±2.08a	6.05±2.55b	7.19±3.82a	7.00±3.79a	10.40	低
细粒砂 FGS/%	25.73±3.38b	22.83±2.88c	30.86±2.12a	22.75±2.17c	12.81	低
中粉砂 MSS/%	15.53±1.76a	17.00±5.37a	16.09±3.36a	18.45±2.77a	6.58	不敏感
粗粉砂 CS/%	43.3±4.36a	41.72±4.15a	36.11±4.26b	42.39±1.10a	6.87	不敏感
细砂 FS/%	7.77±5.47c	12.4±7.16a	9.76±3.84b	9.31±1.65b	17.00	低
pH 值	5.58±0.33bc	5.36±0.26c	5.86±0.85ab	6.05±0.45a	4.61	不敏感
有机质 SOM/(g/kg)	32.79±9.67c	58.31±6.31b	72.87±5.00a	33.93±7.58c	35.05	低
全氮 TN/(g/kg)	1.25±0.34a	0.90±0.26b	0.98±0.54b	1.38±0.32a	17.30	低
铵态氮 NH_4^+-N/(mg/kg)	5.72±1.22b	6.69±0.92a	5.57±1.13c	5.96±0.97b	10.24	低
硝态氮 NO_3^--N/(mg/kg)	5.46±0.66c	7.17±0.91b	10.81±1.31a	6.99±0.86b	25.41	低
水解氮 AN/(mg/kg)	166.27±30.90a	125.97±38.02c	136.97±40.42b	167.30±64.35a	10.87	低
全磷 TP/(g/kg)	0.25±0.03c	0.42±0.08a	0.22±0.08c	0.35±0.31b	27.68	低
有效磷 AP/(mg/kg)	32.44±2.19a	31.73±7.10a	30.19±8.50a	25.28±4.04b	9.34	不敏感
全钾 TK/(g/kg)	10.80±1.89c	13.45±1.57b	13.88±3.92b	17.28±1.71a	16.63	低
速效钾 AK/(mg/kg)	161.84±32.90b	122.77±32.42c	119.57±39.18c	210.35±50.13a	23.91	低
微生物量碳 MBC/(g/kg)	1.02±0.25a	0.57±0.34b	0.48±0.29c	0.30±0.16d	44.77	中
微生物量氮 MBN/(g/kg)	0.05±0.01b	0.05±0.04b	0.09±0.02a	0.06±0.01b	28.87	低
脲酶 UA/[mg/(g·d)]	1.82±0.64a	1.22±0.48b	1.17±0.43c	1.25±0.34b	20.77	低
蔗糖酶 SA/[mg/(g·d)]	2.29±0.67a	2.15±0.61a	2.03±0.59a	1.66±0.48b	11.51	低
过氧化氢酶 CA/[mg/(g·d)]	4.64±1.90a	4.13±1.26a	3.81±1.67a	3.91±1.57a	8.28	不敏感
酸性磷酸酶 ACA/[mg/(g·d)]	1.06±0.28a	0.94±0.24a	0.92±0.25a	0.89±0.22a	6.78	不敏感

注　不同小写字母表示不同林型土壤之间的差异显著（$P<0.05$），BD：Bulk density；MWC：Soil mass water content；Non-CP：Non capillary porosity；CP：Capillary porosity；TTP：Total porosity；C：Clay；FGS：Fine grained sand；MSS：Medium silty sand；CS：Coarse silt；FS：Fine sand；SOM：Soil organic matter；TN：Total nitrogen；TP：Total phosphorus；TK：total potassium；AP：Available phosphorus；AK：Available potassium；AN：Available nitrogen；MBN：Microbial biomass nitrogen；MBC：Microbial biomass carbon；CA：Catalase activity；UA：Urease activity；ACA：SAcid phosphatase activity；SA：Sucrase activity；SMC：Saturation moisture capacity；CMC：Capillary moisture capacity；FC：Field capacity；下同。

属于不敏感指标，不作为土壤质量评价指标，综上，筛选饱和持水量、毛管持水量、田间持水量、非毛管孔隙度、黏粒、细粒砂、细砂、有机质、全氮、铵态氮、硝态氮、水解氮、全磷、全钾、速效钾、微生物量碳、微生物量氮、脲酶和蔗糖酶19个指标进入重要数据集。

8.4.2 0～10cm土层土壤质量评价指标最小数据集的构建

主成分各指标荷载矩阵见表8-2，为避免由指标间相关性造成数据冗余，对重要数据集的19个指标进行主成分分析，选择特征值≥1的主成分有3个，累计贡献率达100.00%，主成分解释能力好。

表8-2　　　　　　　0～10cm土层土壤主成分各指标荷载矩阵

指标	PC1	PC2	PC3	分组	Norm	最小数据集MDS
饱和持水量 SMC	0.945	−0.193	−0.265	1	2.656	进入
毛管持水量 CMC	0.933	−0.071	−0.352	1	2.622	进入
田间持水量 FC	0.928	−0.015	−0.372	1	2.608	进入
非毛管孔隙度 Non-CP	−0.365	0.825	−0.433	2	2.020	
黏粒 C	−0.06	0.872	0.486	2	2.135	进入
细粒砂 FGS	−0.901	0.351	0.255	1	2.532	进入
细砂 FS	−0.152	−0.850	−0.504	2	2.081	进入
有机质 SOM	−0.9	−0.403	−0.164	1	2.530	进入
全氮 TN	0.681	0.369	0.633	1	1.914	
铵态氮 NH_4^+-N	0.365	−0.66	−0.657	2	1.616	
硝态氮 NO_3^--N	−0.88	−0.384	0.278	1	2.473	进入
水解氮 AN	0.162	0.612	0.774	3	1.749	进入
全磷 TP	0.721	−0.31	0.62	1	2.027	
全钾 TK	0.23	−0.704	0.671	2	1.724	
速效钾 AK	0.782	0.086	0.618	1	2.198	
微生物量碳 MBC	0.063	0.832	−0.551	2	2.037	进入
微生物量氮 MBN	−0.838	−0.094	0.538	1	2.355	
脲酶 UA	0.363	0.901	−0.238	2	2.206	进入
蔗糖酶 SA	−0.273	0.545	−0.793	3	1.792	进入
特征值	7.900	5.994	5.106			
贡献率/%	41.581	31.545	26.873			
累计贡献率/%	41.581	73.127	100.000			

对19个指标进行筛选，荷载绝对值≥0.5分为一组，若一个指标同时出现在多个主成分中，将其列入相关性较差的一组，本书中主成分1（PC1）包括饱和持水量、毛管持水量、田间持水量、细粒砂、有机质、全氮、硝态氮、全磷、速效钾和微生物量氮，Norm值分别为2.656、2.622、2.608、2.532、2.530、1.914、2.473、2.027、2.198和

2.355；主成分 2（PC2）包括非毛管孔隙度、黏粒、细砂、铵态氮、全钾、微生物量碳和脲酶，Norm 值分别为 2.020、2.135、2.081、1.616、1.724、2.037 和 2.206；主成分 3（PC3）包括水解氮和蔗糖酶，Norm 值分别为 1.749 和 1.792。

土壤质量评价指标 Pearson 相关系数矩阵见表 8-3，按照最小数据集指标筛选原则，对比各分组的 Norm 值，选取每组中 Norm 值在最大值 10% 以内的指标，然后分析每组中所选参数间相关性，若相关性绝对值大于 0.5，则选取 Norm 值高的进入最小数据集，若绝对值小于 0.5，则都选入最小数据集。选取每组中 Norm 值在最大值 10% 以内的指标，排除全氮、铵态氮、全磷、速效钾和微生物量氮等 6 个指标，由相关性矩阵知，PC1 包括饱和持水量、毛管持水量、田间持水量、细粒砂、有机质和硝态氮，PC2 包括非毛管孔隙度、黏粒、细砂、全钾、微生物量碳和脲酶，PC3 包括水解氮和蔗糖酶。最终，0～10cm 土层最小数据集的指标为饱和持水量、毛管持水量、田间持水量、细粒砂、有机质、硝态氮、非毛管孔隙度、黏粒、细砂、微生物量碳、脲酶、水解氮和蔗糖酶。本书中初选指标共 29 个，进入最小数据集指标共 13 个指标，指标筛选过滤率达到 55.17%，简化了土壤质量评价体系，较好地消除了指标间冗杂信息对土壤质量评价的影响。

表 8-3　基于最小数据集 0～10cm 土层土壤质量评价指标 Pearson 相关系数矩阵

指　标	饱和持水量 SMC	毛管持水量 CMC	田间持水量 FC	非毛管孔隙度 Non-CP	黏粒 C	细粒砂 FGS	细砂 FS	有机质 SOM	硝态氮 $NO_3^- -N$	水解氮 AN	微生物量碳 MBC	脲酶 UA	蔗糖酶 SA
毛管持水量 CMC	0.989*	1.000											
田间持水量 FC	0.978*	0.998**	1.000										
非毛管孔隙度 Non-CP	-0.389	-0.247	-0.190	1.000									
黏粒 C	-0.354	-0.290	-0.249	0.530	1.000								
细粒砂 FGS	-0.986*	-0.956*	-0.936	0.508	0.484	1.000							
细砂 FS	0.154	0.096	0.058	-0.428	-0.977*	-0.290	1.000						
有机质 SOM	-0.729	-0.753	-0.769	0.067	-0.377	0.628	0.563	1.000					
硝态氮 $NO_3^- -N$	-0.831	-0.892	-0.915	-0.116	-0.147	0.729	0.320	0.902	1.000				
水解氮 AN	-0.170	-0.165	-0.146	0.110	0.900	0.266	-0.935	-0.520	-0.162	1.000			
微生物量碳 MBC	0.045	0.193	0.251	0.902	0.454	0.095	-0.440	-0.302	-0.528	0.093	1.000		
脲酶 UA	0.233	0.359	0.412	0.713	0.648	-0.072	-0.702	-0.651	-0.732	0.426	0.904	1.000	
蔗糖酶 SA	-0.152	-0.014	0.034	0.892	0.106	0.235	-0.022	0.156	-0.190	-0.325	0.873	0.580	1.000

注　**表示相关程度在 $P<0.01$ 显著性水平；*表示相关程度在 $P<0.05$ 显著性水平。

8.4.3　基于最小数据集的 0～10cm 土层土壤质量评价

0～10cm 土层土壤质量评价指标体系及权重分布见表 8-4，有机质、硝态氮和田间持水量是影响土壤质量的主要因素。基于总数据集 TDS 的土壤质量指数 SQI 计算公式如下：

TDS－SQI＝0.037S(MWC)＋0.034S(BD)＋0.037S(SMC)＋0.037S(CMC)＋0.037S(FC)＋0.032S(TTP)＋0.037S(CP)＋0.036S(Non-CP)＋0.035S(C)＋0.036S(FGS)＋0.034S(MSS)＋0.037S(CS)＋0.036S(FS)＋0.028S(pH)＋0.038S(SOM)＋0.031S(TN)＋0.033S(NH_4^+-N)＋0.035S(NO_3^--N)＋0.035S(AN)＋0.027S(TP)＋0.034S(AP)＋0.038S(TK)＋0.025S(AK)＋0.037S(MBC)＋0.035S(MBN)＋0.031S(UA)＋0.036S(SA)＋0.035S(CA)＋0.036S(ACA)

基于最小数据集 MDS 的土壤质量指数 SQI 计算公式如下：

MDS－SQI＝0.08S(MWC)＋0.083S(BD)＋0.085S(SMC)＋0.074S(TTP)＋0.080S(CP)＋0.073S(Non-CP)＋0.074S(MSS)＋0.088S(FS)＋0.087S(TN)＋0.068S(NH_4^+-N)＋0.065S(TK)＋0.068S(MBC)＋0.075S(MBN)

式中：S 为各指标隶属度；MWC、BD、SMC、CMC、FC、TTP、CP、Non-CP、C、FGS、MSS、CS、FS、pH、SOM、TN、NH_4^+-N、NO_3^--N、AN、TP、AP、TK、AK、MBC、MBN、UA、SA、CA 和 ACA 分别为含水率、容重、饱和持水量、毛管持水量、田间持水量、总孔隙度、毛管孔隙度、非毛管孔隙度、黏粒、细粒砂、中粉砂、粗粉砂、细砂、pH 值、有机质、全氮、铵态氮、硝态氮、水解氮、全磷、有效磷、全钾、速效钾、微生物量碳、微生物量氮、脲酶、蔗糖酶、过氧化氢酶和酸性磷酸酶。

表 8-4　　　　　　　　　0～10cm 土层土壤质量评价指标体系及权重分布

指　标	总数据集 TDS 公因子方差	权重	最小数据集 MDS 公因子方差	权重
含水率 MWC	0.966	0.037		
容重 BD	0.898	0.034		
饱和持水量 SMC	0.973	0.037	0.906	0.080
毛管持水量 CMC	0.986	0.037	0.947	0.083
田间持水量 FC	0.987	0.037	0.961	0.085
总孔隙度 TTP	0.850	0.032		
毛管孔隙度 CP	0.966	0.037		
非毛管孔隙度 Non-CP	0.959	0.036	0.843	0.074
黏粒 C	0.923	0.035	0.903	0.080
细粒砂 FGS	0.922	0.036	0.824	0.073
中粉砂 MSS	0.917	0.034		
粗粉砂 CS	0.985	0.037		
细砂 FS	0.953	0.036	0.836	0.074
pH 值	0.711	0.028		
有机质 SOM	0.999	0.038	0.999	0.088

续表

指 标	总数据集 TDS 公因子方差	总数据集 TDS 权重	最小数据集 MDS 公因子方差	最小数据集 MDS 权重
全氮 TN	0.812	0.031		
铵态氮 NH_4^+-N	0.865	0.033		
硝态氮 NO_3^--N	0.933	0.035	0.988	0.087
水解氮 AN	0.998	0.035	0.773	0.068
全磷 TP	0.752	0.027		
有效磷 AP	0.915	0.034		
全钾 TK	0.996	0.038		
速效钾 AK	0.630	0.025		
微生物量碳 MBC	0.965	0.037	0.743	0.065
微生物量氮 MBN	0.941	0.035		
脲酶 UA	0.766	0.031	0.771	0.068
蔗糖酶 SA	0.960	0.036	0.851	0.075
过氧化氢酶 CA	0.883	0.035		
酸性磷酸酶 ACA	0.936	0.036		

基于不同数据集的 0～10cm 土层土壤质量指数如图 8-1 所示，不同林型基于总数据集和最小数据集土壤质量指数差异显著（$P<0.05$），总数据集土壤质量指数分布在 0.584～0.448，均值为 0.499，最小数据集土壤质量指数分布在 0.574～0.415，均值为 0.502，二者土壤质量指数由大到小均为 C＞O＞Y＞F。土壤质量指数对土壤质量进行科学划分有着重要意义，土壤质量指数越高表明土壤的生产力越高，本书将土壤质量指数 SQI 划分为 5 个等级：较低（0≤SQI≤0.2）、低（0.2＜SQI≤0.4）、中（0.4＜SQI≤0.6）、良（0.6＜SQI≤0.8）和优（0.8＜SQI≤1.0）[151]。所有林型土壤土壤质量等级属于"中"。

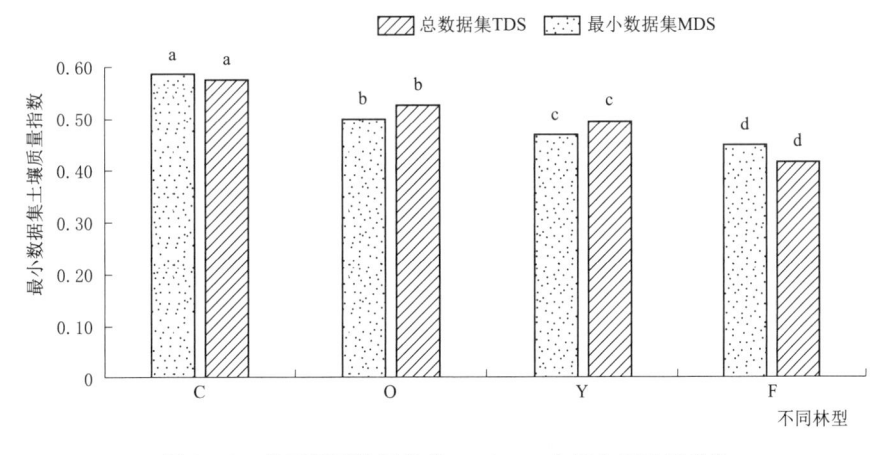

图 8-1 基于不同数据集的 0～10cm 土层土壤质量指数

8.5 不同林型10~20cm土层土壤质量评价

8.5.1 不同林型10~20cm土层土壤理化性质特性

10~20cm土层土壤理化指标描述性统计见表8-5，不同林型土壤容重和黏粒无差异显著；其余指标均显著差异（$P<0.05$）。不同林型整体土壤容重、pH值、有机质、全氮、有效磷、全钾、速效钾和水解氮养分分级为"适宜""微酸""高""中""高""中上""中上"和"高"水平[153]。

表8-5　　　　　　　　　　10~20cm土层土壤理化指标描述性统计

指　标	青冈川杨阔叶混交林	栓皮栎落叶阔叶林	石棉玉山竹林	冷杉云杉针叶混交林	变异系数/%	敏感度
含水率 MWC/%	22.39±4.18c	24.85±3.95b	27.06±5.23a	25.58±5.57b	7.88	不敏感
容重 BD/(g/cm³)	1.19±0.02a	1.30±0.04a	1.15±0.04a	1.25±0.04a	4.68	不敏感
饱和持水量 SMC/(g/kg)	509.05±66.40b	551.28±19.58a	293.27±44.42c	572.21±24.46a	23.06	低
毛管持水量 CMC/(g/kg)	463.44±59.41a	484.27±63.17a	283.56±42.95b	464.68±49.59a	19.22	低
田间持水量 FC/(g/kg)	415.97±53.54c	502.33±17.85a	258.4±39.46d	474.04±20.26b	22.86	低
总孔隙度 TTP/%	53.80±2.35a	46.92±2.48b	51.68±1.95a	44.84±1.65c	7.27	不敏感
毛管孔隙度 CP/%	22.39±4.18c	24.85±3.95b	27.06±5.23a	25.58±5.57b	7.88	不敏感
非毛管孔隙度 Non-CP/%	31.41±3.91a	24.08±3.19b	24.63±4.62b	19.26±4.75c	17.42	低
黏粒 C/%	7.75±4.28a	7.91±4.98a	6.90±3.05a	7.47±4.16a	5.12	不敏感
细粒砂 FGS/%	25.24±2.09b	26.09±2.35ab	29.63±3.51a	27.44±2.59ab	6.12	不敏感
中粉砂 MSS/%	16.96±2.63b	20.78±4.57a	18.98±3.57ab	19.08±2.01ab	7.14	不敏感
粗粉砂 CS/%	41.81±0.90a	40.76±3.12a	37.78±3.27ab	35.74±3.63b	6.16	不敏感
细砂 FS/%	8.24±4.43b	4.45±2.67d	6.71±3.58c	10.26±5.4a	28.66	低
pH值	5.59±0.14c	5.52±0.25c	6.12±1.07a	5.84±0.55b	4.09	不敏感
有机质 SOM/(g/kg)	30.04±7.67c	34.90±10.38b	58.08±12.01a	29.07±5.55c	31.01	低
全氮 TN/(g/kg)	1.02±0.26a	0.70±0.28b	0.79±0.41ab	1.11±0.23a	18.37	低
铵态氮 NH_4^+-N/(mg/kg)	4.80±0.48b	5.91±1.10a	4.95±0.45b	4.97±0.66b	10.09	低
硝态氮 NO_3^--N/(mg/kg)	4.96±0.76c	6.94±0.90a	9.86±1.39a	6.37±0.91b	25.37	低
水解氮 AN/(mg/kg)	150.45±29.51a	133.57±35.32b	115.57±36.63b	119.75±59.63c	10.53	低
全磷 TP/(g/kg)	0.25±0.04b	0.33±0.07a	0.20±0.07c	0.34±0.21a	20.47	低
有效磷 AP/(mg/kg)	29.15±4.27a	26.95±6.30ab	28.07±10.02a	19.79±5.11b	14.09	低
全钾 TK/(g/kg)	9.91±1.09c	11.26±1.09bc	13.05±3.53b	16.32±1.86a	19.01	低
速效钾 AK/(mg/kg)	123.28±38.01b	108.83±28.04c	96.25±24.63c	195.56±54.30a	29.26	低
微生物量碳 MBC/(g/kg)	0.98±0.19a	0.53±0.33b	0.40±0.22c	0.29±0.20d	47.71	中

续表

指　标	青冈川杨阔叶混交林	栓皮栎落叶阔叶林	石棉玉山竹林	冷杉云杉针叶混交林	变异系数/%	敏感度
微生物量氮 MBN/(g/kg)	0.04±0.01c	0.06±0.02a	0.07±0.02a	0.05±0.01b	27.35	低
脲酶 UA/[mg/(g·d)]	1.03±0.12	0.78±0.12b	1.15±0.42a	1.06±0.37a	13.65	低
蔗糖酶 SA/[mg/(g·d)]	2.06±0.58a	1.84±0.40b	1.11±0.35c	1.10±0.34c	22.16	低
过氧化氢酶 CA/[mg/(g·d)]	3.47±1.44a	3.44±1.42a	3.06±1.31b	2.21±0.93c	16.70	低
酸性磷酸酶 ACA/[mg/(g·d)]	1.03±0.28a	0.90±0.30b	0.81±0.20c	0.79±0.22c	9.73	不敏感

对总数据集 29 个指标进行方差分析，除土壤容重和黏粒外，其余 27 个指标均显著差异（$P<0.05$），根据土壤质量敏感度分级[151]，$C_v<10\%$，为不敏感；$10\%\leqslant C_v<40\%$，为低敏感；$50\%\leqslant C_v<100\%$，为中等敏感；$C_v\geqslant100\%$，强敏感。其中，含水率、容重、总孔隙度、毛管孔隙度、黏粒、细粒砂、中粉砂、粗粉砂、pH 值和酸性磷酸酶 $C_v<10\%$，属于不敏感指标，不作为土壤质量评价指标，综上，筛选出饱和持水量、毛管持水量、田间持水量、非毛管孔隙度、细砂、有机质、全氮、铵态氮、硝态氮、水解氮、全磷、有效磷、全钾、速效钾、微生物量碳、微生物量氮、脲酶、蔗糖酶和过氧化氢酶 19 个指标进入重要数据集。

8.5.2　10～20cm 土层土壤质量评价指标最小数据集的构建

主成分各指标荷载矩阵见表 8-6，为避免由指标间相关性造成数据冗余，对重要数据集的 19 个指标进行主成分分析，选择特征值≥1 土壤指标，特征值≥1 主成分有 3 个，累计贡献率达 100.00%，主成分解释能力好。

表 8-6　10～20cm 土层土壤主成分各指标荷载矩阵

指　标	主成分 PC1	PC2	PC3	分组	Norm	最小数据集 MDS
饱和持水量 SMC	0.719	0.619	−0.316	1	1.903	
毛管持水量 CMC	0.593	0.766	−0.248	2	1.885	
田间持水量 FC	0.591	0.647	−0.482	2	1.592	
非毛管孔隙度 Non-CP	−0.438	0.577	0.69	3	1.681	进入
细砂 FS	0.808	−0.34	0.481	1	2.139	
有机质 SOM	−0.999	−0.655	0.038	1	2.665	进入
全氮 TN	0.853	−0.092	0.514	1	2.258	
铵态氮 NH_4^+-N	−0.275	0.412	−0.869	3	2.117	
硝态氮 NO_3^--N	−0.607	−0.756	−0.243	2	1.861	
水解氮 AN	0.651	−0.188	0.736	3	1.793	进入
全磷 TP	0.995	−0.067	−0.077	1	2.634	进入
有效磷 AP	−0.84	0.38	0.388	1	2.223	
全钾 TK	0.605	−0.733	−0.311	2	1.804	

续表

指　　标	主 成 分 PC1	主 成 分 PC2	主 成 分 PC3	分组	Norm	最小数据集 MDS
速效钾 AK	0.947	−0.318	0.035	1	2.507	进入
微生物量碳 MBC	−0.185	0.749	0.636	2	1.843	
微生物量氮 MBN	−0.368	−0.923	0.112	2	2.272	进入
脲酶 UA	0.078	−0.74	0.668	2	1.821	
蔗糖酶 SA	0.112	0.697	0.708	3	1.725	进入
过氧化氢酶 CA	−0.737	0.657	0.16	1	1.951	
特征值	7.006	6.058	5.937			
贡献率/%	36.871	31.883	31.246			
累计贡献率/%	36.871	68.754	100.00			

对19个指标进行筛选，荷载绝对值≥0.5分为一组，若一个指标同时出现在多个主成分中，将其列入相关性较差的一组，本书中PC1包括有机质、全磷和速效钾，Norm值为2.665、2.634和2.507，PC2为微生物量氮，Norm值为2.272，PC3包括非毛管孔隙度、水解氮和蔗糖酶，Norm值为1.681、1.793和1.725。

基于最小数据集10～20cm土层土壤土壤质量评价指标Pearson相关系数矩阵见表8-7所示，按照最小数据集指标筛选原则，对比各分组的Norm值，选取每组中Norm值在最大值10%以内的指标，然后分析每组中所选参数间相关性，若相关性绝对值大于0.5，则选取Norm值高的进入最小数据集，若绝对值小于0.5，则都选入最小数据集。选取每组中Norm值在最大值10%以内的指标，排除饱和持水量、毛管持水量、田间持水量、细砂、全氮、铵态氮、硝态氮、有效磷、全钾、微生物量碳、脲酶和过氧化氢酶12个指标，由相关性矩阵知，PC1包括有机质、全磷和速效钾，PC2为微生物量氮，PC3包括非毛管孔隙度、水解氮和蔗糖酶。最终，10～20cm土层最小数据集的指标为有机质、全磷和速效钾、微生物量氮、非毛管孔隙度、水解氮和蔗糖酶共7个指标。初选指标共29个，进入最小数据集指标共7个指标，指标筛选过滤率达到75.86%，简化了土壤质量评价体系，较好地消除了指标间冗杂信息对土壤质量评价的影响。

表8-7　基于最小数据集10～20cm土层土壤土壤质量评价指标Pearson相关系数矩阵

指　　标	非毛管孔隙度 CMC	有机质 SOM	水解氮 AN	全磷 TP	速效钾 AK	微生物量氮 MBN	蔗糖酶 UA
非毛管孔隙度 CMC	1.000						
有机质 SOM	−0.021	1.000					
水解氮 AN	0.813	−0.578	1.000				
全磷 TP	−0.552	−0.754	0.033	1.000			
速效钾 AK	−0.580	−0.630	−0.189	0.648	1.000		
微生物量氮 MBN	0.089	0.723	−0.228	−0.380	−0.859	1.000	
蔗糖酶 UA	0.750	−0.579	0.980*	0.131	−0.246	−0.106	1.000

注　**表示相关程度在$P<0.01$显著性水平；*表示相关程度在$P<0.05$显著性水平。

8.5.3 基于最小数据集的 10～20cm 土层土壤质量评价

10～20cm 土层土壤质量评价指标体系及权重分布见表 8-8，有机质、蔗糖酶和全磷是影响土壤质量的主要因素。基于总数据集 TDS 的土壤质量指数 SQI 计算公式如下：

TDS－SQI＝0.032S(MWC)＋0.031S(BD)＋0.037S(SMC)＋0.039S(CMC)＋0.037S(FC)＋0.035S(TTP)＋0.032S(CP)＋0.039S(Non－CP)＋0.037S(C)＋0.035S(FGS)＋0.032S(MSS)＋0.034S(CS)＋0.037S(FS)＋0.036S(pH)＋0.039S(SOM)＋0.037S(TN)＋0.035S(NH_4^+－N)＋0.034S(NO_3^-－N)＋0.039S(AN)＋0.025S(TP)＋0.036S(AP)＋0.036S(TK)＋0.027S(AK)＋0.036S(MBC)＋0.038S(MBN)＋0.029S(UA)＋0.03S(SA)＋0.034S(CA)＋0.034S(ACA)

基于最小数据集 MDS 的土壤质量指数 SQI 计算公式如下：

MDS－SQI＝0.174S(Non－CP)＋0.204S(SOM)＋0.152S(AN)＋0.199S(TP)＋0.201S(AK)＋0.131S(MBN)＋0.203S(SA)

式中：S 为各指标隶属度；MWC、BD、SMC、CMC、FC、TTP、CP、Non－CP、C、FGS、MSS、CS、FS、pH、SOM、TN、NH_4^+－N、NO_3^-－N、AN、TP、AP、TK、AK、MBC、MBN、UA、SA、CA 和 ACA 分别为含水率、容重、饱和持水量、毛管持水量、田间持水量、总孔隙度、毛管孔隙度、非毛管孔隙度、黏粒、细粒砂、中粉砂、粗粉砂、细砂、pH 值、有机质、全氮、铵态氮、硝态氮、水解氮、全磷、有效磷、全钾、速效钾、微生物量碳、微生物量氮、脲酶、蔗糖酶、过氧化氢酶和酸性磷酸酶。

基于不同数据集的 10～20cm 土层土壤质量指数如图 8-2 所示，不同林型基于总数据集和最小数据集土壤质量指数差异显著（$P<0.05$），总数据集土壤质量指数分布在 0.536～0.467，均值为 0.497，最小数据集土壤质量指数分布在 0.548～0.458，均值为 0.492，二者土壤质量指数由大到小均为 C＞O＞Y＞F。所有林型土壤土壤质量等级属于"中"。

表 8-8　10～20cm 土层土壤质量评价指标体系及权重分布

指标	总数据集 TDS 公因子方差	权重	最小数据集 MDS 公因子方差	权重
含水率 MWC	0.831	0.032		
容重 BD	0.797	0.031		
饱和持水量 SMC	0.961	0.037		
毛管持水量 CMC	0.997	0.039		
田间持水量 FC	0.960	0.037		
总孔隙度 TTP	0.902	0.035		
毛管孔隙度 CP	0.831	0.032		
非毛管孔隙度 Non－CP	0.991	0.039	0.857	0.174
黏粒 C	0.964	0.037		
细粒砂 FGS	0.901	0.035		

续表

指　　标	总数据集 TDS 公因子方差	总数据集 TDS 权重	最小数据集 MDS 公因子方差	最小数据集 MDS 权重
中粉砂 MSS	0.824	0.032		
粗粉砂 CS	0.875	0.034		
细砂 FS	0.941	0.037		
pH 值	0.924	0.036		
有机质 SOM	1.000	0.039	0.999	0.204
全氮 TN	0.950	0.037		
铵态氮 $NH_4^+ - N$	0.895	0.035		
硝态氮 $NO_3^- - N$	0.867	0.034		
水解氮 AN	1.000	0.039	0.748	0.152
全磷 TP	0.635	0.025	0.977	0.199
有效磷 AP	0.916	0.036		
全钾 TK	0.936	0.036		
速效钾 AK	0.697	0.027	0.987	0.201
微生物量碳 MBC	0.914	0.036		
微生物量氮 MBN	0.970	0.038	0.646	0.131
脲酶 UA	0.734	0.029		
蔗糖酶 SA	0.765	0.030	0.996	0.203
过氧化氢酶 CA	0.873	0.034		
酸性磷酸酶 ACA	0.874	0.034		

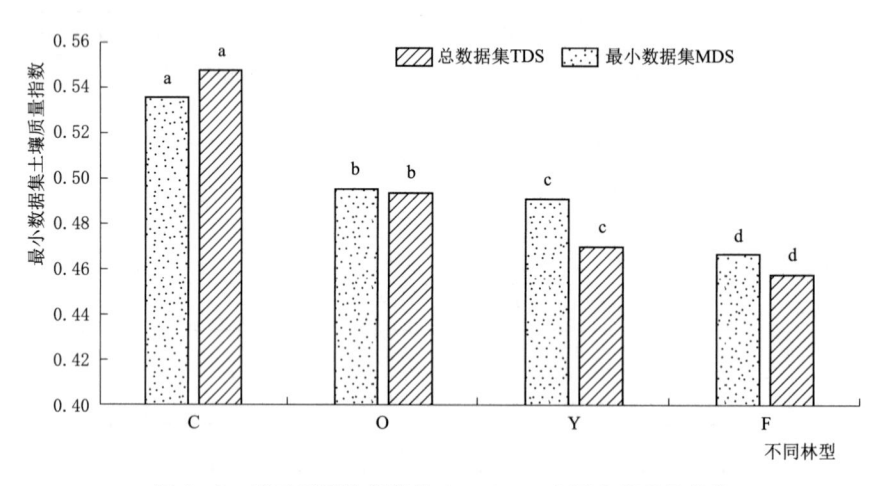

图 8-2 基于不同数据集的 10～20cm 土层土壤质量指数

8.6 不同林型 20～30cm 土层土壤质量评价

8.6.1 不同林型 20～30cm 土层土壤理化性质特性

20～30cm 土层土壤理化指标描述性统计见表 8-9，不同林型土壤容重和黏粒无差异显著；其余指标均显著差异（$P<0.05$）。不同林型整体土壤容重、pH 值、有机质、全氮、有效磷、全钾、速效钾和水解氮养分分级为"偏紧""微酸""高""中""高""中上""中上"和"高"水平[153]。

表 8-9　　20～30cm 土层土壤理化指标描述性统计

指　标	青冈川杨阔叶混交林	栓皮栎落叶阔叶林	石棉玉山竹林	冷杉云杉针叶混交林	变异系数/%	敏感度
含水率 MWC/%	22.53±2.93a	20.49±3.14b	22.47±5.90a	16.05±5.81c	17.90	低
容重 BD/(g/cm³)	1.20±0.12a	1.35±0.05a	1.21±0.05a	1.30±0.02a	4.95	不敏感
饱和持水量 SMC/(g/kg)	491.41±28.91b	507.06±54.83b	259.58±22.87c	548.55±26.01a	24.98	低
毛管持水量 CMC/(g/kg)	412.14±36.12a	437.14±33.70a	246.76±21.74b	407.25±40.08a	20.06	低
田间持水量 FC/(g/kg)	403.22±30.82ab	444.64±39.15a	233.69±20.59b	433.51±20.55a	22.47	低
总孔隙度 TTP/%	51.56±1.13a	44.95±2.5b	50.27±2.41a	43.01±1.72b	7.51	不敏感
毛管孔隙度 CP/%	20.53±2.93ab	20.49±3.14ab	23.47±5.90a	16.05±5.81b	17.90	低
非毛管孔隙度 Non-CP/%	33.28±2.94a	26.71±3.22b	25.89±4.44b	26.96±5.54b	9.47	不敏感
黏粒 C/%	5.94±3.62a	8.09±3.70a	5.99±2.61a	6.86±3.10a	12.97	低
细粒砂 FGS/%	20.25±2.11b	27.14±5.26a	22.54±4.1b	21.13±4.05b	9.05	不敏感
中粉砂 MSS/%	15.72±2.02b	20.29±3.11a	21.61±2.72a	19.91±2.57a	9.38	不敏感
粗粉砂 CS/%	44.36±1.79a	38.20±2.54ab	33.80±4.61b	41.11±2.51a	9.86	不敏感
细砂 FS/%	13.74±4.71a	6.28±3.35c	7.06±9.69b	7.99±3.75b	29.99	低
pH 值	5.67±0.34a	5.51±0.23a	5.47±0.26a	5.49±0.15a	1.45	不敏感
有机质 SOM/(g/kg)	23.38±6.55c	29.24±7.99v	52.43±15.77a	43.92±5.53b	36.84	低
全氮 TN/(g/kg)	0.64±0.26b	0.58±0.29d	0.74±0.34c	1.02±0.18a	20.98	低
铵态氮 NH_4^+-N/(mg/kg)	5.35±0.63a	5.49±1.38a	4.10±0.76c	4.97±0.45b	11.95	低
硝态氮 NO_3^--N/(mg/kg)	4.61±0.60c	7.19±0.76b	8.83±1.28a	7.64±0.93b	24.65	低
水解氮 AN/(mg/kg)	141.38±22.56a	98.73±29.33c	131.09±30.99b	109.68±60.07a	14.04	低
全磷 TP/(g/kg)	0.22±0.05b	0.18±0.04c	0.15±0.03c	0.31±0.18a	28.00	低
有效磷 AP/(mg/kg)	26.93±3.71a	19.30±6.23b	18.79±7.13b	16.65±5.03b	17.30	低
全钾 TK/(g/kg)	15.20±1.35a	11.58±1.74b	10.48±2.35c	8.85±3.16d	23.70	低
速效钾 AK/(mg/kg)	116.80±52.73b	89.34±29.38c	104.56±27.44c	176.38±30.38a	28.97	低
微生物量碳 MBC/(g/kg)	0.92±0.18a	0.49±0.33b	0.38±0.25c	0.46±0.13b	48.57	低
微生物量氮 MBN/(g/kg)	0.03±0.01b	0.03±0.01b	0.06±0.02a	0.02±0.01c	34.29	低
脲酶 UA/[mg/(g·d)]	0.82±0.12a	0.70±0.12b	0.65±0.21b	0.68±0.17b	9.06	不敏感

续表

指　　标	青冈川杨阔叶混交林	栓皮栎落叶阔叶林	石棉玉山竹林	冷杉云杉针叶混交林	变异系数/%	敏感度
蔗糖酶 SA/[mg/(g·d)]	1.80±0.51a	1.31±0.37b	1.21±0.34c	1.23±0.31c	19.12	低
过氧化氢酶 CA/[mg/(g·d)]	2.49±1.03a	2.57±1.07a	2.39±1.50a	1.53±0.65b	18.61	低
酸性磷酸酶 ACA/[mg/(g·d)]	0.84±0.12a	0.72±0.13b	0.69±0.14b	0.66±0.16c	9.39	不敏感

对总数据集 29 个指标进行方差分析，除土壤容重和黏粒外，其余 27 个指标均显著差异（$P<0.05$），根据土壤质量敏感度分级[151]，$C_v<10\%$，为不敏感；$10\%\leqslant C_v<40\%$，为低敏感；$50\%\leqslant C_v<100\%$，为中等敏感；$C_v\geqslant 100\%$，强敏感。其中，容重、总孔隙度、非毛管孔隙度、黏粒、细粒砂、中粉砂、粗粉砂、pH 值、脲酶和酸性磷酸酶变异系数<10%，属于不敏感指标，不作为土壤质量评价指标，综上，筛选出含水率、饱和持水量、毛管持水量、田间持水量、毛管孔隙度、细砂、有机质、全氮、铵态氮、硝态氮、水解氮、全磷、有效磷、全钾、速效钾、微生物量碳、微生物量氮、蔗糖酶和过氧化氢酶 19 个指标进入重要数据集。

8.6.2　20～30cm 土层土壤质量评价指标最小数据集的构建

主成分各指标荷载矩阵见表 8-10，对重要数据集的 19 个指标进行主成分分析，选择特征值≥1 土壤指标，结果见表 3；特征值≥1 主成分有 3 个，累计贡献率达 100.00%，主成分解释能力好。对 19 个指标进行筛选，荷载绝对值≥0.5 分为一组，若一个指标同时出现在多个主成分中，将其列入相关性较差的一组，本书中 PC1 包括含水率、饱和持水量、毛管孔隙度、有机质和硝态氮，Norm 值为 2.825、2.752、2.825、2.961 和 2.662，PC2 为全钾，Norm 值为 2.358，PC3 包括细砂，Norm 值为 2.045。

表 8-10　　　　　20～30cm 土层土壤主成分各指标荷载矩阵

指　标	PC1	PC2	PC3	分组	Norm	最小数据集 MDS
含水率 MWC	−0.967	−0.064	0.245	1	2.825	进入
饱和持水量 SMC	0.942	0.172	−0.288	1	2.752	进入
毛管持水量 CMC	0.838	0.429	−0.337	1	2.449	
田间持水量 FC	0.869	0.295	−0.399	1	2.539	
毛管孔隙度 CP	−0.967	−0.064	0.245	1	2.825	进入
细砂 FS	−0.239	0.138	0.961	3	2.045	进入
有机质 SOM	−0.999	−0.266	0.064	1	2.961	进入
全氮 TN	0.632	−0.471	0.615	1	1.847	
铵态氮 NH_4^+-N	−0.37	0.511	−0.776	3	1.652	进入
硝态氮 NO_3^--N	−0.911	−0.389	−0.136	1	2.662	进入

续表

指标	主成分 PC1	主成分 PC2	主成分 PC3	分组	Norm	最小数据集 MDS
水解氮 AN	0.634	−0.108	0.766	3	1.630	进入
全磷 TP	0.877	−0.479	0.034	1	2.562	
有效磷 AP	−0.56	0.784	0.268	2	1.910	
全钾 TK	0.163	−0.968	−0.191	2	2.358	进入
速效钾 AK	0.738	−0.664	0.12	1	2.156	
微生物量碳 MBC	0.619	0.494	0.611	1	1.809	
微生物量氮 MBN	−0.743	−0.639	0.197	1	2.171	
脲酶 UA	0.372	0.677	0.635	2	1.649	
过氧化氢酶 CA	−0.532	0.846	0.045	2	2.061	
特征值	8.537	5.933	4.530			
贡献率/%	44.933	31.227	23.840			
累计贡献率/%	44.933	76.160	100.000			

基于最小数据集 20～30cm 土层土壤土壤质量评价指标 Pearson 相关系数矩阵见表 8-11，按照最小数据集指标筛选原则，排除毛管持水量、田间持水量、全氮、全磷、有效磷、速效钾、铵态氮、硝态氮、微生物量碳、微生物量氮、蔗糖酶、过氧化氢酶 12 个指标，由相关性矩阵知，PC1 包括含水率、饱和持水量、毛管孔隙度、有机质和硝态氮，PC2 为全钾，PC3 包括细砂。最终，20～30cm 土层最小数据集的指标为含水率、饱和持水量、毛管孔隙度、细砂、有机质、硝态氮和全钾共 7 个指标。本书中初选指标共 29 个，进入最小数据集指标共 7 个指标，指标筛选过滤率达到 75.86%。

表 8-11 基于最小数据集 20～30cm 土层土壤土壤质量评价指标 Pearson 相关系数矩阵

指标	含水率 MWC	饱和持水量 SMC	毛管孔隙度 CMC	细砂 FS	有机质 SOM	水解氮 AN	全钾 TK
含水率 MWC	1.000						
饱和持水量 SMC	−0.761	1.000					
毛管孔隙度 CMC	0.992**	−0.837	1.000				
细砂 FS	0.466	−0.478	0.478	1.000			
有机质 SOM	−0.001	−0.627	0.123	−0.030	1.000		
水解氮 AN	−0.430	0.358	−0.441	0.570	−0.268	1.000	
全钾 TM	−0.925	0.553	−0.885	−0.648	0.301	0.115	1.000

注　**表示相关程度在 $P<0.01$ 显著性水平；*表示相关程度在 $P<0.05$ 显著性水平。

8.6.3　基于最小数据集的 10～20cm 土层土壤质量评价

10～20cm 土层土壤质量评价指标体系及权重分布见表 8-12，有机质、全钾含水率和毛管孔隙度是影响土壤质量的主要因素。基于总数据集 TDS 的土壤质量指数 SQI 计算

第8章 基于最小数据集不同林型土壤质量评价

公式如下：

TDS - SQI = 0.036S(MWC) + 0.035S(BD) + 0.036S(SMC) + 0.034S(CMC) + 0.033S(FC) + 0.041S(TTP) + 0.036S(CP) + 0.031S(Non - CP) + 0.031S(C) + 0.033S(FGS) + 0.035S(MSS) + 0.041S(CS) + 0.039S(FS) + 0.039S(pH) + 0.042S(SOM) + 0.034S(TN) + 0.037S(NH$_4^+$ - N) + 0.041S(NO$_3^-$ - N) + 0.031S(AN) + 0.028S(TP) + 0.033S(AP) + 0.03S(TK) + 0.03S(AK) + 0.036S(MBC) + 0.035S(MBN) + 0.033S(UA) + 0.029S(SA) + 0.031S(CA) + 0.032S(ACA)

基于最小数据集 MDS 的土壤质量指数 SQI 计算公式如下：

MDS - SQI = 0.148S(MWC) + 0.146S(SMC) + 0.148S(CP) + 0.135S(FS) + 0.15S(SOM) + 0.124S(AN) + 0.150S(TK)

式中：S 为各指标隶属度；MWC、BD、SMC、CMC、FC、TTP、CP、Non - CP、C、FGS、MSS、CS、FS、pH、SOM、TN、NH$_4^+$ - N、NO$_3^-$ - N、AN、TP、AP、TK、AK、MBC、MBN、UA、SA、CA 和 ACA 分别为含水率、容重、饱和持水量、毛管持水量、田间持水量、总孔隙度、毛管孔隙度、非毛管孔隙度、黏粒、细粒砂、中粉砂、粗粉砂、细砂、pH 值、有机质、全氮、铵态氮、硝态氮、水解氮、全磷、有效磷、全钾、速效钾、微生物量碳、微生物量氮、脲酶、蔗糖酶、过氧化氢酶和酸性磷酸酶。

基于不同数据集的 20～30cm 土层土壤质量指数如图 8-3 所示，不同林型基于总数据集和最小数据集土壤质量指数差异显著（$P<0.05$），总数据集土壤质量指数分布在 0.601～0.428，均值为 0.478，最小数据集土壤质量指数分布在 0.511～0.407，均值为 0.461，二者土壤质量指数由大到小均为青冈川杨阔叶混交林＞栓皮栎落叶阔叶林＞石棉玉山竹林＞冷杉云杉针叶混交林。所有林型土壤土壤质量等级属于"中"。

表 8-12　　　　　　　　10～20cm 土层土壤质量评价指标体系及权重分布

指　标	总数据集 TDS 公因子方差	总数据集 TDS 权重	最小数据集 MDS 公因子方差	最小数据集 MDS 权重
含水率	0.858	0.036	0.982	0.148
容重	0.847	0.035		
饱和持水量	0.857	0.036	0.974	0.146
毛管持水量	0.825	0.034		
田间持水量	0.799	0.033		
总孔隙度	0.992	0.041		
毛管孔隙度	0.858	0.036	0.982	0.148
非毛管孔隙度	0.752	0.031		
黏粒	0.740	0.031		
细粒砂	0.792	0.033		
中粉砂	0.844	0.035		

续表

指 标	总数据集 TDS 公因子方差	总数据集 TDS 权重	最小数据集 MDS 公因子方差	最小数据集 MDS 权重
粗粉砂	0.992	0.041		
细砂	0.926	0.039	0.895	0.135
pH 值	0.942	0.039		
有机质	0.999	0.042	0.999	0.150
全氮	0.806	0.034		
铵态氮	0.892	0.037	0.885	
硝态氮	0.991	0.041	0.941	
水解氮	0.734	0.031	0.827	0.124
全磷	0.679	0.028		
有效磷	0.784	0.033		
全钾	0.722	0.030	0.995	0.150
速效钾	0.712	0.030		
微生物量碳	0.862	0.036		
微生物量氮	0.832	0.035		
脲酶	0.785	0.033		
蔗糖酶	0.701	0.029		
过氧化氢酶	0.747	0.031		
酸性磷酸酶	0.772	0.032		

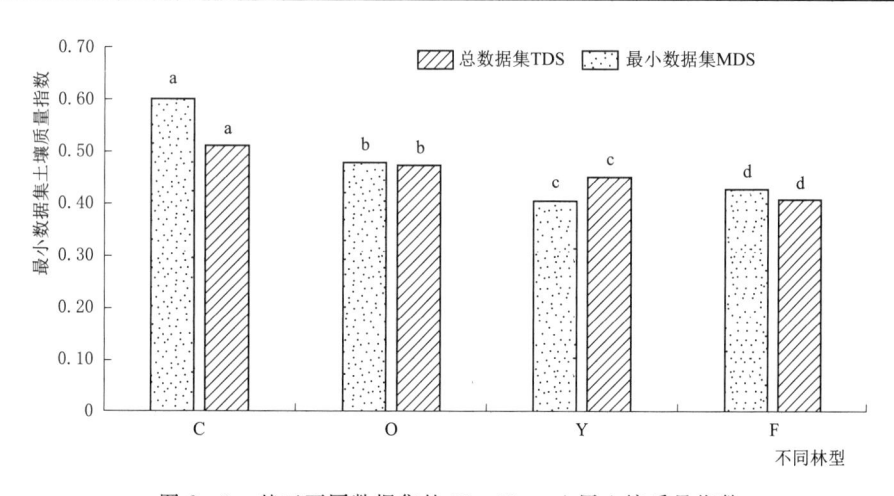

图 8-3 基于不同数据集的 20～30cm 土层土壤质量指数

8.7 土壤质量评价精度验证

利用Nash有效系数（E_f）和相对偏差系数（E_R）评价基于最小数据集土壤质量指数精度。有效系数越接近1，相对偏差系数越接近于0，表示精度越高。其计算式见式（8-7）、式（8-8）[95]：

$$E_f = 1 - \frac{\sum(R_0 - R_c)^2}{\sum(R_0 - R_a)^2} \tag{8-7}$$

$$E_R = \Big| \sum_{m=1}^{M} R_0 - \sum_{m=1}^{M} R_c \Big| \Big/ \sum_{m=1}^{M} R_0 \tag{8-8}$$

式中：R_0 与 R_a 分别为基于全数据集土壤质量指数和全数据集土壤质量指数均值；R_c 为基于最小数据集土壤质量指数。

不同林型0～30cm土层土壤全数据集土壤质量指数范围为0.601～0.428，均值为0.492，变异系数为10.91%；不同林型0～30cm土层土壤最小数据集土壤质量指数范围为0.574～0.407，均值为0.485，变异系数为10.49%，二者属低变异，但总数据集土壤质量指数波动较大。

0～10cm土层土壤总数据集和最小数据集Nash系数和相对偏差为0.708和0.013，10～20cm土层土壤总数据集和最小数据集Nash系数和相对偏差为0.722和0.011，20～30cm土层土壤总数据集和最小数据集Nash系数和相对偏差为0.539和0.036，土壤总数据集和最小数据集Nash系数和相对偏差均值为0.656和0.011，由图8-4知，且两者显著正相关（$R^2=0.883$，$P<0.05$），因此，可采用MDS代替TDS来评价研究区不同林型和土层土壤质量。

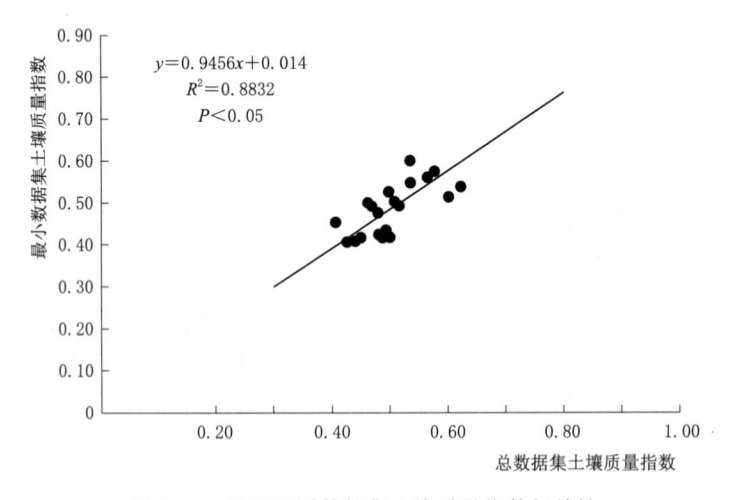

图8-4 基于不同数据集土壤质量指数相关性

8.8 小　　结

（1）不同林型，0~10cm 土层土壤容重、中粉砂、过氧化氢酶和酸性磷酸酶无差异显著；其余指标均显著差异（$P<0.05$）。整体土壤容重、pH 值、有机质、全氮、有效磷、全钾、速效钾和水解氮养分分级为"适宜""弱酸性""极高""中上""高""高""高"和"高"水平；10~20cm 土层土壤容重和黏粒无差异显著；其余指标均显著差异（$P<0.05$）。土壤容重、pH 值、有机质、全氮、有效磷、全钾、速效钾和水解氮养分分级为"适宜""微酸""高""中""高""中上""中上"和"高"水平；20~30cm 土层土壤容重和黏粒无差异显著；其余指标均显著差异（$P<0.05$）。不同林型整体土壤容重、pH 值、有机质、全氮、有效磷、全钾、速效钾和水解氮养分分级为"偏紧""微酸""高""中""高""中上""中上"和"高"水平。

（2）本书初选含水率、容重、饱和持水量、毛管持水量、田间持水量、总孔隙度、毛管孔隙度、非毛管孔隙度、黏粒、细粒砂、中粉砂、粗粉砂、细砂、pH 值、有机质、全氮、铵态氮、硝态氮、水解氮、全磷、有效磷、全钾、速效钾、微生物量碳、微生物量氮、脲酶、蔗糖酶、过氧化氢酶和酸性磷酸酶 29 个指标作为不同林型土壤质量评价总数据集指标，通过主成分分析（PCA）、结合 Norm 值、敏感性分析和相关性分析，建立四川栗子坪自然保护区土壤质量评价最小数据集，进行土壤质量评价。其中，0~10cm 土层最小数据集的指标包括饱和持水量、毛管持水量、田间持水量、细粒砂、有机质、硝态氮、非毛管孔隙度、黏粒、细砂、微生物量碳、脲酶、水解氮和蔗糖酶 13 个指标；10~20cm 土层最小数据集的指标包括有机质、全磷、速效钾、微生物量氮、非毛管孔隙度、水解氮和蔗糖酶 7 个指标；20~30cm 土层最小数据集的指标包括含水率、饱和持水量、毛管孔隙度、细砂、有机质、硝态氮和全钾 7 个指标。

（3）4 个林型，0~10cm 土层最小数据集土壤质量指数分布在 0.574~0.415，均值为 0.502，10~20cm 土层土壤质量指数分布在 0.548~0.458，均值为 0.492；20~30cm 土层土壤质量指数分布在 0.511~0.407，均值为 0.461。所有土层最小数据集土壤质量由高到低均为青冈川杨阔叶混交林＞栓皮栎落叶阔叶林＞石棉玉山竹林＞冷杉云杉针叶混交林。不同林型间土壤质量差异显著（$P<0.05$），土壤土壤质量等级均属于"中"。

（4）0~10cm 土层土壤总数据集和最小数据集 Nash 系数和相对偏差为 0.708 和 0.013，10~20cm 土层土壤总数据集和最小数据集 Nash 系数和相对偏差为 0.722 和 0.011，20~30cm 土层土壤总数据集和最小数据集 Nash 系数和相对偏差为 0.539 和 0.036，土壤总数据集和最小数据集 Nash 系数和相对偏差均值为 0.656 和 0.011，且两者显著正相关（$R^2=0.883$，$P<0.05$），因此，可采用 MDS 代替 TDS 来评价研究区不同林型和土层土壤质量。

第9章

数据预处理和特征波长变量选择

9.1 原始光谱预处理及曲线特征分析

植物具有典型的"峰谷"光谱特征,由图9-1可知:11种典型植物叶绿素含量不同,其中竹子叶片叶绿素含量平均值高于其他冠层植物,叶绿素含量由高到低排序为丰实箭竹>石棉玉山竹>峨热竹>荚蒾>空柄玉山竹>胡颓子>倒挂刺>金丝桃>瑞香>野蓝莓>猫儿刺,不同植物含有不同色素,因此也会造成各植物光谱反射的差异。

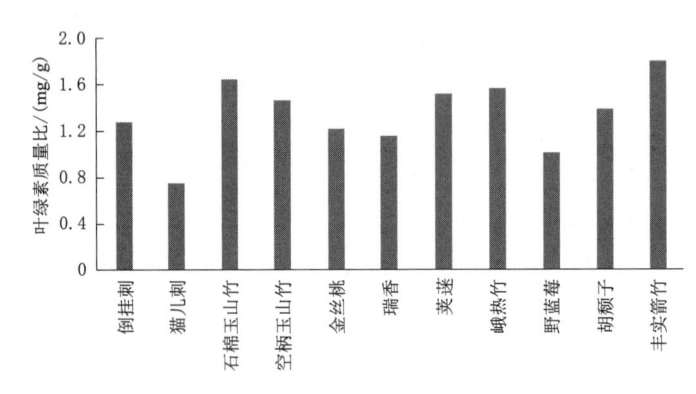

图9-1 典型植物叶绿素含量

由图9-2不同冠层原始光谱响应曲线可知:11种冠层植物光谱响应曲线特征趋势基本一致,525nm光谱曲线明显递增,585~700nm形成一个明显的反射峰,不同植物光谱反射率不同,350~700nm波段反射率由大到小依次是胡颓子>野蓝莓>倒挂刺>金丝桃>空柄玉山竹>瑞香>荚蒾>峨热竹>石棉玉山竹>猫儿刺>丰实箭竹,植物光谱特征在这个波段与叶绿素含量呈相反关系,叶绿素含量高的植物光谱反射绿较低,由于叶绿素的吸收作用,在此波段植物的反射率较低,400~500nm波段植物叶片还可能会受到水分的影响,在550nm左右,在蓝色、红光(680nm)分别有两个吸收谷,680~750nm是快速上升的区域,在可见光区(400~760nm),样品的光谱特点为:先增加后减少,且有明显的反射率和吸收谷,700nm附近光谱反射率呈直线上升趋势,790~875nm植物反射率逐渐平缓,890~1000nm光谱曲线有一个明显的吸收谷,在可见光区(400~760nm),其光谱特征是先增后减,有明显的反射峰和吸收谷,在近红区(760~1300nm)范围呈先上升后下降趋势。

总体上看,除760~800nm的波段,在不同的叶绿素浓度下,植物的光谱反射率变化

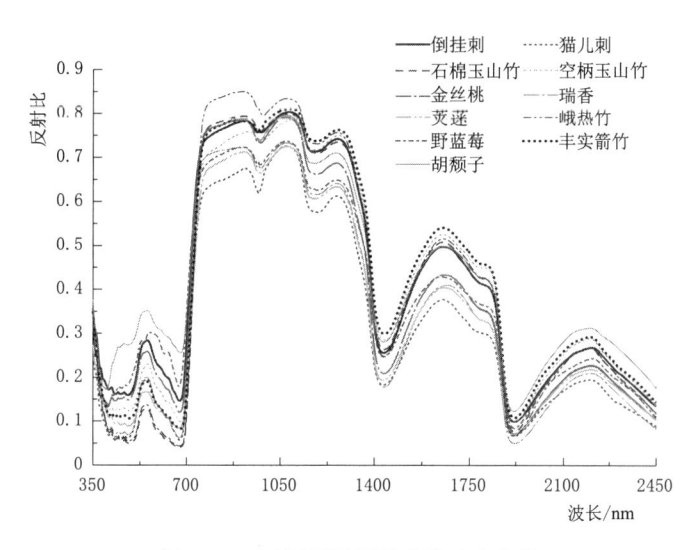

图 9-2 不同冠层原始光谱响应曲线

更易分辨，700~950nm 波段反射率由大到小依次是峨热竹＞石棉玉山竹＞丰实箭竹＞金丝桃＞胡颓子＞倒挂刺＞空柄玉山竹＞瑞香＞野蓝莓＞荚蒾＞猫儿刺，在 850~1070nm 出现明显反射峰，11 中典型植物出现较高的光谱反射率，主要原因是植物内部结构不同，其中叶片原始光谱反射率在波段 750~1300nm 和 1400~1900nm 出现明显差异性，在这个波段植物受水分含量与 CO_2 的影响，尤其是在 1360~1470nm 波段，植物的叶绿素对绿光具反射作用，对蓝光和红光却有很强的吸收能力，这与叶片上部的光合作用有很大的关系，下部则受到很小的光照射，从而导致其光合能力较弱，而下层叶片接收到的光照较少，因而光合作用叶绿素含量相对较低[83]。

9.1.1 数据集划分方法

通过划分样本结合距离样本划分方法（sample set partitioning based on joint X-Y instances，简称 SPXY），通常情况下，数据集划分有三种常见的方法，即用随划分区来选择建模样本，在实际应用中，较难体现建模集样本的代表性与模型的普适性，且预测能力差；K-S 方法克服了传统的随机选择方法存在的缺点，基于样本的欧式距离在特征空间中均匀选择，但计算量较大，需要进行多次的运算，SPXY 方法既能兼顾阵列和密度阵参量对模型参数的作用，增加模型的校正速度，又能获得更好的模型集合 SPXY 方法从理论上提出了一种新的思路[84]。

考虑光谱与浓度之间的关系，本书通过 SPXY 优化样本集合，试验依据树冠不同分层共采集 990 条有效样本，70% 作为训练样本，30% 作为验证集验证模型的精度，样本统计特征见表 9-1。

$$d_{xy} = \frac{d_x(i,j)}{\max_{i,j \in (1,z)}[d_x(i,j)]} + \frac{d_y(i,j)}{\max_{i,j \in (1,z)}[d_y(i,j)]} \quad (9-1)$$

式中：$d_x(i,j)$ 为各光谱样本之间的距离；$d_y(i,j)$ 为以浓度样本特征参数之间的欧式距离；z 为样本数。划分时，d_x 和 d_y 分别除以各自最大值，达到标准化的目的，从而得到每个样本之间的 $x-y$ 距离作为样本选择时的权重。

表 9-1　　　　　　　　　　　　叶绿素样本统计

数据集	样本数	最小值	最大值	平均值	标准差	差异系数/% 平均值居中	差异系数/% 中位数居中
总样本	990	0.483	2.058	1.310	0.367	28.0	31.2
建模集	660	2.058	0.483	1.306	0.077	23.8	28.7
验证集	330	2.058	0.494	1.316	0.081	28.2	32.2

9.1.2　SG 滤波

由于受到环境、测量仪器和所测光谱本身特征等多种影响，采集的光谱数据含有大量的噪音和水分，利用光谱平滑技术可以有效地减少噪声信息，但在处理时需要注意平滑尺度，否则会减弱其峰值和波谷。尺度太小会导致噪音抑制效果差，本书采用 SG 滤波对原始光谱进行预处理。由于光谱两端信噪比较低，选取了 400～1350nm 的高光谱仪的波段，并对其进行了消噪处理，去除末前端 350～399nm，超出固有范围的视为噪声波段进行剔除。在实际测量中，SG 滤波算法是一种基于最小二乘原理的多项式平滑算法，选取大小为 $(2m+1)$ 的平滑窗口，然后把窗口内的所有样本数据作为一个数据集，各测量点 $x=[-m,1-m,\cdots,0,1,\cdots,m]$，采用多项式（9-2）对其拟合[85]。

$$x^i = \frac{\sum_{i=-j}^{i=j} w_i \cdot x_{i+1}}{N} \tag{9-2}$$

式中：x_i 为波长 i 光谱反射率；w_i 为系数；$N=2m+1$ 为平滑窗口大小。通常，当 m 变大时，则光谱平滑趋势越显著，运行多项式次数越小平滑效果越好，但会存在异常值；而次数越大则带来过拟合，易保留较多的噪声信息，所以，采取合适的窗口大小来平滑，才可以恰当地保留曲线特征，提取主要信息。

由图 9-3 原始数据经 SG 滤波预处理后，明显增强了光谱曲线的吸收与反射特征，在（415～485nm）、（875～1200nm）、（1050～1225nm）、（1575～1750nm）以及（2100～2275nm）具有较强的反射峰，不同植物反射峰出现的波段近似但各不相同，（375～525nm）、（575～700nm）、（890～900nm）、（1050～1250nm）、（1400～1490nm）和（1900～1950nm）出现明显的吸收谷，吸收谷深度越大，则吸收强度越弱。（350～700nm）波段反射率由大到小依次是胡颓子＞野蓝莓＞倒挂刺＞金丝桃＞空柄玉山竹＞瑞香＞莢蒾＞峨热竹＞石棉玉山竹＞猫儿刺＞丰实箭竹，（700～950nm）波段反射率由大到小依次是峨热竹＞石棉玉山竹＞丰实箭竹＞金丝桃＞胡颓子＞倒挂刺＞空柄玉山竹＞瑞香＞野蓝莓＞莢蒾＞猫儿刺，经 SG 滤波处理的光谱曲线与原始光谱曲线反射特征走势以及最大反射率与吸收出现的光谱波段范围基本一致，局部光谱响应曲线特征更为明显精确，全波段光谱曲线较原始光谱曲线平滑，去掉部分因环境和仪器造成的光谱曲线抖动。

9.1.3　多元散射校正

多元散射校正（Multiplicative Scatter Correction，简称 MSC）主要通过光谱增强主要包括主要是消除被测样品引起本身页面粗糙以及叶片绒毛带来的干扰，平滑分布不均匀产生的散射效应，该方法本质与标准化比较类似，一般用于固体漫反射和浆状物透射和反

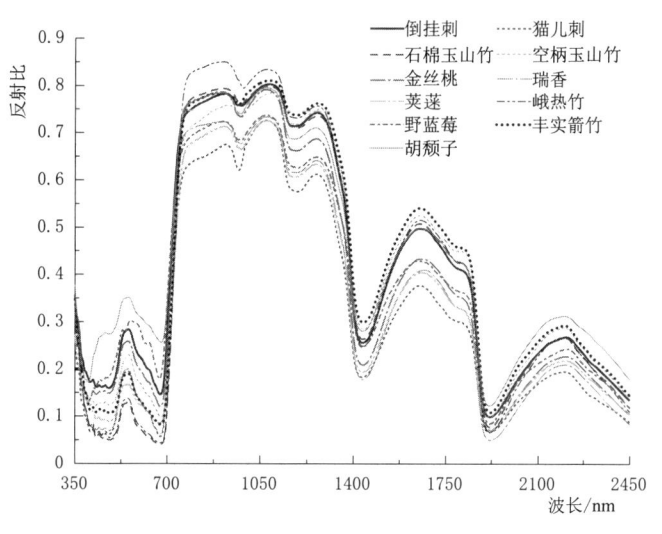

图 9-3 原始数据经 SG 滤波预处理

射光谱预处理。对于每一条光谱，具体算法如下。

（1）计算平均光谱。

$$\overline{A} = \sum_{i=1}^{n} A_i / n \tag{9-3}$$

（2）线性回归。

$$A = m_i \overline{A} + b_i \tag{9-4}$$

（3）MSC 校正。

$$A_{i(MSC)} = \frac{(A_i - b_i)}{m_i} \tag{9-5}$$

式中：n 为样本数量；A_i 为第 i 个样品的光谱；m_i 和 b_i 为第 i 个样品的线性回归的斜率和截距。

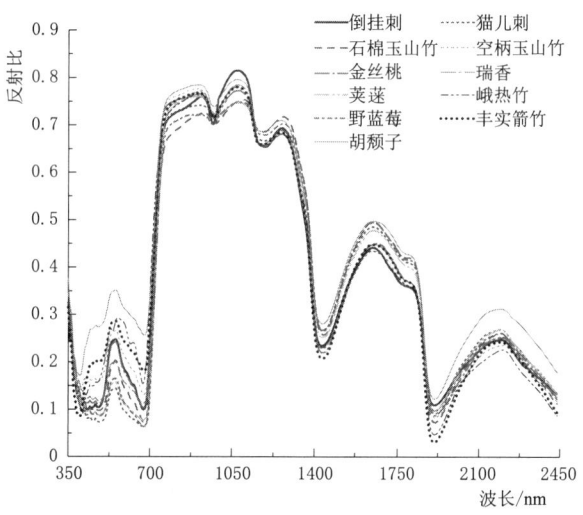

图 9-4 原始数据经 MSC 滤波预处理

9.1.4 标准正态变量变化

标准正态变换（Standard Normal Variate，简称 SNV）前提假设每条光谱的反射率应满足一定的分布（如正态分布），基于这个假设，从而尽量消除各波段的散射误差影响。具体算法如下。

（1）计算平均光谱。

$$\overline{x_i} = \frac{\sum_{j=1}^{p} x_{ij}}{p} \tag{9-6}$$

（2）计算标准差。

$$S_i = \sqrt{\frac{\sum_{j=1}^{p}(x_{ij} - \overline{x_i})}{p-1}} \tag{9-7}$$

（3）SNV 变换。

$$Z_{ij} = \frac{x_{ij} - \overline{x_{ij}}}{s_i} \tag{9-8}$$

式中：i 为样品数量；p 为光谱点数。

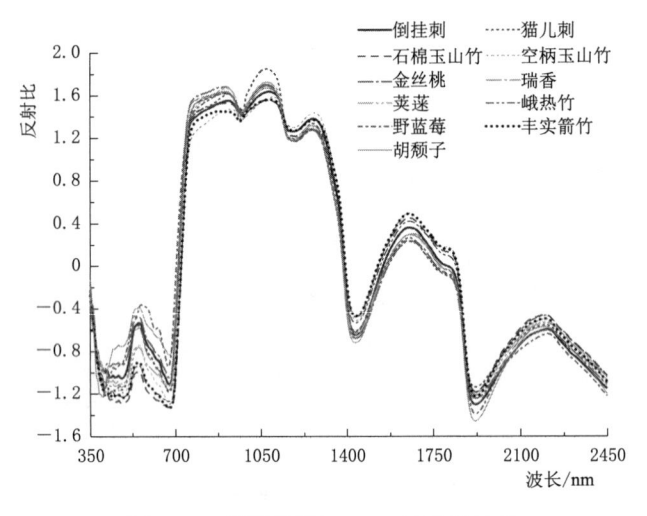

图 9-5 原始数据经 SNV 滤波预处理

9.1.5 叶片叶绿素含量与光谱反射率间相关性

通过对平滑后的叶片光谱数据与叶片叶绿素含量进行（Pearson）相关分析经过预处理后的光谱数据（表 9-2），可以有效减少相关数据的重叠[86]，尝试将光谱全波段光谱信息与冠层叶片叶绿素含量相关性分析，$|\rho|$ 相关性较强的波段出现在 700~1000nm，经 SG 平滑处理后的实测光谱曲线进行叶绿素含量之间相关性可知，$|\rho|$ 大于 0.99 波段出现在可见光区域和近红外区域 760~820nm，其中叶 SG 滤波和 SNV 处理敏感波段集中蓝光波段和近红外波段 759~1000nm，$|\rho|$ 的前 3 最大分别为 0.997、0.996 和 0.995；SG 滤波和标准正态变量变化的蓝光波段和近红外波段 700~800nm，$|\rho|$ 最大为 0.994，总

之 700~1000nm 附近波段与叶绿素含量相关性最高,相关性强。

表 9-2　　　　　　　　　　　不同预处理相关性波段

植物类型	SG (λ)	SG |ρ|	SNV (λ)	SNV |ρ|	MSC (λ)	MSC |ρ|
倒挂刺	787	0.965	759	0.997	787	0.985
	788	0.964	760	0.996	788	0.985
	789	0.963	761	0.995	789	0.984
石棉玉山竹	975	0.984	960	0.867	856	0.875
	976	0.985	961	0.868	857	0.870
	977	0.94	962	0.870	858	0.865
金丝桃	756	0.987	760	0.990	831	0.875
	757	0.985	761	0.988	832	0.875
	758	0984	762	0.986	833	0.875
荚蒾	820	0.997	977	0.997	749	0.997
	821	0.997	978	0.997	750	0.992
	822	0.996	979	0.996	751	0986
野蓝莓	760	0.994	889	0.980	808	0.985
	761	0.994	890	0.980	809	0.985
	762	0.993	891	0.979	810	0.984
胡颓子	763	0.984	759	0.989	757	0.994
	764	0.982	760	0.988	758	0.992
	765	0.980	761	0.986	759	0.991
猫儿刺	796	0.987	841	0.983	848	0.848
	797	0.985	842	0.987	849	0.849
	798	0.981	843	0.971	850	0.701
空柄玉山竹	804	0.893	749	0.979	751	0.849
	805	0.892	750	0.906	752	0.809
	806	0.895	751	0.849	753	0.800
瑞香	684	0.984	799	0.998	799	0.998
	685	0.982	800	0.990	800	0.990
	686	0.981	801	0.984	801	0.984
峨热竹	761	0.961	749	0.963	749	0.963
	762	0.961	750	0.846	750	0.845
	763	0.956	751	0.750	751	0.748
丰实箭竹	799	0.980	799	0.986	799	0.986
	800	0.930	800	0.938	800	0.938
	801	0.866	801	0.906	801	0.906

注　(λ) 为波长;\|ρ\| 为相关系数。

9.2 特征波长变量选择

9.2.1 连续投影算法筛选特征波段

针对典型植物冠层，构建全光谱波段预测模型，不但耗时长、计算难度大，而且因全波段光谱内存在大量的信息冗余与干扰，造成模型预测精度降低。提取特征变量的目的是在光谱建模之前，从大量原始光谱数据中筛选出具有代表整个波段信息的少量组合波段，以减少运算时间提高模型精度[87]。相对于全波段模型，利用已有的特征参数带进行模型构造，可以极大地简化模型，降低计算量，并增强预测模型的预测能力和鲁棒性[88-89]。

基于 SPA 法进行典型冠层植物叶绿素含量反演模型的特征波长提取结果如图 9-6 所示。SPA 法在运算过程中通过分析投影向量的大小进行特征波长变量的筛选，通过计算

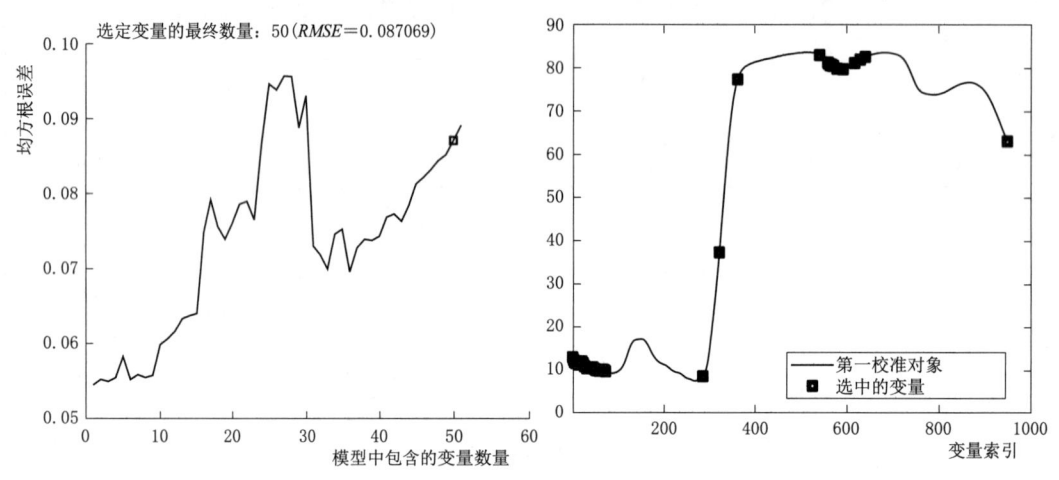

(a) 原始光谱经SPA选择变量数和特征变量算法特征图

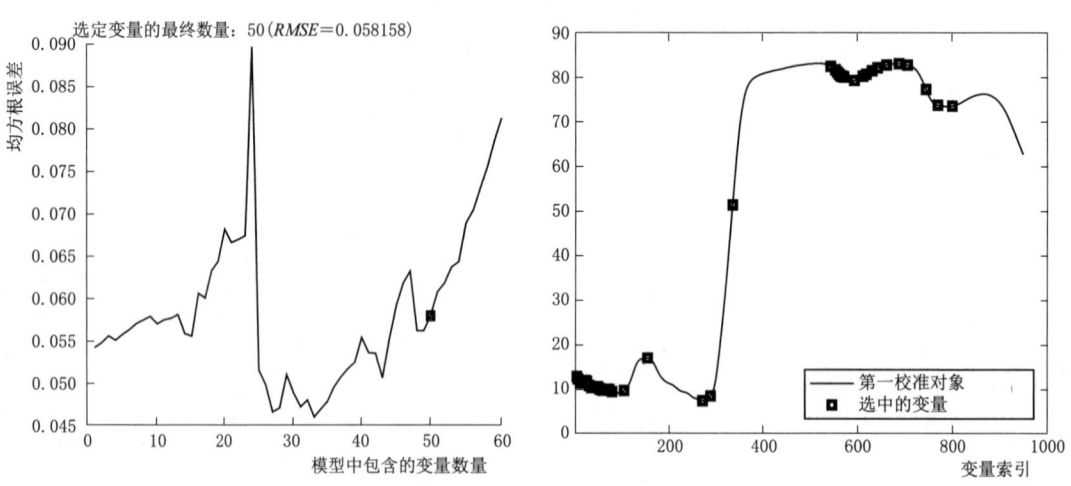

(b) SG-SPA选择变量数和特征变量算法特征图

图 9-6（一） SPA 筛选特征波长

(c) SNV-SPA选择变量数和特征变量算法特征图

(d) MSC-SPA选择变量数和特征变量算法特征图

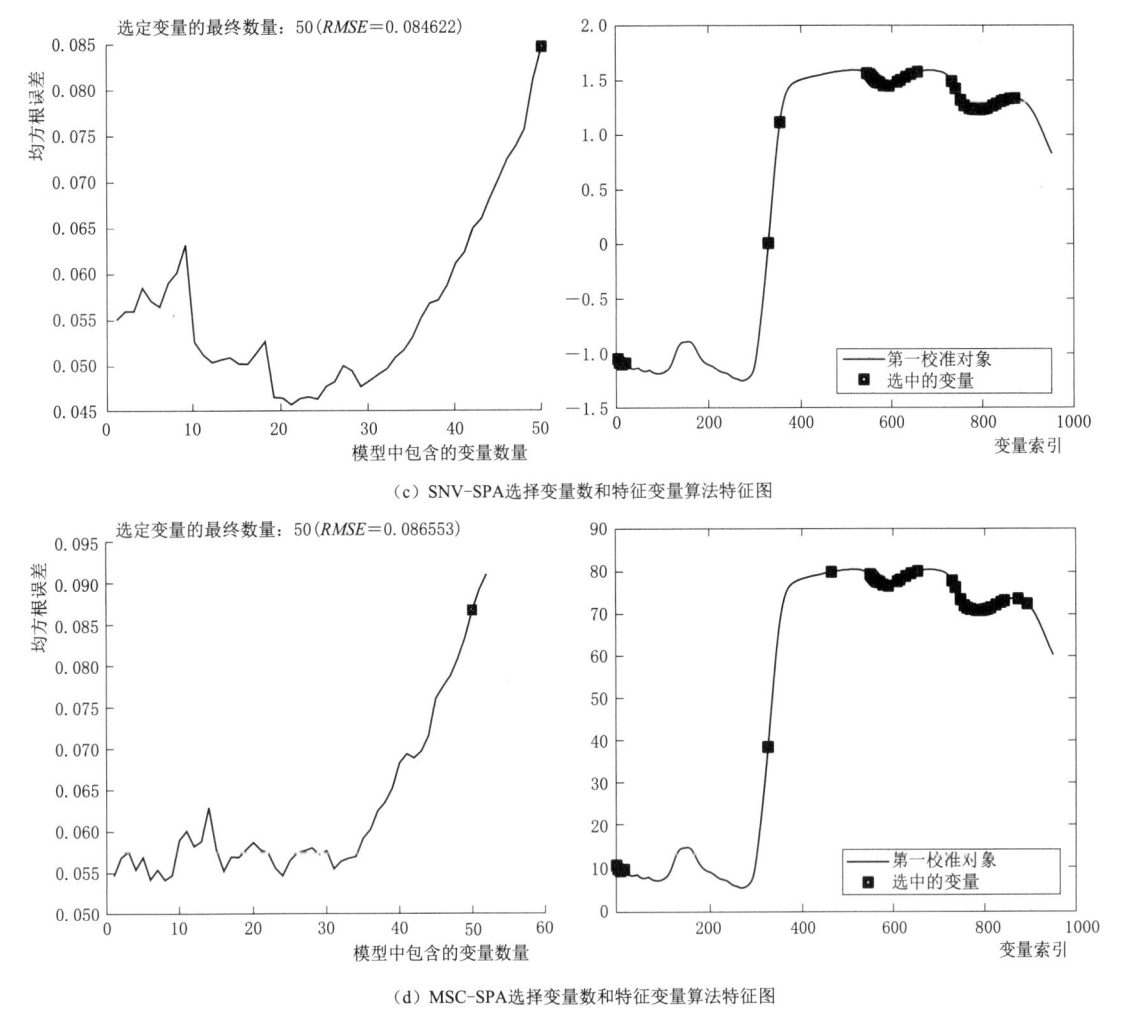

图 9-6（二） SPA 筛选特征波长

误差值的 RMSE 最小值，以对应的波长子集即为优选波长。由图 9-6（a）可见，随变量数的增加，RMSE 值逐渐减小，"□"表示最小 RMSE 值对应的即为最优特征波长变量。经 SPA 法后分别筛选出 50 个特征波长用于建立最优的典型冠层植物叶绿素含量反演模型，剔除的变量数分别为 392 个和 389 个，所选变量占波段的 3.91% 和 4.49%。

连续投影算法（Successive Projections Algorithm，简称 SPA）是目前广泛使用的一种光谱特性筛选方法[90]，在一个完整的波长带内任意选取一个波长点 i，从 i 开始运用连续投影方法选择与 i 相关性最小的波长形成一个波长子集，继续上一过程的操作，然后运用到整个波段，最后统计整个波段的波长子集。丰实箭竹（771~795nm），胡颓子（766~892nm），瑞香（670~871nm），野蓝莓（685~802nm），倒挂刺（704~905nm），峨热竹（678~769nm），荚蒾（765~971nm），金丝桃（706~929nm），空柄玉山竹（620~705nm），猫儿刺（668~728nm），石棉玉山竹（635~916nm），其中瑞香、丰实箭竹、野蓝莓、峨热竹、空柄玉山竹、猫儿刺和石棉玉山竹在可见光区域向近红外区域偏移、胡颓子、倒挂刺、荚蒾和金丝桃出现了尺度较大的"蓝移"。大量研究表明：植物的红边位置受生物量、气候变化变化及植物本身叶绿素的影响程度最大。当植物的生长旺期且叶片叶绿素含量显著增加时，在此过程中，红色边缘的位置会发生改变，朝长波（也就是红外）的方向移动（"红移"）。但在植物遭受其他因子（如环境压力、虫害等）的作用下，红色边缘会发生向短波移动（"蓝移"）。

表9-3　　　　　　　　　　叶绿素含量预测模型输入变量分组

预处理方法	特　征　波　段	变量数
原始+SPA	451、636、917、909、400、448、501、423、416、407、918、402、1204、414、420、1299、413、428、915、453、935、662、916、919、914、686、621、441、910、404、958、419、706、422、1035	35
SG+SPA	441、1035、970、451、636、917、909、400、448、501、423、417、910、416、404、407、958、918、402、1204、414、419、420、706、1299、413、428、915、453、935、422、662、916、919、411、914	36
SNV+SPA	441、1035、970、451、636、917、909、400、448、501、423、417、910、416、404、407、958、918、402、1204、414、419、420、706、1299、413、428、915、453、935、422、662、916、919、411、914	36
MSC+SPA	907、405、1009、1236、914、902、911、1122、989、1184、901、1249、970、906、904、912、511、1116、917、1299、1092、1002、897、1021、958、1167、697、1192、919、940、1110、1103、1142、651、918、977、1153、1079、910、909、1134、930、682、915、916、908、913	50

由表9-3可知：采用 SPA 算法筛选特征波段会因预处理方法的结果不同，原始数据经 SPA 提取的特征波长数量较 SG+SPA、SNV+SPA 和 MSC+SPA 提取的变量数少，变量数分别为35、36、36和50，其波段范围近似但不相同，原始数据、SG-SPA 和 MSC-SPA 经 SPA 特征提取后出现1299nm 波段，SG-SPA 和 MSC-SPA 出现共同波段完全相同，变量数也相同，原始数据提取的特征变量数最少，未达到减少特征变量的效果，使目标数据存在较多的数据冗余，影响后续建模，MSC-SPA 组合提取特征波长在波段和变量上优于 SG-SPA 和 SNV-SPA 组合，所选的波段范围集中在（400～900nm）和（900～1200nm）。SG 滤波和 SNV 处理敏感波段集中蓝光波段和近红外波段（450～1000nm），与之前通过预处理在蓝光波段和近红外波段（400～739nm）和（400～1000nm）附近波段与叶绿素含量相关性最高结果一致。

9.2.2　竞争性自适应重加权算法筛选特征波段

竞争性自适应重加权算法（Competitive Adaptive Reweighted Sampling，简称 CARS）是目前普遍使用筛选特征波长的一种方法，其方法保留 PLS 模型中回归系数绝对值权重较大的点作为新的子集，原理是利用偏最小二乘法反复筛选并保留回归系数权重大的系数同时消除权重值小的系数，再通过均方根误差来检验选取子集特征波长[91]。

基于 CARS 法对11种冠层植物高光谱数据预处理提取敏感波长过程如图9-8所示，

9.2 特征波长变量选择

经多次计算，选择 PLS 模型交叉验证均方根误差（RMSECV）最小的子集中的波长作为特征波长。针对 CARS 法中的蒙特卡罗采样随着采样次数的不同呈现不同的运算结果[92-93]，以原始高光谱及不同预处理结合特征波长提取出的敏感波长分别作为输入数据，经过多次试验，选取最优波长子集，经过多次采样训练子集，当采样次数为 100 时，均方根误差（RMSECV）值最小，提取效果最优，故设定采样次数为 100，CARS 法选取最小交互验证均方根误差（root means square error，简称 RMSE）最小值对应的（蓝色"＊"线）波长集为敏感波长。分析结果如图 9-7 所示。

(a) CARS选择特征变量(原始光谱)

(b) CARS选择特征变量(SG预处理)

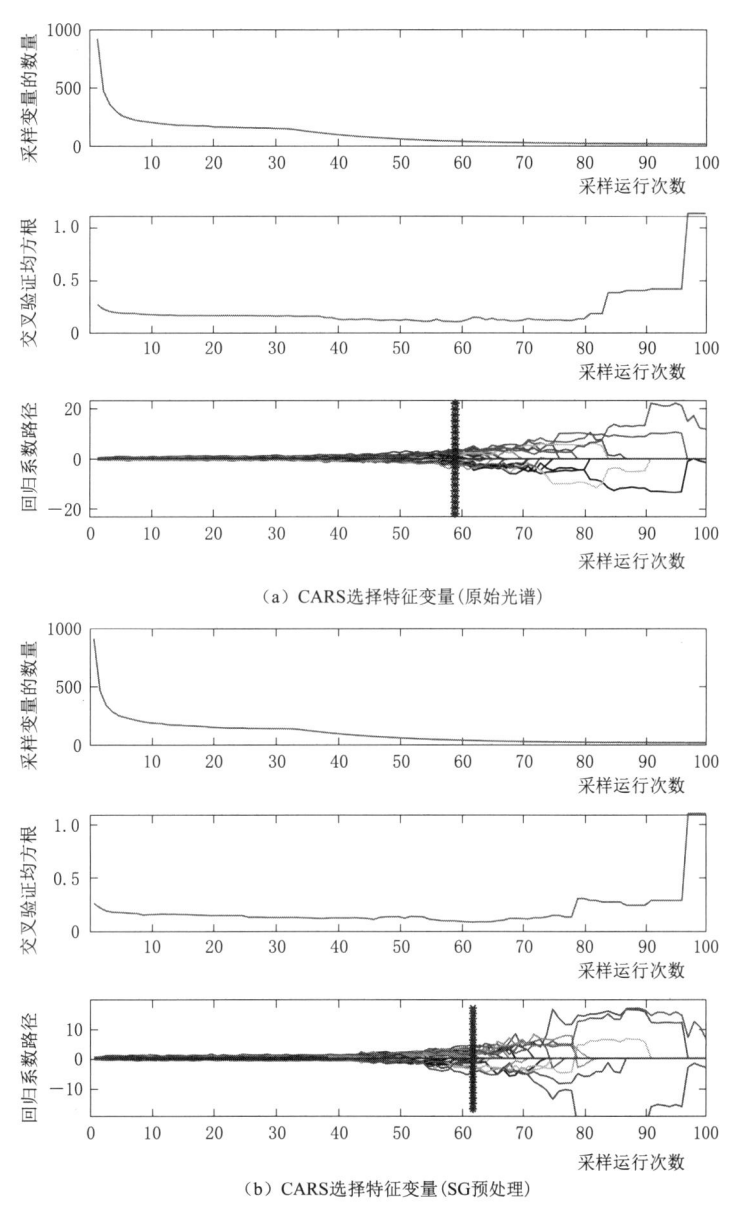

图 9-7（一） CARS 法选择特征变量图

(c) CARS选择特征变量(SNV预处理)

(d) CARS选择特征变量(MSC预处理)

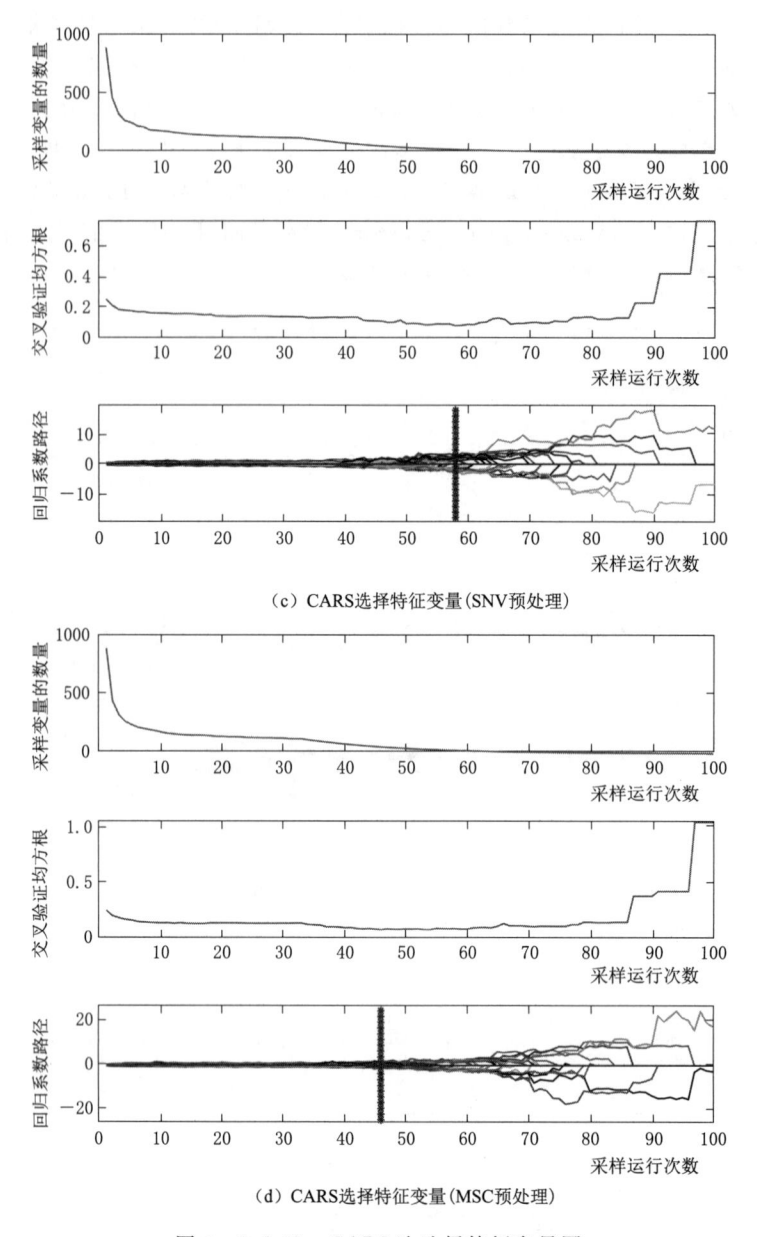

图9-7（二） CARS法选择特征变量图

通过CARS法筛选高光谱反演模型的最优波长，图9-7（a）～（d）可知：原始数据经SG-CARS（b）、SNV-CARS（c）和MSC-CARS（d）预处理后，结果各不相同，经过多次运行，迭代次数的增加，在筛选特征变量过程中，左端阈值运行速度较右端快，其保留的特征波段较少，运行轨迹相对平滑，经过平滑后的数据经CARS筛选的特征变量效果优于原始光谱数据，能得到较少的特征变量组，所得到的RMSECV误差值更小，所选的波长数量见图9-7（a）～（d）可知，采样时运行第58次和第46次时，RMSECV值最小，值为0.17，筛选对应的最优波长数经筛选踢出分别为31个和49个，剔除的变量数分别为471个和416个，所选变量占全波段的8.01%和18.75%。CARS法筛选特征波段在在众多信息中搜寻冗余信息最少的变量组，可有效消除各变量组之间的共性，MSC-CARS、SG-CARS和SNV-CARS较原始CARS所获得的征量变量较少，且RMSEVC误差较小，其筛选特征变量的效果较优。

由表9-4可知：CARS法筛选特征波段会因预处理方法的结果不同，提取的特征变量数排序依次为原始+CARS＞MSC+CARS＞SG+CARS＞SNV+CARS，变量数分别为42、33、31和49，其波段范围近似但不相同，MSC+CARS组合提取特征波长在波段和变量上优于SG+CARS和SNV+CARS组合，所选的波段范围集中在（400～900nm）和（900～1200nm）蓝光波段。综合变量数和RMSECV误差值CARS算法能够消除各波长变量之间的数据重叠共线的影响，从光谱数据中充分提取冗余信息的变量组，提炼与之构建模型所需的有效数据，在不同预处理方法经CARS特征提取过程中具有相似性，能够满足提取特征变量的需求。

表9-4　　　　　　　　　　叶绿素含量预测模型输入变量分组

预处理方法	特　征　波　段	变量数
原始+CARS	410、420、906、912、407、419、456、735、843、857、868、869、876、907、908、912、946、981、374、622、626、627、628、632、918、1150、1261、555、597、679、680、653、656、660、674、675、676、677、940、904、1028、1029	42
SG+CARS	895、906、912、914、389、392、419、717、917、941、980、981、1013、1015、1110、1111、613、617、618、621、624、625、626、629、630、631、661、684、1210、1211、653、675、946	33
SNV+CARS	410、871、913、691、419、449、828、831、832、839、843、857、866、868、869、876、907、908、1015、1111、1112、1113、494、797、800、801、802、803、936、937、1028	31
MSC+CARS	770、905、911、913、1125、1126、1299、419、828、830、831、867、868、947、982、1014、1015、1114、1110、1111、1112、1113、513、593、594、684、685、842、1147、1148、1150、387、407、429、561、645、646、789、839、888、902、905、907、914、978、989、990、1096	49

9.2.3　SPA和CARS选择特征波长效果对比

经过预处理的数据作为数据组的输入变量，SPA在提取特征波长时以不同树种叶绿素含量为其输出变量，筛选出于叶绿素含量相关的特征波长，提取每组数据获得波段的重叠波段，这些波段可能对分类贡献较大，将所有数据组的重叠波段汇总表9-4和表9-5，波段个数随着重叠频率的增高而下降，本书提取的波段集中在771～795nm、766～892nm、670～871nm、685～802nm、704～905nm、678～769nm、765～971nm、706～929nm、620～705nm、668～728nm和635～916nm，基本重叠在400～1000nm波段。SPA选择敏感的特征波段变量数不同相应的误差值也不相同，预处理过的数据在SPA特征提取时所选特征光谱具有相似性,所选出的特征波长却不完全相同,不同预处理通过SPA特征提取可以横向对照筛选,表明了光谱数据进行波长筛选的合理性和有效性。

表9-5　　　　　　　　　　预处理变量筛选结果

处理方法	样本数	变量筛选最优次数	RMSECV最小值	占总变量数的百分比
原始光谱	990	59	0.25	0.042
SG预处理	990	62	0.2	0.033
SNV预处理	990	58	0.17	0.031
MSC预处理	990	46	0.17	0.049

SG、SVN与MSC预处理下进SPA后提取敏感波长波段数量近似。可以看出,原始光谱和SG滤波提取出敏感波长数最少,分别为59个和62个,MSC结合SPA提取出敏感波长数有46个,不同预处理后高光谱所提取敏感波长数由大到小的排序为:原始=SG<SNV<MSC,所选敏感波长分别占全波长的70.00%、70.00%、72.00%和96%。采集到的数据经SG滤波、标准正态变量变化和多元散射校正预处理后提取了特征波段,并通过对特征波段的分类降低数据冗余。

9.2.4　小结

本章介绍了光谱数据的去噪,主要对比分析3种预处理数据集上的原始光谱在不同方法下的曲线形态特征,对比发现,整体上光谱曲线反射波谱形态趋势基本一致,从全波段光谱范围看,光谱的整体特征曲线呈现出一种较平缓的变化趋势,近红外波段光谱反射率随波长增加而增大,可见光波段,叶片色素对绿光发生一定的反射,对蓝光和红光吸收作用强烈,经预处理的光谱曲线与原始光谱曲线反射特征走势以及最大反射率与吸收谷出现的光谱波段范围基本一致,多元散射校正处理过的光谱曲线可以有效减少和消除叶片因表面粗糙以及叶片绒毛带来的细微扰动的光谱信息明显增强,不同树种之间光谱曲线更容易区分。

通过数据集的划分以及特征波段的提取,预处理后的光谱数据与叶绿素含量相关性较强的波段增加,分析其敏感波段的光谱信息,对比原始光谱数据因为仪器以及天气中造成的数据冗余、共线以及重叠信息,影响模型预测和验证精度,表明原始光谱数据进行平滑、去噪能有效地滤除冗余的信息,减少重叠共线的现象,实现数据有效降维,能够降低模型数据复杂度,提高模型预测、验证精度和稳定性。

SG、SVN与MSC预处理下进SPA后提取敏感波长波段数量近似。可以看出,原始光谱和SG滤波提取出敏感波长数最少,分别为35个和36个,MSC结合SPA提取出敏感波长数有50个,通过对高光谱原始数据进行预处理,得到的敏感波段数目从大到小依次为,原始=SG<SNV<MSC,所选敏感波长分别占全波长的70.00%、70.00%、72.00%和96%,根据CARS提取的特征波段,最后选出整个波段的波长子集,分析不同植物出现波段范围为丰实箭竹(771~795nm),胡颓子(766~892nm),瑞香(670~871nm),野蓝莓(685~802nm),倒挂刺(704~905nm),峨热竹(678~769nm),莱葜(765~971nm),金丝桃(706~929nm),空柄玉山竹(620~705nm),猫儿刺(668~728nm),石棉玉山竹(635~916nm),其中瑞香、丰实箭竹、野蓝莓、峨热竹、

空柄玉山竹、猫儿刺和石棉玉山竹在可见光区域和近红外区域，胡颓子、倒挂刺、荚蒾和金丝桃出现了尺度较大的"蓝移"现象。以原始高光谱及不同预处理和敏感波长提取方法组合提取出的敏感波长分别作为输入数据，经过多次试验，选择了一个最佳的预测模型，提取效果最优。

第 10 章

模型建立与评价

10.1 模型选择

截至目前,针对农作物碳氮含量和叶绿素含量预测模型中应用最为广泛的是非线性的支持向量机(SVR)和BP神经网络[94]模型,机器学习算法应用邻域在逐渐拓宽,反演各植物的生化参数也越来越多,构建不同树种光谱反演无损检测植物营养元素成为研究的核心点,本书在前人研究的基础上,通过比较各种模型的实用性、复杂度、创新程度,最终选用支持向量回归(SVR)和BP神经网络和极限学习机(ELM)模型。

1. 支持向量机(Support vector regression,简称SVR)

支持向量回归由Vapnik等[95]与核心统计原理相融合而形成的一种全新的机器学习算法。持向量回归(SVR)学习方法因其诸多优势受到国内外学者的重视,已获得一些研究结果,并被拓展至其他机器学习领域[96]。与线性模式相比,支持向量回归方法可以在一定范围内避开"维数灾难"[97]。

2. BP神经网络(Back Propagation,简称BP)

BP神经网络是一种基于反向传递的多层前向神经网络,该方法依赖于神经元、细胞等多个结点之间的互联联系,形成用于信息加工的神经网络,其基本结构是由三部分组成:输入层,输出层和隐藏层。通过信号正向传递,误差反向传递,反复进行每一层加权矩阵,不断地修正权值进行重复的学习,直到将网络的输出误差降至可接受的水平或者是设定的次数,从而得到一个与最小误差相关的网络参数,程序终止[98]。

10.2 模型性能指标与评价依据

采用R^2、$RMSE$和RPD对所建立的模型进行评价,R^2反映了实际值和预测值之间的具体相关水平,范围为0~1,R^2越接近1,表示预测具有较高的准确性;反之接近于0,表示预测的准确性较差。$RMSE$又称均方根误差,可以很好地表示预测的准确性。因此,决定系数越接近1,均方根误差越小,其模型的预测精度越好。RPD是计算出的标准差与均方根误差的比值,证明模型的预测能力,RPD越大,说明模型预测效果越好,在$RPD>2$的情况下,表明模型预测效果极高,而在$RPD<1.4$时,该模式的预报能力是非常好的,但仍需要进一步的改善,当$1.4<RPD<2$时,表明模型预测效果较好,还需进一步改进[99]。计算公式如下:

$$R^2 = 1 - \frac{\sum_{i=1}^{n}(\hat{y}_i - \overline{y})^2}{\sum_{i=1}^{n}(y_i - \overline{y}_i)^2} \qquad (10-1)$$

$$RMSE = \sqrt{\frac{1}{n}\sum_{i=1}^{n}(y_i - \hat{y}_i)^2} \qquad (10-2)$$

$$RPD = \frac{SD}{RMSE} \qquad (10-3)$$

式中：$\overline{y}$ 为实测值 y_i 的平均值；$\hat{y}_i$ 为样本 i 的估算值；SD 为样本实测值的标准差。

10.3 基于 SPA 支持向量回归组合模型的叶绿素含量估算

10.3.1 支持向量回归

支持向量回归（SVR）是一种以数据为基础的机器学习算法，它的基础是在一个具有极大区间的特征空间上具有极大区间的线性分类器，将该问题转换成一个运算简单、稳健性高的特点[100]。在此基础上，采用网格搜索法选取最佳核函数参数，在进行光谱特征提取时，特征筛选出的波段数量多少会直接影响到模型的精度，所以采用连续投影方法对特征带进行优选时，基于 SVR 方法，选择径向基函数为径向基函数，通过栅格化方法选择最优的核函数。所以采用连续投影方法对特征带进行优选，构建冠层相对叶绿素含量的预测模型。

SVR 利用核函数的思想，把一个非线性问题转化为一个高维的线性问题，核函数把高维向量的内乘运算转换成一个低维向量的核函数数值运算，灵活地处理了高维空间中形式不确定性、运算繁琐等难题[101]。向量表达式如下：

$$\gamma(X_1, X_2) = \exp(-\gamma \| X_1 - X_2 \|^2) \qquad (10-4)$$

式（10-4）中，γ 的核参数值越大，向量映射的特征空间维数也会相继增大，其 SVR 的一般形式为：

$$Y = \omega^T \varphi(X) + b \qquad (10-5)$$

式中：ω 为各变量 suo 赋值的权值向量；$\varphi(X)$ 为自变量的空间 X 的非线性映射；b 为函数偏移量；SVR 基本目的就是求解所示最小的 ω 和 b，结合拉格朗日乘数法求得最优的 ω 和 b，使之回归超平面最远的样本点之间的间隔呈现最大化，其预测的偏差值在可接受的范围内，以其得到更好的模型评价精度。

10.3.2 模型估测结果与验证

基于 3 种预处理算法筛选出的特征波长数量近似，但使用不同算法精度相差较大，可能是冗余波长或共线性波长对采样过程具有较大干扰，在 SG 滤波、标准正态变量变化和多元散射校正预处理下基于 SPA 特征提取构建的 SVR 模型中多元散射校正结合 SPA 特征提取构建的丰实箭竹叶片叶绿素含量估算模型精度模型最优（表 10-1），综合估算模

型和预测模型 R^2、$RMSE$ 和 RPD 3 个评价指标，其中原始 SG-SPA 的估算模型的 R^2 分别为 0.995、0.833、0.999，$RMSE$ 分别为 0.022mg/g、0.210mg/g 和 0.001mg/g，RPD 分别为 5.264%、0.198%、65.914%，其验证模型的 R^2 分别为 0.842、0.871、0.999，$RMSE$ 分别为 0.099mg/g、0.133mg/g 和 0.001mg/g，RPD 分别为 0.533%、0.795%、63.437%。

表 10-1　　基于预处理 SPA 算法 SVR 模型预测结果

冠层植物	特征提取	模型	估算模型 建模结果 R^2	均方根误差 $RMSE$/(mg/kg)	预测偏差比 RPD/%	验证模型 检验结果 R^2	均方根误差 $RMSE$/(mg/kg)	预测偏差比 RPD/%
丰实箭竹	SG+SPA	SVR	0.995	0.022	5.264	0.842	0.099	0.533
	SNV+SPA	SVR	0.833	0.210	0.198	0.871	0.133	0.795
	MSC+SPA	SVR	0.999	0.001	65.914	0.999	0.001	63.437
野蓝莓	SG+SPA	SVR	0.999	0.018	59.176	0.999	0.018	53.994
	SNV+SPA	SVR	0.999	0.038	52.991	0.999	0.018	52.339
	MSC+SPA	SVR	0.992	0.002	60.147	0.809	0.005	11.929
倒挂刺	SG+SPA	SVR	0.995	0.002	65.914	0.998	0.045	31.785
	SNV+SPA	SVR	0.999	0.052	0.858	0.727	0.270	1.103
	MSC SPA	SVR	0.998	0.002	60.147	0.992	0.002	55.120
胡颓子	SG+SPA	SVR	0.995	0.002	65.914	0.770	0.051	4.785
	SNV+SPA	SVR	0.801	0.033	3.667	0.748	0.239	0.817
	MSC+SPA	SVR	0.811	0.093	1.730	0.840	0.037	1.810
峨热竹	SG+SPA	SVR	0.999	0.002	47.806	0.728	0.055	4.571
	SNV+SPA	SVR	0.842	0.503	0.088	0.809	0.220	0.306
	MSC+SPA	SVR	0.960	0.675	0.036	0.930	0.329	0.137
瑞香	SG+SPA	SVR	0.999	0.002	56.387	0.728	0.055	4.571
	SNV+SPA	SVR	0.999	0.002	54.661	0.998	0.026	45.829
	MSC+SPA	SVR	0.992	0.002	60.147	0.865	0.017	3.584
荚蒾	SG+SPA	SVR	0.829	0.055	0.884	0.851	0.035	1.953
	SNV+SPA	SVR	0.738	0.011	3.842	0.686	0.005	13.894
	MSC SPA	SVR	0.991	0.002	36.235	0.998	0.002	45.362
金丝桃	SG+SPA	SVR	0.995	0.002	65.914	0.770	0.051	4.785
	SNV+SPA	SVR	0.994	0.002	30.890	0.993	0.002	29.815
	MSC+SPA	SVR	0.995	0.002	59.770	0.992	0.002	42.055
空柄玉山竹	SG+SPA	SVR	0.714	0.610	0.097	0.809	0.548	1.649
	SNV+SPA	SVR	0.992	0.002	27.890	0.836	0.497	0.147
	MSC+SPA	SVR	0.998	0.003	43.649	0.917	0.493	0.157

续表

冠层植物	特征提取	模型	估算模型 建模结果 R^2	估算模型 均方根误差 RMSE /(mg/kg)	估算模型 预测偏差比 RPD/%	验证模型 检验结果 R^2	验证模型 均方根误差 RMSE /(mg/kg)	验证模型 预测偏差比 RPD/%
猫儿刺	SG+SPA	SVR	0.751	0.014	3.862	0.748	0.008	9.951
猫儿刺	SNV+SPA	SVR	0.998	0.002	45.500	0.765	0.005	14.573
猫儿刺	MSC SPA	SVR	0.992	0.002	44.365	0.806	0.007	10.483
石棉玉山竹	SG+SPA	SVR	0.994	0.002	34.010	0.808	0.043	1.538
石棉玉山竹	SNV+SPA	SVR	0.810	0.082	0.537	0.801	0.026	2.057
石棉玉山竹	MSC+SPA	SVR	0.845	0.123	0.388	0.818	0.056	1.310

基于CARS特征波长筛选并结合3种预处理算法构建的叶绿素估算模型和验证模型的精度相差较大（表10-2），可能是冗余波长或共线性波长对采样过程具有较大干扰，其中丰实箭竹、倒挂刺、胡颓子、瑞香、空柄玉山竹和石棉玉山竹在SG-CARS-SVR组合构建的叶片叶绿素含量估算模型和验证模型的精度较高，丰实箭竹叶片叶绿素含量估算模型和验证模型的R^2分别为0.997和0.832，RMSE分别为0.002mg/g和0.038mg/g，RPD分别为30.270%和1.051%，相较于另外10种植物估算精度较高，荚蒾在SG-CARS-SVR、SNV-CARS-SVR和MSC-CARS-SVR组合下的估算模型和预测模型的精度较低，R^2小于0.8。

表10-2　　　　　　基于预处理CARS算法SVR模型预测结果

冠层植物	特征提取	模型	估算模型 建模结果 R^2	估算模型 均方根误差 RMSE /(mg/kg)	估算模型 预测偏差比 RPD/%	验证模型 检验结果 R^2	验证模型 均方根误差 RMSE /(mg/kg)	验证模型 预测偏差比 RPD/%
丰实箭竹	SG+CARS	SVR	0.997	0.002	30.270	0.832	0.038	1.051
丰实箭竹	SNV+CARS	SVR	0.814	0.268	0.174	0.814	0.211	0.459
丰实箭竹	MSC+CARS	SVR	0.806	0.120	4.224	0.810	0.040	1.018
野蓝莓	SG+CARS	SVR	0.707	0.010	4.447	0.727	0.004	16.119
野蓝莓	SNV+CARS	SVR	0.738	0.013	3.755	0.700	0.004	17.373
野蓝莓	MSC+CARS	SVR	0.705	0.011	4.363	0.774	0.006	10.671
倒挂刺	SG+CARS	SVR	0.962	0.010	9.297	0.877	0.031	1.621
倒挂刺	SNV+CARS	SVR	0.870	0.059	0.624	0.832	0.020	2.560
倒挂刺	MSC+CARS	SVR	0.835	0.048	0.470	0.915	0.042	1.335
胡颓子	SG+CARS	SVR	0.997	0.002	26.208	0.809	0.060	1.347
胡颓子	SNV+CARS	SVR	0.995	0.002	42.033	0.844	0.029	1.725
胡颓子	MSC+CARS	SVR	0.994	0.130	0.074	0.813	0.021	2.343

续表

冠层植物	特征提取	模型	估算模型			验证模型		
			建模结果 R^2	均方根误差 $RMSE$ /(mg/kg)	预测偏差比 RPD/%	检验结果 R^2	均方根误差 $RMSE$ /(mg/kg)	预测偏差比 RPD/%
峨热竹	SG+CARS	SVR	0.994	0.085	0.113	0.830	0.344	0.226
	SNV+CARS	SVR	0.993	0.823	0.013	0.731	0.211	0.429
	MSC+CARS	SVR	0.994	0.085	0.113	0.933	0.319	0.141
瑞香	SG+CARS	SVR	0.813	0.016	2.476	0.800	0.008	0.545
	SNV+CARS	SVR	0.734	0.014	3.459	0.729	0.006	11.768
	MSC+CARS	SVR	0.766	0.019	2.547	0.769	0.009	7.197
荚蒾	SG+CARS	SVR	0.840	0.010	1.787	0.975	0.124	0.229
	SNV+CARS	SVR	0.748	0.025	1.186	0.836	0.024	2.889
	MSC+CARS	SVR	0.986	0.091	0.167	0.988	0.048	0.410
金丝桃	SG+CARS	SVR	0.963	0.033	3.011	0.949	0.003	24.623
	SNV+CARS	SVR	0.963	0.005	9.634	0.973	0.004	6.047
	MSC+CARS	SVR	0.998	0.003	20.352	0.998	0.032	2.685
空柄玉山竹	SG+CARS	SVR	0.773	0.458	0.080	0.735	0.172	0.378
	SNV+CARS	SVR	0.834	0.053	1.565	0.825	0.592	0.116
	MSC+CARS	SVR	0.735	0.911	0.635	0.762	0.517	0.158
猫儿刺	SG+CARS	SVR	0.750	0.012	4.246	0.765	0.006	12.539
	SNV+CARS	SVR	0.786	0.012	3.774	0.780	0.006	11.260
	MSC+CARS	SVR	0.985	0.024	0.640	0.994	0.011	1.200
石棉玉山竹	SG+CARS	SVR	0.852	0.067	0.511	0.884	0.037	1.218
	SNV+CARS	SVR	0.838	0.102	0.438	0.820	0.051	3.123
	MSC+CARS	SVR	0.852	0.110	0.382	0.831	0.020	1.081

SNV-CARS-SVR 模型的估算模型和验证模型的 R^2 值和 $RMSE$ 值得出：胡颓子、峨热竹和金丝桃的预测效果最优，同时通过对比其余树种 SNV-SVR 模型的训练集和测试集的 R^2 值和 $RMSE$ 值得出：经过 SNV 预处理后建立的 SNV-SPA-SVM 模型的决定系数 R^2 值最高且均方根误差 $RMSE$ 最低，峨热竹、荚蒾、金丝桃和猫儿刺在 MSC-CARS-SVR 进行预测建模效果最优，对比分析最优 R^2 可知，峨热竹叶片叶绿素含量估算模型和验证模型的 R^2 分别为 0.994 和 0.933，$RMSE$ 分别为 0.085mg/g 和 0.319mg/g，RPD 分别为 0.113% 和 0.141%，其预测效果最好。

通过对比 3 种 CARS-SVR 模型的估算模型和验证模型的 R^2 值和 $RMSE$ 值得出：经过 MSC 预处理后建立的 SG-CARS-BP 决定系数 R^2 值最高且均方根误差 $RMSE$ 最小，因此选用 MSC-CARS-SVR 模型对叶绿素含量进行预测。同时通过对比分析得出种 CARS-SVR 模型的估算模型和验证模型的 R^2 值和 $RMSE$ 值得出：经过 SNV 预处理后建立的 SNV-CARS-SVR 决定系数 R^2 值最高且均方根误差 $RMSE$ 最小，不同预处理方法建立的不同预测模型，其模型精度也随之不同，通过比较基于原始光谱数据建模结果和基于预处理数据建模结果可以得出：基于预处理后的光谱数据建模效果都好于原始数据，由此可以建立不同树种相应的模型，依据不同树种建立其叶绿素含量预测模型。

10.4 基于ELM极限学习机组合模型的叶绿素含量估算

10.4.1 极限学习机

极限学习机（Extreme learning machine，简称ELM）是基于单隐层前向神经网络，其学习速度和推广能力都很强。该模型的输入级和隐含级的连接权以及隐含层的神经元的阈值随机生成，基于此，在运用极限学习机的时候，往往要进行多次的运算，才能找到一个比较好的模拟与预测效果，或者计算多次预测的均值[102]。单隐层的特点使得他具有适应性强，模型训练速度较快的特点，ELM输入权值和隐含层的阈值具有随机性，在训练过程中往往需要调整隐含层的神经元个数和必要的激活神经元函数，在双重训练过程中寻找唯一最优解，左后通过线性方程组求解的最小二乘解获取输出的权值[103]。假设输入的训练集为 $x'=(x'_1, x'_2, \cdots, x'_n)^T$ 输出的训练集为 $y'=(y'_1, y'_2, \cdots, y'_m)^T$，$x' \in R^n$，$y' \in R^m$ 有 L 和隐含层节点和 $g_{(x'_i)}$ 的激活函数的ELM的网络输出模型为

$$y'_i = \sum_{i=1}^{L} \beta_i g_{i(x'_i)} = \sum_{i=1}^{L} \beta_i g(\omega_i \cdot x'_j + b_i) \quad (10-6)$$

式中：b_i 为第 i 个隐含层节点的阈值；β_i 为第 i 个隐含层节点的输出权值；ω_i，x_j 表示向量 ω_i，x_j 的内积。该模型的输入权值和隐含层阈值具有一定的随机性，对模型输出结果的稳定性和泛化能力以及精度有很大影响[104]。

10.4.2 模型估测结果与验证

构建不同植物冠层叶绿素含量模型原始数据经过预处理后结合不同预测模型输出结果明显不同，基于3种预处理结合SPA特征变量提取构建的ELM叶绿素含量预测模型综合估算模型和预测模型 R^2、$RMSE$ 和 RPD 3个评价指标（表10-3），不同植物预测精度不同，其中丰实箭竹、瑞香、空柄玉山竹和猫儿刺在MSC-SPA-ELM组合模型精度高于SG-SPA-EML和SNV-SPA-ELM组合，MSC-CARS-ELM组合叶绿素含量模型中丰实箭竹估算模型和预测模型 R^2 分别为0.819、0.857，$RMSE$ 分别为0.221mg/g、0.125mg/g，RPD 分别为0.381%、0.870%，验证模型进度 R^2 高于SG-SPA-ELM和SNV-SPA-ELM组合；SG-SPA-ELM组合预测精度较高的冠层植物有峨热竹、倒挂刺和金丝桃，峨热竹叶片叶绿素含量估算模型和验证模型的 R^2 分别为0.817和0.831，$RMSE$ 分别为0.440mg/g和0.203mg/g，RPD 分别为0.103%和0.295%。

SNV-SPA-ELM组合预测精度较高的冠层植物有野蓝莓、胡颓子、芙蓉和石棉玉山竹，基于MSC多元散射校正结合SPA特征变量提取构建的ELM模型中预测效果较优的植物有丰实箭竹、峨热竹、瑞香和空柄玉山竹，同时通过对比其余树种的MSC-ELM模型的训练集和测试集的 R^2 值和 $RMSE$ 值得出：经过MSC预处理后建立的MSC-SPA-ELM决定系数 R^2 值最高且均方根误差 $RMSE$ 较低，可知MSC-SPA-ELM组合预测

效果较差，两种光谱特征选取方法针对同一种叶绿素类别和同一种预处理方法选取的特征波长子集有相同特征波长，可以精确到不同树种，证明了多种算法的可行性与准确性。

表 10-3　　　　　　　　　基于预处理 SPA 算法 ELM 模型预测结果

冠层植物	特征提取	模型	估算模型 建模结果 R^2	估算模型 均方根误差 RMSE /(mg/kg)	估算模型 预测偏差比 RPD/%	验证模型 检验结果 R^2	验证模型 均方根误差 RMSE /(mg/kg)	验证模型 预测偏差比 RPD/%
丰实箭竹	SG+SPA	ELM	0.786	0.272	1.136	0.844	0.139	0.454
丰实箭竹	SNV+SPA	ELM	0.819	0.222	0.380	0.752	0.088	0.777
丰实箭竹	MSC+SPA	ELM	0.819	0221	0.381	0.857	0.125	0.870
野蓝莓	SG+SPA	ELM	0.691	0.017	3.504	0.665	0.007	11.831
野蓝莓	SNV+SPA	ELM	0.778	0.020	2.448	0.812	0.010	6.468
野蓝莓	MSC+SPA	ELM	0.740	0.017	3.030	0.738	0.005	10.602
倒挂刺	SG+SPA	ELM	0.700	0.036	1.439	0.810	0.0168	3.220
倒挂刺	SNV+SPA	ELM	0.708	0.046	1.278	0.759	0.026	2.895
倒挂刺	MSC SPA	ELM	0.712	0.044	1.301	0.664	0.018	4.635
胡颓子	SG+SPA	ELM	0.717	0.133	0.909	0.766	0.119	1.645
胡颓子	SNV+SPA	ELM	0.738	0.063	0.649	0.797	0.037	0.725
胡颓子	MSC+SPA	ELM	0.775	0.133	0.909	0.717	0.036	0.745
峨热竹	SG+SPA	ELM	0.817	0.440	0.103	0.831	0.203	0.295
峨热竹	SNV+SPA	ELM	0.827	0.463	0.097	0.787	0.203	0.350
峨热竹	MSC+SPA	ELM	0.816	0.519	1.556	0.743	0.200	0.389
瑞香	SG+SPA	ELM	0.815	0.029	1.642	0.806	0.013	4.869
瑞香	SNV+SPA	ELM	0.727	0.270	1.103	0.679	0.102	1.126
瑞香	MSC+SPA	ELM	0.854	0.031	1.364	0.851	0.016	3.858
荚蒾	SG+SPA	ELM	0.748	0.040	1.307	0.648	0.013	6.570
荚蒾	SNV+SPA	ELM	0.759	0.035	1.375	0.793	0.017	3.906
荚蒾	MSC SPA	ELM	0.662	0.043	1.457	0.728	0.025	3.620
金丝桃	SG+SPA	ELM	0.734	0.026	1.991	0.781	0.663	0.090
金丝桃	SNV+SPA	ELM	0.686	0.149	0.400	0.658	0.062	1.362
金丝桃	MSC+SPA	ELM	0.681	1.396	0.040	0.717	0.742	0.109
空柄玉山竹	SG+SPA	ELM	0.661	0.560	0.010	0.836	0.672	0.124
空柄玉山竹	SNV+SPA	ELM	0.751	0.773	0.068	0.764	0.568	0.171
空柄玉山竹	MSC+SPA	ELM	0.804	0.033	1.550	0.704	0.431	0.229
猫儿刺	SG+SPA	ELM	0.751	0.016	3.862	0.701	0.006	12.796
猫儿刺	SNV+SPA	ELM	0.719	0.014	4.139	0.790	0.007	10.731
猫儿刺	MSC SPA	ELM	0.760	0.011	4.193	0.804	0.007	9.323
石棉玉山竹	SG+SPA	ELM	0.663	0.070	0.856	0.764	0.037	1.858
石棉玉山竹	SNV+SPA	ELM	0.768	0.097	0.562	0.759	0.052	1.625
石棉玉山竹	MSC+SPA	ELM	0.710	0.089	0.683	0.746	0.092	1.258

基于不同预处理CARS特征波长提取构建ELM模型精度明显不同（表10-4），SG-CARS-ELM组合构建的叶绿素模型中胡颓子、峨热竹叶绿素含量估算模型和验证模型预测精度较SNV-CARS-ELM和MSC-CARS-ELM高，SG-CARS-ELM组合胡颓子叶片叶绿素含量估算模型和验证模型的R^2分别为0.808和0.814，$RMSE$分别为0.061mg/g和0.033mg/g，RPD分别为0.070%和1.938%，峨热竹叶片叶绿素含量估算模型和验证模型的R^2分别为0.738和0.726，$RMSE$分别为0.488mg/g和0.233mg/g，RPD分别为0.119%和0.395%。

基于SNV-CARS-ELM组合构建的植物叶绿素模型最优的有荚蒾和金丝桃，荚蒾叶片叶绿素含量估算模型和验证模型的R^2分别为0.759和0.793，$RMSE$分别为0.035mg/g和0.017mg/g，RPD分别为1.375%和3.906%，金丝桃叶片叶绿素含量估算模型和验证模型的R^2分别为0.686和0.658，$RMSE$分别为0.149mg/g和0.042mg/g，RPD分别为0.400%和1.362%；基于MSC-CARS-ELM组合构建的植物叶绿素模型最优的有丰实箭竹、野蓝莓、倒挂刺、瑞香、空柄玉山竹、猫儿刺和石棉玉山竹，其预测精度高于SG-CARS-ELM和SNV-CARS-ELM组合。

表10-4　　　　基于不同预处理CARS算法ELM模型预测结果

冠层植物	特征提取	模型	估算模型 建模结果 R^2	均方根误差 $RMSE$ /(mg/kg)	预测偏差比 RPD/%	验证模型 检验结果 R^2	均方根误差 $RMSE$ /(mg/kg)	预测偏差比 RPD/%
丰实箭竹	SG+CARS	ELM	0.706	0.133	0.341	0.860	0.160	0.424
	SNV+CARS	ELM	0.712	0.208	0.263	0.806	0.093	0.711
	MSC+CARS	ELM	0.864	0.307	0.138	0.905	0.146	0.359
野蓝莓	SG+CARS	ELM	0.766	0.019	2.841	0.713	0.006	12.114
	SNV+CARS	ELM	0.708	0.015	3.836	0.731	0.006	12.904
	MSC+CARS	ELM	0.821	0.023	2.175	0.833	0.009	6.755
倒挂刺	SG+CARS	ELM	0.804	0.027	2.795	0.739	0.017	4.176
	SNV+CARS	ELM	0.738	0.059	0.969	0.727	0.022	3.646
	MSC+CARS	ELM	0.836	0.063	0.686	0.830	0.245	2.486
胡颓子	SG+CARS	ELM	0.808	0.061	0.707	0.814	0.033	1.938
	SNV+CARS	ELM	0.632	0.044	1.308	0.727	0.021	2.874
	MSC+CARS	ELM	0.718	0.058	0.918	0.730	0.034	0.321
峨热竹	SG+CARS	ELM	0.738	0.488	0.119	0.726	0.233	0.395
	SNV+CARS	ELM	0.725	0.434	0.132	0.767	0.271	0.289
	MSC+CARS	ELM	0.721	0.441	0.126	0.731	0.195	0.357
瑞香	SG+CARS	ELM	0.714	0.015	3.448	0.709	0.013	7.162
	SNV+CARS	ELM	0.759	0.020	2.633	0.745	0.011	8.100
	MSC+CARS	ELM	0.819	0.024	1.952	0.825	0.013	5.196

续表

冠层植物	特征提取	模型	估算模型			验证模型		
			建模结果 R^2	均方根误差 RMSE /(mg/kg)	预测偏差比 RPD/%	检验结果 R^2	均方根误差 RMSE /(mg/kg)	预测偏差比 RPD/%
荚蒾	SG+CARS	ELM	0.748	0.040	1.307	0.648	0.013	6.570
	SNV+CARS	ELM	0.759	0.035	1.375	0.793	0.017	3.906
	MSC+CARS	ELM	0.662	0.043	1.457	0.728	0.025	3.620
金丝桃	SG+CARS	ELM	0.734	0.026	1.991	0.781	0.663	0.090
	SNV+CARS	ELM	0.686	0.149	0.400	0.658	0.062	1.362
	MSC+CARS	ELM	0.681	1.396	0.040	0.717	0.742	0.109
空柄玉山竹	SG+CARS	ELM	0.661	0.560	0.010	0.836	0.672	0.124
	SNV+CARS	ELM	0.751	0.773	0.068	0.764	0.568	0.171
	MSC+CARS	ELM	0.804	0.033	1.550	0.704	0.431	0.229
猫儿刺	SG+CARS	ELM	0.751	0.016	3.862	0.701	0.006	12.796
	SNV+CARS	ELM	0.719	0.014	4.139	0.790	0.007	10.731
	MSC+CARS	ELM	0.760	0.011	4.193	0.804	0.007	9.323
石棉玉山竹	SG+CARS	ELM	0.663	0.070	0.856	0.764	0.037	1.858
	SNV+CARS	ELM	0.768	0.097	0.562	0.759	0.052	1.625
	MSC+CARS	ELM	0.710	0.089	0.683	0.746	0.092	1.258

10.5 基于 BP 神经网络组合模型的叶绿素含量估算

10.5.1 BP 神经网络

BP 神经网络是目前在神经网络中使用广算法。BP 神经网路的结构分为输入层、隐藏层、输出层3个层次[105]。每个层都含有一定数量的神经元，不同层次的结点由权重组成，而同一层级的节点则不连通，该模型的隐含层可以是多个层次，而在具体的算法设计中，只需将一个隐藏的3层神经元网络进行训练，就可以完成对非线性函数的拟合[106]，BP-NN 不仅可以对多种类型的模型进行识别，还可以对多个维度的功能进行良好的映射，解决了简单感知器不能解决的异或和一些其他问题。根据采样数据来决定隐藏层的数目，以及非线性变换生成的节点数目 N 的计算如下：

$$N=\sqrt{L+M}+a \quad (10-7)$$

式中：L 为输入层的节点数目；M 为输出层的节点数目；a 的数值为 $0\sim10$。选用3层神经网络结构，输入所选的50个特征波长数，输出层为7个节点，训练迭代次数设置为5000次，多次训练。假设输入层的样本为 $x_i=(x_1,x_2,\cdots,x_n)^T$，在隐含层中输入各节点 B_j 的公式为

$$B_j = \sum_i^M H_{ij} X_i - \theta_j \tag{10-8}$$

式中：H_{ij} 和 θ_j 为输入层和隐含层第 j 个连接神经元的权值和阈值；M 为输入层的节点数。输出层的公式为

$$C_k = \sum_j^L S_{kj} b_j - a_K \tag{10-9}$$

式中：C_k 为样本输出层的节点；S_{kj} 和 a_K 为预测值输出层与隐含层第 k 个神经元连接的权值和阈值，其精度与叠加次数紧密相关；b_j 为 B_j 在隐含层神经元中激活核函数进行运算后的输出值，此时的 L 则为隐含层的节点数。

10.5.2 模型估测结果与验证

由表 10-5 可知 3 种预处理下 SPA 特征提取构建的神经网络模型精度不同，基于 SG-SPA-BP 组合构建的植物叶绿素模型最优的有野蓝莓、倒挂刺、荚蒾和空柄玉山竹，野蓝莓叶片叶绿素含量估算模型和验证模型的 R^2 分别为 0.790 和 0.784，RMSE 分别为 0.028mg/g 和 0.013mg/g，RPD 分别为 2.076% 和 6.311%，倒挂刺叶片叶绿素含量估算模型和验证模型的 R^2 分别为 0.806 和 0.839，RMSE 分别为 0.061mg/g 和 0.035mg/g，RPD 分别为 0.842% 和 1.949%，荚蒾叶片叶绿素含量估算模型和验证模型的 R^2 分别为 0.786 和 0.851，RMSE 分别为 0.038mg/g 和 0.024mg/g，RPD 分别为 1.254% 和 2.674%，空柄玉山竹叶片叶绿素含量估算模型和验证模型的 R^2 分别为 0.717 和 0.795，RMSE 分别为 0.726mg/g 和 0.500mg/g，RPD 分别为 0.079% 和 0.166%。

表 10-5　基于预处理 SPA 算法 BP 模型预测结果

冠层植物	特征提取	模型	估算模型 建模结果 R^2	均方根误差 RMSE /(mg/kg)	预测偏差比 RPD/%	验证模型 检验结果 R^2	均方根误差 RMSE /(mg/kg)	预测偏差比 RPD/%
丰实箭竹	SG+SPA	BP	0.819	0.221	0.198	0.702	0.086	0.877
	SNV+SPA	BP	0.825	0.207	0.387	0.859	0.117	0.935
	MSC+SPA	BP	0.828	0.207	0.387	0.849	0.122	0.910
野蓝莓	SG+SPA	BP	0.790	0.028	2.076	0.784	0.013	6.311
	SNV+SPA	BP	0.759	0.020	2.646	0.745	0.010	8.096
	MSC+SPA	BP	0.767	0.016	3.251	0.728	0.006	13.108
倒挂刺	SG+SPA	BP	0.806	0.061	0.842	0.839	0.035	1.949
	SNV+SPA	BP	0.728	0.036	13.573	0.784	0.019	3.298
	MSC SPA	BP	0.746	0.048	1.144	0.720	0.020	3.759
胡颓子	SG+SPA	BP	0.723	0.173	0.671	0.675	0.099	0.964
	SNV+SPA	BP	0.801	0.053	0.771	0.839	0.037	0.852
	MSC+SPA	BP	0.801	0.053	0.771	0.838	0.036	1.860

续表

冠层植物	特征提取	模型	估算模型 建模结果 R^2	估算模型 均方根误差 RMSE /(mg/kg)	估算模型 预测偏差比 RPD/%	验证模型 检验结果 R^2	验证模型 均方根误差 RMSE /(mg/kg)	验证模型 预测偏差比 RPD/%
峨热竹	SG+SPA	BP	0.759	0.400	0.128	0.760	0.220	0.320
峨热竹	SNV+SPA	BP	0.727	0.270	1.103	0.679	0.102	1.126
峨热竹	MSC+SPA	BP	0.812	0.508	0.010	0.782	0.229	0.326
瑞香	SG+SPA	BP	0.853	0.035	1.305	0.823	0.015	4.712
瑞香	SNV+SPA	BP	0.815	0.029	1.642	0.834	0.014	4.619
瑞香	MSC+SPA	BP	0.847	0.031	1.409	0.860	0.016	3.666
荚蒾	SG+SPA	BP	0.786	0.038	1.254	0.851	0.024	2.674
荚蒾	SNV+SPA	BP	0.745	0.032	1.679	0.799	0.020	3.725
荚蒾	MSC SPA	BP	0.729	0.030	1.679	0.727	0.019	4.143
金丝桃	SG+SPA	BP	0.725	0.026	1.157	0.697	0.464	0.463
金丝桃	SNV+SPA	BP	0.661	0.706	0.789	0.713	0.353	0.167
金丝桃	MSC+SPA	BP	0.638	0.722	0.130	0.799	0.443	0.130
空柄玉山竹	SG+SPA	BP	0.717	0.726	0.079	0.795	0.500	0.166
空柄玉山竹	SNV+SPA	BP	0.685	0.791	0.079	0.789	0.491	0.171
空柄玉山竹	MSC+SPA	BP	0.725	0.924	43.649	0.773	0.461	0.186
猫儿刺	SG+SPA	BP	0.763	0.014	3.658	0.748	0.008	9.752
猫儿刺	SNV+SPA	BP	0.736	0.012	4.284	0.634	0.005	20.107
猫儿刺	MSC SPA	BP	0.712	0.012	4.572	0.828	0.006	10.946
石棉玉山竹	SG+SPA	BP	0.705	0.077	0.737	0.721	0.045	1.735
石棉玉山竹	SNV+SPA	BP	0.802	0.083	0.546	0.707	0.015	3.412
石棉玉山竹	MSC+SPA	BP	0.863	0.110	0.381	0.819	0.046	1.436

基于 SNV-SPA-BP 组合构建的植物叶绿素模型最优的有胡颓子叶绿素含量估算模型和验证模型的 R^2 分别为 0801 和 0.839，RMSE 分别为 0.053mg/g 和 0.037mg/g，RPD 分别为 0.771% 和 0.852%，金丝桃和空柄玉山竹预测模型的 R^2 分别为 0.661 和 0.685，相较于其他预测模型精度最低。

基于 MSC-SPA-BP 组合构建的植物叶绿素模型最优的有丰实箭竹、峨热竹、瑞香、金丝桃、猫儿刺和石棉玉山竹，丰实箭竹叶片叶绿素含量估算模型和验证模型的 R^2 分别为 0.828 和 0.849，RMSE 分别为 0.207mg/g 和 0.122mg/g，RPD 分别为 0.387% 和 0.910%，MSC-SPA-BP 组合相较于 SNV-SPA-BP 组合的预测效果较高，同时通过对比其余树种的 MSC-BP 模型的训练集和测试集的 R^2 值和 RMSE 值得出：经过 MSC 预处理后建立的 MSC-SPA-ELM 决定系数 R^2 值最高且均方根误差 RMSE 较低，不同预处理方法建立的不同预测模型，其模型精度也随之不同，预测叶绿素含量的效果也不一样。通过比较基于原始光谱数据建模结果和基于预处理数据建模结果可以得出：除 SNV-

SPA-BP 模型精度小于 MSC-SPA-BP 模型精度外，SG-SPA-BP 组合的预测效果较稳定，且每种预测模型的决定系数为 0.71～0.85。

由表 10-6 可知，基于 SG-CARS-BP 组合叶片叶绿素含量估算模型中，估算模型和验证模型预测效果最优的植物有野蓝莓、胡颓子、空柄玉山竹和猫儿刺；SNV-CARS-BP 组合叶片叶绿素含量估算模型中，估算模型和验证模型预测效果最优的植物有丰实箭竹、倒挂刺、峨热竹、瑞香和荛莶；MSC-CARS-BP 组合叶片叶绿素含量估算模型中，估算模型和验证模型预测效果最优的植物有金丝桃和石棉玉山竹，金丝桃叶片叶绿素含量估算模型和验证模型的 R^2 分别为 0.796 和 0.731，$RMSE$ 分别为 0.096mg/g 和 0.628mg/g，RPD 分别为 0.659% 和 0.112%，石棉玉山竹叶片叶绿素含量估算模型和验证模型的 R^2 分别为 0.832 和 0.831，$RMSE$ 分别为 0.087mg/g 和 0.020mg/g，RPD 分别为 0.478% 和 2.098%。

表 10-6　　基于预处理 CARS 算法 BP 模型预测结果

冠层植物	特征提取	模型	估算模型 建模结果 R^2	均方根误差 $RMSE$ /(mg/kg)	预测偏差比 RPD/%	验证模型 检验结果 R^2	均方根误差 $RMSE$ /(mg/kg)	预测偏差比 RPD/%
丰实箭竹	SG+CARS	BP	0.807	0.302	0.172	0.858	0.161	0.422
	SNV+CARS	BP	0.892	0.411	0.102	0.945	0.179	0.251
	MSC+CARS	BP	0.808	0.252	0.186	0.936	0.178	0.262
野蓝莓	SG+CARS	BP	0.700	0.019	3.531	0.807	0.012	6.713
	SNV+CARS	BP	0.691	0.011	4.570	0.623	0.004	18.631
	MSC+CARS	BP	0.746	0.022	2.797	0.714	0.009	9.599
倒挂刺	SG+CARS	BP	0.727	0.056	1.001	0.739	0.017	4.176
	SNV+CARS	BP	0.807	0.069	0.735	0.781	0.029	2.605
	MSC+CARS	BP	0.781	0.039	1.043	0.792	0.020	2.938
胡颓子	SG+CARS	BP	0.811	0.107	0.528	0.808	0.069	1.290
	SNV+CARS	BP	0.715	0.040	1.147	0.849	0.057	1.203
	MSC+CARS	BP	0.736	0.054	0.912	0.712	0.029	2.644
峨热竹	SG+CARS	BP	0.714	0.290	0.164	0.777	0.098	0.532
	SNV+CARS	BP	0.718	0.232	0.138	0.794	0.114	0.424
	MSC+CARS	BP	0.721	0.536	0.114	0.669	0.261	0.347
瑞香	SG+CARS	BP	0.744	0.015	3.248	0.813	0.008	6.601
	SNV+CARS	BP	0.734	0.013	3.459	0.825	0.012	0.260
	MSC+CARS	BP	0.765	0.019	2.547	0.710	0.010	8.051
荛莶	SG+CARS	BP	0.804	0.058	0.872	0.768	0.024	3.094
	SNV+CARS	BP	0.824	0.064	0.781	0.961	0.042	0.883
	MSC+CARS	BP	0.717	0.022	1.787	0.731	0.011	4.779

续表

冠层植物	特征提取	模型	估算模型			验证模型		
			建模结果 R^2	均方根误差 $RMSE$ /(mg/kg)	预测偏差比 RPD/%	检验结果 R^2	均方根误差 $RMSE$ /(mg/kg)	预测偏差比 RPD/%
空柄玉山竹	SG+CARS	BP	0.767	0.691	0.066	0.803	0.436	0.158
	SNV+CARS	BP	0.750	1.006	0.057	0.784	0.244	0.306
	MSC+CARS	BP	0.735	0.911	0.064	0.722	0.133	0.471
猫儿刺	SG+CARS	BP	0.773	0.013	3.808	0.815	0.009	7.710
	SNV+CARS	BP	0.683	0.005	7.459	0.698	0.008	21.312
	MSC+CARS	BP	0.718	0.009	5.219	0.726	0.005	14.708
石棉玉山竹	SG+CARS	BP	0.804	0.093	0.516	0.744	0.039	1.218
	SNV+CARS	BP	0.818	0.052	0.670	0.794	0.036	2.611
	MSC+CARS	BP	0.832	0.087	0.487	0.831	0.020	2.098

基于预处理 CARS 算法 BP 模型预测结果其预测集和验证集 R^2 都低于其他组合模型，R^2 的范围为 0.63~0.94，其中丰实箭竹预测效果最好的是 SNV-CARS-BP，叶绿素含量估算模型和验证模型的 R^2 分别为 0.892 和 0.945，$RMSE$ 分别为 0.411mg/g 和 0.179mg/g，RPD 分别为 0.102% 和 0.251%，其次是石棉玉山竹，叶绿素含量估算模型和验证模型的 R^2 分别为 0.832 和 0.831，$RMSE$ 分别为 0.087mg/g 和 0.020mg/g，RPD 分别为 0.487% 和 2.098%，丰实箭竹和石棉玉山竹的预测精度相对较高，但精度相差较大，预处理结合特征波长提取构建的神经 BP 网络模型估算模型和验证模型的精度效果较差。

10.6 小　　结

基于不同模型的预测结果可知：基于 3 种预处理结合 SPA 特征提取构建的冠层植物叶绿素含量估算模型的预测结果各不相同，MSC-SPA-SVR 组合模型预测精度最高的植物包括峨热竹、荚蒾、金丝桃、空柄玉山竹和猫儿刺，SG-SPA-SVR 组合预测效果最优的植物有野蓝莓、胡颓子、倒挂刺、瑞香和石棉玉山竹；基于 CARS 特征波长筛选结合预处理算法构建的植物叶绿素估算模型和验证模型的精度相差较大，SG-CARS-SVR 组合模型精度较高的植物有丰实箭竹、倒挂刺、胡颓子、瑞香、空柄玉山竹和石棉玉山竹；SG-CARS-SVR 组合构建的野蓝莓叶片叶绿素含量估算模型和验证模型 R^2 分别为 0.738 和 0.700，$RMSE$ 分别为 0.013mg/g 和 0.004mg/g，RPD 分别为 3.755% 和 17.373%，峨热竹、荚蒾、金丝桃和猫儿刺在 MSC-CARS-SVR 进行预测建模效果最优。SG-CARS-SVR 叶片叶绿素含量估算模型最优的植物有野蓝莓、胡颓子、空柄玉山竹和猫儿刺，SNV-CARS-BP 最优的植物有丰实箭竹、倒挂刺、峨热竹、瑞香和荚蒾，MSC-CARS-BP 最优的植物有金丝桃和石棉玉山竹。

10.6 小结

本章分析了叶片实测的叶绿素含量和光谱特征，CARS 和 SPA 组合筛选的特征波长较单一法及全波段法更敏感，能代表全波段光谱信息，确定了叶片叶绿素含量估算的敏感特征参量，构建 SVR、BP 神经网络回归和 ELM 极限学习机，建立了叶片尺度叶绿素含量估算模型，并对估算结果进行了验证，筛选出最佳反演模型。

第11章

讨 论

11.1 不同林型土壤微生物多样性及其群落结构

11.1.1 不同林型对土壤微生物群落多样性的影响

微生物多样性是生态系统正常功能维持的前提[154]，在营养循环等方面中发挥着重要生态功能，是影响土壤肥力的关键因素[155-157]。本书典型林型土壤微生物细菌和真菌多样性显著差异（$P<0.05$），O土壤细菌多样性和Y土壤真菌多样性显著高于其他林型，表明细菌和真菌多样性与林型有关[158]，且其对应林型下土壤细菌微生态系统有较强稳定性和恢复力[159]。这与吴则焰等[160]武夷山国家自然保护区不同植被类型土壤微生物群落特征研究结果一致。主要是典型林型下凋落物数量和组成有所差异，土壤理化性质不同，以及林下根系分泌的次生代谢产物对土壤微生物种类、数量和生长繁殖产生消极影响[161]，导致土壤微生物组成、数量和分布不同[160]。O凋落物种类多且复杂，促进土壤养分循环，有利于土壤细菌多样性的增加，因此该典型林型下土壤细菌多样性显著高于其他典型林型细菌多样性。土壤微生物生长活性随pH值降低而下降[162]，Y土壤pH值较小，以及该典型林型下根系密集，根系分泌物种类多、数量大，存在较少的人为扰动，养分转化快[163]，有利于真菌类群生长，因而真菌多样性增高，故该林型土壤真菌多样性显著高于其他林型土壤真菌多样性。典型林型土壤细菌群落多样性高于真菌群落多样性，是由于大多数细菌和真菌适宜生存土壤环境（pH值和温度等）不同，真菌较细菌活性较低，土壤微生物中细菌和放线菌数量高于真菌[164]。

11.1.2 不同林型对土壤微生物群落结构组成的影响

典型林型土壤细菌群落中既有相似菌群，又具有各自优势菌群。4种典型林型土壤优势细菌门为酸性菌门和变形菌门，这一规律与Nottingham等[165]研究结果基本一致。酸性菌门为近年来在分子生态学研究基础上分类的主要细菌门类，是土壤细菌重要组成部分[166]。本书酸性菌门相对丰度最高，是由于保护区土壤均为弱酸性土壤，适宜酸性菌门生存[167]。相对丰度仅次于酸性菌门的是变形菌门和浮霉菌门，变形菌门多为兼性或好氧细菌，分布广泛，典型林型土壤中相对丰度均较高[158]，在促进养分循环和固氮[168]以及生态环境构建方面有着不可替代作用[164]。Y土壤和F土壤浮霉菌门相对丰度较高，是由于浮霉菌门属贫营养型土壤细菌，适合生存在养分较低土壤环境中[169]。Y土壤和F土壤养分较低，因此浮霉菌门丰度较高，属优势细菌门。本研究中4种典型林型共有优势真菌门子囊菌门，这与肖烨等[158]研究结果一致。是由于子囊菌门对土壤环境适应能力强，有较强分解难以降解有机质的能力，促进土壤养分循环，是土壤重要真菌分解者[158,170]。除 Y 外，其余林型土壤优势真菌门为担子菌门，担子菌门主要降解木质素，Y 土壤木质素含量较低，因此其土壤担子菌门较低；此外，O 土壤优势真菌门为罗兹菌门，是因罗兹菌门适宜生长在极端环境[171]，故 O 土壤 pH 值最大，罗兹菌门在其土壤中为优势真菌门，这一规律与多数研究一致[158,171]。

11.1.3 不同林型土壤质量评价指标体系

本书初选含水率、容重、饱和持水量、毛管持水量、田间持水量、总孔隙度、毛管孔隙度、非毛管孔隙度、黏粒、细粒砂、中粉砂、粗粉砂、细砂、pH 值、有机质、全氮、铵态氮、硝态氮、水解氮、全磷、有效磷、全钾、速效钾、微生物量碳、微生物量氮、脲酶、蔗糖酶、过氧化氢酶和酸性磷酸酶 29 个指标作为不同林型土壤质量评价总数据集指标，通过主成分分析（PCA）、结合 Norm 值、敏感性分析和相关性分析，建立四川栗子坪自然保护区土壤质量评价最小数据集，进行土壤质量评价[153]。其中，0～10cm 土层最小数据集的指标包括饱和持水量、毛管持水量、田间持水量、细粒砂、有机质、硝态氮、非毛管孔隙度、黏粒、细砂、微生物量碳、脲酶、水解氮和蔗糖酶 13 个指标；10～20cm 土层最小数据集的指标包括有机质、全磷、速效钾、微生物量氮、非毛管孔隙度、水解氮和蔗糖酶 7 个指标；20～30cm 土层最小数据集的指标包括含水率、饱和持水量、毛管孔隙度、细砂、有机质、硝态氮和全钾 7 个指标。结果表明，所有土层最小数据集土壤质量由高到低均为青冈-川杨阔叶混交林＞栓皮栎落叶阔叶林＞石棉玉山竹竹林＞冷杉-云杉针叶混交林。不同林型间土壤质量差异显著（$P<0.05$），土壤土壤质量等级均属于"中"。

不同林型土壤质量差异显著，这是由于四川栗子坪自然保护区不同林型均为天然林，人为因素影响较小，以及土壤自身差异较大且稳定性较强，导致土壤质量差异显著[172]。含水率、饱和持水量、毛管持水量、田间持水量和毛管孔隙度是与土壤水分有关的物理指标，是反映土壤质量的重要指标之一，本书不同林型土壤含水率和毛管孔隙度显著差异，这与刘畅等[173]在晋西黄土区土壤质量评价研究中变化规律一致，主要由于不同林型根系发育程度、枯枝落叶层、腐殖质不同和土壤孔隙结构影响不同，导致土壤涵养水分能力出现差异。不同土层土壤黏粒和细砂差异显著，一方面是不同林型植物根系的穿插作用[133]、物种丰富度、植物体凋落物、根系分泌物、微生物及其代谢产物含量不同，导致不同林型下土壤有机质有所差异，其改善土壤团聚体程度不同，而有机质作为土壤团聚体形成的重要胶结剂，则有利于小团聚体被胶结形成大团聚体[134]，导致土壤颗粒组成有所差异[135,136]；另一方面是母岩矿物组成直接影响土壤颗粒组成[174]，不同林型母岩不同，母岩由玄武岩及其风化物组成的基性火山岩，土壤颗粒较小[137]，由花岗岩及其风化物组成的碎屑岩和泥质岩，土壤颗粒较大[138]，导致土壤颗粒组成有所差异。有机质、水解氮、全磷、全钾、速效钾、水解氮、铵态氮是与土壤养分相关指标，不同林型土壤有机质显著相关，是由于凋落物、植物残体、根系分泌物在微生物分解作用下，有机质进入土壤，以及土壤固碳作用，导致土壤养分含量增加[175]。本书石棉玉山竹竹林地上生物量较高以及微生物分解速率和养分循环较慢，土壤有机质归还量高，导致其土壤有机质含量最高，青冈-川杨阔叶混交林地上生物量较低以及微生物分解速率和养分循环较快，土壤有机质归还量低，故青冈-川杨阔叶混交林有机质含量最低。水解氮是与土壤养分指标之一，

第 11 章 讨论

不同林型土壤水解氮显著相关,土壤水解氮主要来源于凋落物,决定土壤氮库,地上生物量对生态系统中凋落物和土壤有机质含量影响较大,不同林型地上草本生物量不同[176],其凋落物含量不同,此外土壤的酸碱度、阳离子吸附及交换性能、土壤还原性物质等,直接影响土壤养分的转化、释放及有效性[177]。土壤中微生物和生理活性对土壤氮、磷、硫等营养元素的转化和有效性具有明显影响,主要表现在:促进土壤有机质的矿化作用,增加土壤中有效氮、磷、硫的含量;进行腐殖质的合成作用,增加土壤有机质的含量,提高土壤的保水保肥性能;进行生物固氮,增加土壤中有效氮的来源[178]。因此不同林型土壤水解氮、有机质和铵态氮含量不同[179]。这与刘晓民等[180]在内蒙古圪秋沟流域不同林型对土壤养分含量影响研究结果一致。不同林型土壤全磷显著相关,由于不同林型有机质在微生物分解作用下形成腐殖质,有机质含量增加,磷矿化速度增加,此外,土壤团粒结构和疏松程度会影响有效磷的含量。土壤团粒结构松散,可以有效吸附离子和微粒,有利于有效磷吸附[181]。随土层深度增加,团粒结构变得越紧密,不易吸附,这可能影响到有效磷的含量。土壤中水分、氧气含量和 pH 值也会影响有效磷的含量,不同土层土壤,这些因素可能会有所不同,从而对有效磷的产生和分解产生影响[182]。土壤中的优势微生物种群也会影响有效磷的转化。这些微生物需要适宜的氧气、水分和 pH 值才能正常生长和活动,从而影响有效磷的含量[183]。以上因素可能会相互影响,同时作用于土壤有效磷含量。因此,土壤中有效磷的实际含量可能因土壤类型、环境条件等多种因素而异[184],故不同林型其含量差异显著($P<0.05$)。不同林型土壤全钾显著相关,土壤钾元素主要源自矿物与岩石,其受母岩影响[180],不同林型土壤全钾含量差异显著($P<0.05$),可能是由于不同林型其含钾长石和云母类母岩不同;其次受森林相关指标影响,植被吸收养分能力强,导致不同林型土壤全钾含量不同。

土壤微生物量的影响因素是多种多样的。首先,土壤环境因素是影响土壤微生物量的重要因素之一。例如,土壤水分、酸碱度和氧气含量等环境因素会对土壤微生物的生存和繁殖产生影响,从而对土壤微生物量产生影响[185]。其次,土壤养分状况也是影响土壤微生物量的关键因素[186],土壤有机碳是微生物群落所需的营养物质和能量来源及影响土壤微生物生物量的关键因子[180],不同类型的养分含量对土壤微生物生理代谢和生长繁殖产生重要影响。再次,土壤类型和土壤质地以及人为因素等也会对土壤微生物量产生直接或间接的影响。因此不同林型土壤微生物量不同,且差异显著($P<0.05$)。土壤酶与林内生物量、植物多样性以及凋落物积累等代谢过程密切相关[187],土壤酶活性变化由根系周转和根系渗出提供易获得的、不稳定的碳驱动,而不是由地上碎屑输入驱动,由于林内植被不同,植物碎屑输入质量和数量不同,土壤酶反应底物含量下降程度不同,导致土壤酶含量不同[188],这与颜顾浙等[189]在土壤酶活性对不同植物连作差异响应中,7 种土壤酶,除 PHOS 和 XYL 活性较高,其他酶活性并没有表现出明显变化规律一致。不同林型下土壤类型不同,为解决这一差异,在评价指标中考虑土壤颗粒组成等指标,建立和完善四川栗子坪自然保护区不同林型下土壤质量评价体系,提高评价结果可信度。本书通过主成分分析 PCA、结合 Norm 值、敏感性分析、相关性分析得到 0~10cm 土层最小数据集的指标包括饱和持水量、毛管持水量、田间持水量、细粒砂、有机质、硝态氮、非毛管孔隙度、黏粒、细砂、微生物量碳、脲酶、水解氮和蔗糖酶 13 个指标;10~20cm 土层最小数

据集的指标包括有机质、全磷和速效钾、微生物量氮、非毛管孔隙度、水解氮和蔗糖酶7个指标；20~30cm土层最小数据集的指标包括含水率、饱和持水量、毛管孔隙度、细砂、有机质、硝态氮和全钾7个指标，这与大多数已有研究[93,153,190,191]结果一致。

11.1.4 不同林型土壤质量

本书4个林型，0~10cm土层最小数据集土壤质量指数分布在0.574~0.415，均值为0.502，10~20cm土层土壤质量指数分布在0.548~0.458，均值为0.492；20~30cm土层土壤质量指数分布在0.511~0.407，均值为0.461。所有土层最小数据集土壤质量由高到低均为青冈-川杨阔叶混交林＞栓皮栎落叶阔叶林＞石棉玉山竹竹林＞冷杉-云杉针叶混交林。不同林型间土壤质量差异显著（$P<0.05$），土壤土壤质量等级均属于"中"。这与张智勇等[192]在吴起县退耕还林后主要植被类型土壤质量评价发现不同植被类型间土壤物理、化学性质差异显著（$P<0.05$），不同林型土壤质量不同的研究结果一致；Liu等[193]在中亚热带不同油茶林分土壤质量评价采用主成分法（PCA）对32个指标进行分析，土壤质量指数指数和灰色关联分析GRA选取SOM、AP、ACa、MBC和CA 5个土壤指标建立最小数据集MDS。研究发现三种土壤类型土壤质量差异显著（$P<0.05$），土壤质量指数分别为0.650、0.460和0.380。本书青冈-川杨阔叶混交林和栓皮栎落叶阔叶林养分含量和土壤质量高于其他林型，主要是由于不同林型下土壤类型不同，土壤受植被影响不同，导致土壤的组成和理化性质不同，以及影响岩石风化和成土过程，土壤有机物的分解及其产物的迁移较慢，进而影响土壤水热状况，导致土壤多数养分指标含量较高[193]。青冈-川杨阔叶混交林和栓皮栎落叶阔叶林土壤成土过程和有机物分解及其产物的迁移较快，其土壤物理性质和养分含量高于其他林型；不同林型是导致不同土壤类型的因素之一，特别是绿色植物将深层分散的营养元素进行选择性吸收，集中地表并积累，促进肥力的产生和发展[193]。此外母岩及其风化作用是导致不同土壤类型主导因素[193]，4个林型母岩矿物组成和风化作用差异较大，故形成的母质差异较大，栓皮栎落叶阔叶林和青冈-川杨阔叶混交林母岩由花岗岩等破碎风化形成的碎屑岩，风化作用强，养分高；而石棉玉山竹竹林母岩为泥质岩，冷杉-云杉针叶混交林为基性火山岩，风化作用中的水化、水解和氧化作用弱，不有利于养分积累，养分低[193]，故青冈川杨阔叶混交林土壤质量较高且与其他林型土壤质量有较大差异。

综上，四川栗子坪自然保护区青冈川杨阔叶混交林土壤质量较好，土壤生产力较高，对群落的生长和演替有益，因此在该区域内可通过种植青冈-川杨阔叶混交林，具有较好的植被恢复潜力，在生态恢复初期可将其作为过渡植被类型。同时加强石棉玉山竹竹林和冷杉-云杉针叶混交林的封禁管理和生态恢复措施，这对于改善该区域土壤质量状况以及实现自然保护区森林土壤资源的保护、开发和可持续利用有着重要意义。

11.2 典型林分植物叶绿素含量高光谱分析

11.2.1 典型林分植物原始光谱特征分析

叶绿素是参与光合作用重要的化学物质，其浓度对植物的生长过程影响显著，植物的光谱特性与其营养状况紧密相关，利用多种变换方法和光谱特征的不同对11种植物进行区分。由于植株的生长发育过程中,养分物质会向植株内部传递,从而造成各群体叶片中的叶绿素浓度具有明显的纵向异质性[107]。前期的研究结果也证实了这一假设:由上到下叶绿素含量由高到低,光谱反射系数随着叶绿素浓度的升高而减小,呈现不同光谱响应特征(图2-2),这是因为作物茎叶是自下而上生长,作物下层叶片先生长而先衰老,叶绿素含量也会随之减少,而中上部叶片叶龄接近,因而光谱反射率的差异较小[108]。这与本书的研究结果相一致。本书利用3种预处理方法对原始光谱进行降噪处理,选用SPA和CARS提取特征波长采用SVR支持向量回归、ELM极限学习机和BP神经网络三种建模方法预测植物叶绿素含量,并对这三种方法进行对比与分析。

经SG平滑处理后的实测光谱曲线进行叶绿素含量之间相关性可知;经SG平滑处理的$|\rho|$大于0.99波段出现在(760~820nm)可见光区域和近红外区域,其中叶SG滤波和SNV处理敏感波段集中蓝光波段和近红外波段(759~1000nm),$|\rho|$的前3最大分别为0.997、0.996和0.995;SG滤波和标准正态变量变化的蓝光波段和近红外波段(700~800nm),$|\rho|$最大为0.994;总之(700~1000nm)附近波段与叶绿素含量相关性最高,相关性强。说明利用光谱数据反演植物的叶绿素是可行的。

11.2.2 典型林分植物光谱特征提取分析

光谱与叶绿素浓度之间的相关性因预处理和不同特征变量提取方法不同,预测精度也不相同,原始数据经SG-SNV和SG-MSC处理后,相关系数大于0.9,可能是由于受光照、大气、背景等多种因素的影响,导致其原始光谱中含有噪声,预处理对其进行了有效的去除,该方法还能提高植物的内在特性,研究结果与张艳艳等的研究结果类似[109]。Segata[110]研究表明,绿素植物对其植物叶片的光谱响应更为灵敏,且与各群体的叶片叶绿素浓度之间存在着较大的相关性,通过对多个波谱特性参量模型的精确评估,基于SG、SNV和MSC预处理结合SPA构建SVR模型模型精度较高,其估算模型建模和验证R^2最大值分别达到0.99和0.7以上,本书表明SPA算法结合SVR算法模型均为最佳估算模型。与邵园园等[111]研究结果一致,本书在350~1350nm共存在6个敏感特征波段,影响植物光合作用叶绿素等光合色素在这个范围内存在多个吸收峰。典型植物依据不同树种分类及样地设置揭示生态系统与生物多样性之间的功能的相互促进作用[112],然而,针对某一具体植物,其光学特性往往与其不同的光谱区域如400~700nm存在较强的吸收特性。但在短波、中波、红外波段,细胞壁厚度、细胞间隙、蜡质等组织特征对电磁波具有较大的吸收作用[113]。在光谱的可见光至近红外区间,反射率增强,形成了独特的"红边"现象,此特征是绿色植物高光谱反射曲线的显著标志[114]。在本书中,观察到植物上部叶片叶绿素及其光谱曲线降低,导致了可见光区段的光谱反射率逐步增强,这一发现与李鑫等人的研究结论相吻合[115]。然而,在近红外区域,叶片对光谱反射率的影响则相对较小。通过相关性分析,发现植物叶绿素与光谱在可见光和近红外间的高光谱波段显示出较弱的相关性,表明这两个区域的相对独立性和较小的内在联系,各区域内波段间呈现出较强的相关性,则拥有强烈的内在关联性,并具备良好的数据降维能力,利用光谱数据进行微分转换可以降低背景和噪声的影响,提高反演精度和稳定性[116],前期研究发现,利用一阶导数法建立的反演效果要好于利用原始光谱建立的反演模型,单一光谱参数所包含的信息较少[117],多变量的反演效果要比一元回归模型好。

11.2.3 典型林分植物叶绿素反演模型分析

3种机器学习算法预测精度因不同植物叶片叶绿素含量结果预测精度均不相同，叶绿素含量对冠层的贡献率最大，并随着叶位置光谱曲线的下降而减小，该结论与高阳等[118]研究结论高度吻合。运用线性及非线性方法预测元素含量与光谱变量建模，发现基于SPA和CARS的SVR准确度最高，为进一步提高模型精度，该模式具有稳定性好、数据自适应能力强、抗噪声能力强等优点，使得模式的预报精度优于BP神经网络和ELM。该方法具有较高的预测准确性和较难出现过度拟合的特点[119-120]。将验证样本实测值和预测值空间分布绘制成散点图11-1，图中实线为实测值回归方程，虚线为1∶1线，当回归方程越接近于1∶1线，说明模型效果更优。在估算叶片 $SPAD$ 值时，模型选择至关重要。目前已有学者将多种模型应用至各种作物 $SPAD$ 值估算，多因素模型优于单因素模型，机器学习算法模型优于传统线性模型，在机器学习算法中SVR支持向量回归算法模型优于BP神经网络算法模型，与本书研究结果一致[121]。$SPAD$ 值反映叶绿素含量，差异体现在反射率光谱从可见光到近红外多个光谱波段上，光谱参数即不同光谱波段组合，单因素建模仅考虑单一光谱参数，而多因素建模将多个光谱参数参与建模，故多因素模型优于单因素模型；机器学习算法模型优于传统线性模型。

研究BP神经网络时，其隐含层的节点数没有固定计算方法，前人使用几种方法[122]，但经训练，模型精度较低，本模型隐含层节点数经多次尝试，选择最优节点数植物的叶绿素浓度和植物的光合速率之间存在着紧密的关系，目前，国内外对叶绿素值估算模型尚无统一定论，最优模型选取不同。不同作物叶绿素含量不同，同种植物叶绿素含量也受品种、种植地点、生长状况、仪器差异影响，导致无法确定估算叶绿素值的统一模型标准。本书测定冠层植物叶片叶绿素含量值仅限于反映保护区地区情况，受此影响，模型结果尚无法应用于其他地区植物叶片叶绿素含量值估算。

植物的叶绿素浓度越高，其生理活动越活跃，有利于光合速率的提高，反之，则会导致植株的衰老，光合作用能力随之下降[123]，因而，精确地获得典型群体中植物体的叶绿素浓度变化规律，是实现典型林分植物生长精确监测的关键，本书选取典型的植物冠层-叶面光谱数据，通过采集不同类型植物的冠层-叶光谱及其相应的叶绿素浓度，进行二者之间的相关性研究，筛选出能够反映植物叶绿素浓度的敏感光谱和光谱特异的光谱参数。并以此为基础，建立基于SVR、ELM和BP神经网络的遥感反演算法，以期实现对典型植物中的叶绿素浓度的精确、快速、无损伤诊断。在叶和冠层的不同层次上，植物的高光谱随植物叶绿素浓度的升高而呈现出相同的趋势，在整个波段，植物的光谱反射率都是随叶绿素浓度的升高而下降；近红外区，"绿峰""红边""爬坡脊"是一种较好的植物光谱特性，而在不同的波段，不同的植物类型，其对应的光谱特性也会因不同的植物而呈现出相似的特性。结果表明，由于树冠面积较大，且分布较分散，且叶片较少，因此其相关程度较高；而获取的林冠高光谱是植物最旺盛的时期，因此，植物冠层光谱中包含了包括叶、枝和土壤在内的所有成分，理论上，基于全光谱范围（400~1350nm）构建的反演模型具有较好的准确性，原因在于整个光谱范围内含有与叶绿素浓度紧密关联的全部光谱信息[124]。受植物色素以及内部组织结构水分等干物质因素的影响，其在可见-近红外区呈现出红谷、绿峰等鲜明的光谱吸收特性，其独特的光谱特性与植株的叶片单位面积的叶绿

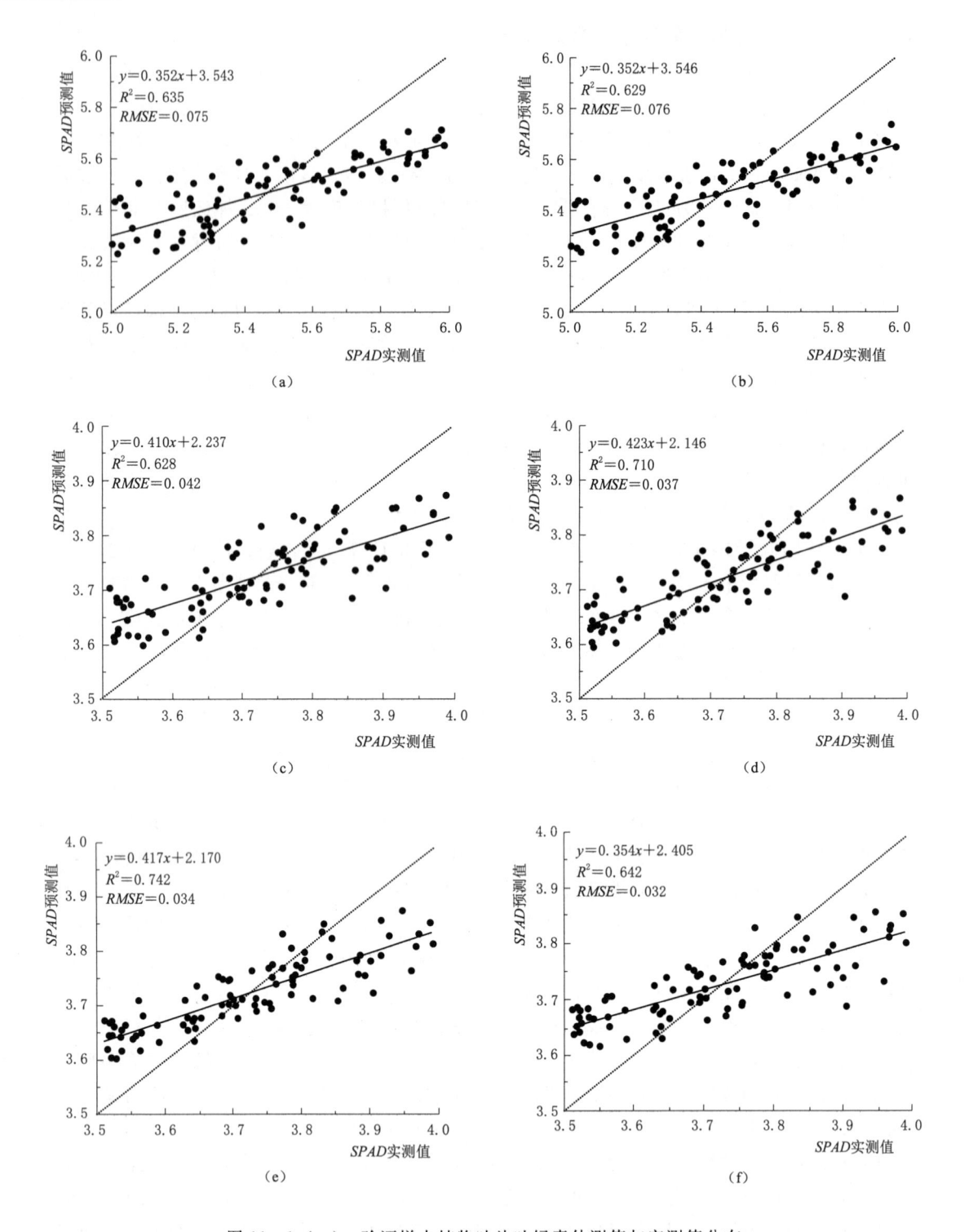

图 11-1（一） 验证样本植物叶片叶绿素估测值与实测值分布

注：1:1 线为图中虚直线。

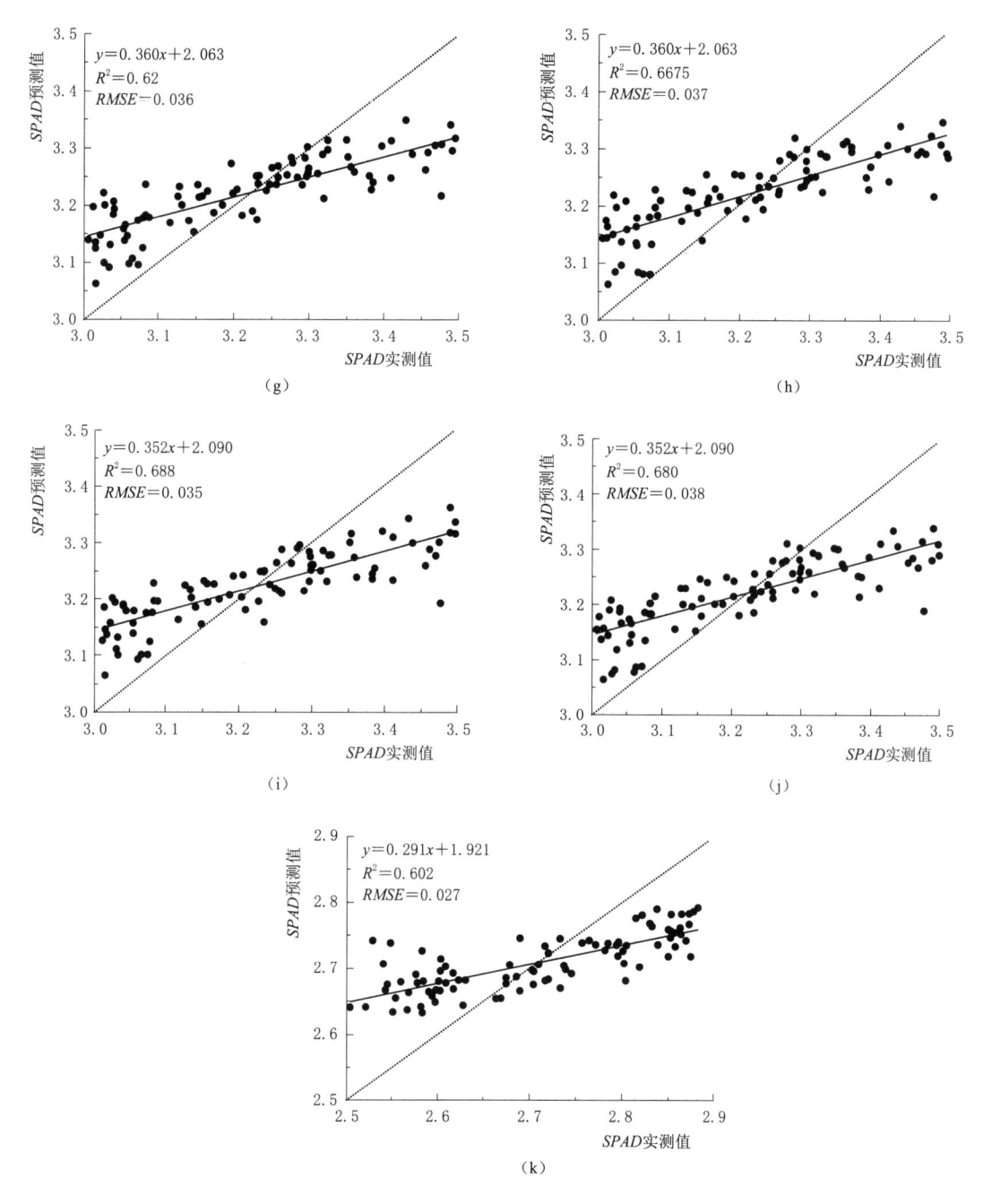

图 11-1（二） 验证样本植物叶片叶绿素估测值与实测值分布

注：1∶1 线为图中虚直线。

素浓度密切相关[125]。由于光谱指数由多个波段进行运算组成，所以所能提供的信息要比单一的波段多[126-127]。不同的估算模型在典型冠层植物叶绿素含量的估算准确性并不一致，从预测模型效果来看，基于 SPA 特征波长提取构建的 SVR 模型的估算精度要高于 SPA 结合 ELM 模型估测效果相对较低，说明支持向量机 ELM 模型对高维数据和连续数据处理以及多波段数据拟合方面具有较强的能力，然而 SPA 结合的 BP 神经网络模型估算效果较差，基于 MSC 预处理和 CARS 波长提取构建的 ELM 模型精度相对较好，预测模型的精度 ELM 高于 BP 神经网络模型，说明不同模型对不同植物适宜性不同，不同模型对数据量大的模型拟合具有不同的能力，且对数据量较少的不适用。

第12章

结 论 与 展 望

12.1 结 论

本书以栗子坪自然保护区内4种林分类型（青冈川杨阔叶混交林、栓皮栎落叶阔叶林、石棉玉山竹林、冷杉云杉针叶混交林）为研究对象，通过测定土壤含水率、容重、饱和持水量、毛管持水量、田间持水量、总孔隙度、毛管孔隙度、非毛管孔隙度、黏粒、细粒砂、中粉砂、粗粉砂和细砂13个土壤质量物理指标，pH值、有机质、全氮、铵态氮、硝态氮、水解氮、全磷、有效磷、全钾和速效钾10个土壤质量化学指标，脲酶、蔗糖酶、过氧化氢酶、酸性磷酸酶、微生物量碳和微生物量氮6个土壤质量生物学指标，共29个土壤物理、化学和生物学指标，结合主成分分析法构建出基于最小数据集土壤质量评价指标体系，探讨不同林型土壤质量特征及其综合评价。针对当前生态学研究中普遍存在的森林长势监测不够及时、不准确、损失较大等问题，以保护区典型植物生长过程中常见冠层优势植物光谱信息以及植物营养元素叶绿素为研究对象。基于高光谱技术对典型林分冠层植物进行有效特征信息提取，研究高光谱在不同树种高光谱及植物叶绿素的响应特征，通过数据挖掘方法建立基于高光谱的生理信息预测模型，实现植物生长状态的准确监测。解决植物生长过程精准管控的关键技术问题，同时为精准林业提出的高效优质生产提供技术支持。主要研究结论如下：

（1）含水率、饱和持水量、毛管持水量、田间持水量、有机质、全氮、氨态氮、硝态氮、水解氮、全磷、有效磷、全钾、速效钾、脲酶、蔗糖酶、过氧化氢酶、酸性磷酸酶、微生物量碳和微生物量氮随土层增加而减少，其余指标随土层增加无明显变化规律。0~30cm土层不同月份所有林型除土壤容重、总孔隙度、细砂、中粉砂和粗粉砂在无显著差异外；氨态氮、硝态氮和全钾显著差异（$P<0.05$），但随月份变化无明显变化规律，其余物理、化学和生物学指标均显著差异且在9月含量最高。

（2）典型林分类型土壤微生物多样性显著差异（$P<0.05$），细菌和真菌既有相同优势门和属，又有特有优势门和属，通过建立偏最小二乘法路径模型发现典型林分类型显著影响微生境、土壤状况和土壤微生物多样性，且微生物多样性和典型林分类型之间的联系是土壤状况和微生境的间接相互作用驱动的，而不是由不同林分类型本身决定的。不同指标对土壤细菌和真菌群落结构变化的影响有所差异，土壤有机质、地上生物量和优势树种各器官含碳量是驱动不同海拔典型林分类型土壤细菌群落结构差异主要因子，有机质是驱动土壤真菌群落结构差异主要因子。

(3) 不同林型间碳、氮、磷再吸收率显著差异（$P<0.05$）。各林分类型碳、氮、磷再吸收率变化范围分别为 52.97%～34.38%、56.01%～35.57%、55.52%～38.06%，4 种林分类型碳和氮再吸收率表现为 Y>O>C>F，磷再吸收率表现为 Y>F>C>O。不同林型植物叶（乔木叶和灌木叶）、凋落叶和土壤碳、氮、磷含量间显著差异（$P<0.05$），由大到小均为 F>C>O>F。不同林型乔木、灌丛、凋落叶和土壤的碳氮、碳磷和氮磷的化学计量比差异显著（$P<0.05$）。乔木叶片、灌木叶片、凋落叶和土壤的碳氮比值分别为 11.05～15.81、11.32～16.04、11.53～17.67 和 24.52～57.75。碳磷比变化范围为 109.53～199.30、87.04～160.87、110.86～180.90、78.29～285.78，氮磷比变化范围为 9.68～12.61、7.69～12.37，各林分类型间化学计量比差异均显著（$P<0.05$）。土壤 pH 值、温度、微生物量碳、微生物量氮对乔木-灌木-凋落叶的碳、氮、磷含量和土壤碳和氮含量有较强的负向影响，土壤 pH 值和温度对土壤碳含量有较强的正向影响；土壤含水量、森林蓄积量和地上生物量对上述指标的影响则相反。森林蓄积量、海拔、地上生物量、土壤含水量、微生物量碳、微生物量氮对土壤碳氮比、碳磷比、氮磷比和灌木氮磷比比值的影响最大，且呈负相关关系，土壤 pH 值和温度对其的影响则相反。为解该区域森林生态系统的养分状况和揭示生物地球化学循环过程提供了理论数据。

(4) 0～10cm 土层整体土壤容重、pH 值、有机质、全氮、有效磷、全钾、速效钾和水解氮养分分级为"适宜""弱酸性""极高""中上""高""高""高"和"高"水平；10～20cm 土层土壤土壤容重、pH 值、有机质、全氮、有效磷、全钾、速效钾和水解氮养分分级为"适宜""微酸""高""中""高""中上""中上"和"高"水平；20～30cm 土层整体土壤容重、pH 值、有机质、全氮、有效磷、全钾、速效钾和水解氮养分分级为"偏紧""微酸""高""中""高""中上""中上"和"高"水平。

(5) 本书初选含水率、容重、饱和持水量、毛管持水量、田间持水量、总孔隙度、毛管孔隙度、非毛管孔隙度、黏粒、细粒砂、中粉砂、粗粉砂、细砂、pH 值、有机质、全氮、铵态氮、硝态氮、水解氮、全磷、有效磷、全钾、速效钾、微生物量碳、微生物量氮、脲酶、蔗糖酶、过氧化氢酶和酸性磷酸酶 29 个指标作为不同林型土壤质量评价总数据集指标，通过主成分分析（PCA）、结合 Norm 值、敏感性分析和相关性分析，建立四川栗子坪自然保护区土壤质量评价最小数据集，其中 0～10cm 土层最小数据集的指标包括饱和持水量、毛管持水量、田间持水量、细粒砂、有机质、硝态氮、非毛管孔隙度、黏粒、细砂、微生物量碳、脲酶、水解氮和蔗糖酶 13 个指标；10～20cm 土层最小数据集指标包括有机质、全磷和速效钾、微生物量氮、非毛管孔隙度、水解氮和蔗糖酶 7 个指标；20～30cm 土层最小数据集的指标包括含水率、饱和持水量、毛管孔隙度、细砂、有机质、硝态氮和全钾 7 个指标。

(6) 4 个林型，3 个土层土壤质量指数分布在 0.574～0.407，其均值由大到小为 0.502（0～10cm）>0.492（10～20cm）>0.461（20～30cm）。所有土层，不同林型间土壤质量差异显著（$P<0.05$），土壤土壤质量等级均属于"中"，其中青冈-川杨阔叶混交林基于最小数据集的土壤质量最高，其次为栓皮栎落叶阔叶林和石棉玉山竹竹林，最后为冷杉-云杉针叶混交林。

(7) 土壤总数据集和最小数据集 Nash 系数和相对偏差均值为 0.656 和 0.011，且两者显著正相关（$R^2=0.883$，$P<0.05$），表明基于最小数据集土壤质量指数可较好反映栗子坪自然保护区土壤质量状况。

(8) 构建生长状态下植物生理信息预测模型：从各类型冠层光谱特性来看，各类型植物的光谱反射率与植物的光谱特性基本一致，在可见光波段（400~760nm）范围内光谱曲线呈快速上升后下降趋势，在近红波段（760~1300nm）范围趋于大幅度上升后呈现下降趋势。就整体而言，除（760~800nm）波段范围，不同叶绿素含量植物冠层的光谱反射率曲线较为容易区分，说明在可见光波段，叶片色素对绿光发生一定的反射，对蓝光和红光吸收作用强烈，可能是由于上层叶片光合作用强度较大，而冠层叶片接收到的光照较少，因而光合作用较弱，叶绿素含量相对较低。

(9) 建立了植物生理状态监测方法：本书为研究区域的植物动态监测提供了科学的管理和理论基础，基于冠层典型叶片的平均反射率数据以及实地测量的平均叶绿素含量，运用 Savitzky - Golay 平滑、标准正态变量变换和多元散射校正等预处理蒙特卡洛自适应加权采样法（CARS）与连续投影算法（SPA）提取特征波长，基于提取的特征波长，利用 SPXY 算法对数据集进行划分，构建了 11 种不同的光谱训练集，采用支持向量回归（SVR）、极限学习机（ELM）和 BP 神经网络三种机器学习模型建立叶绿素含量的估算模型，并依据模型评估结果选择最佳模型，研究表明，SPA 算法因其能有效消除共线性影响，显著提高了模型的精度，机器学习模型构建，SPA 算法与支持向量机回归模型的组合在估算野蓝莓、峨热竹和瑞香叶片的叶绿素含量时表现出最高精度，其训练和验证的决定系数 R^2 达到 0.999，这为无损且高效的植物叶片叶绿素含量获取提供了可能。

(10) 提取典型植物生长状态下植物生理关键信息：对平滑后的叶片高光谱数据和叶片叶绿素含量进行相关性分析，SG 滤波和 SNV 处理的蓝光波段和近红外波段（759~1000nm），$|\rho|$ 最大为 0.997；SG 滤波和 MSC 的蓝光波段和近红外波段（700~800nm），$|\rho|$ 最大为 0.994，不同植物的波长子集分别是，丰实箭竹（771~795nm），胡颓子（766~892nm），瑞香（670~871nm），野蓝莓（685~802nm），倒挂刺（704~905nm），峨热竹（678~769nm），荚蒾（765~971nm），金丝桃（706~929nm），空柄玉山竹（620~705nm），猫儿刺（668~728nm），石棉玉山竹（635~916nm），其中瑞香、丰实箭竹、野蓝莓、峨热竹、空柄玉山竹、猫儿刺和石棉玉山竹在可见光区域向近红外区域偏移、胡颓子、倒挂刺、荚蒾和金丝桃出现了尺度较大的"蓝移"。

(11) 建立基于高光谱技术的植物营养反演模型：综合模型预测，筛选出叶绿素含量最优的估算模型，结合 R^2、$RMSE$ 和 RPD 3 个评价指标，优选出 SG+SPA+SVR 作为野蓝莓、峨热竹和瑞香的最优估算模型，估算模型精度最优的 $R^2=0.999$，$RMSE=0.002$，$RPD=56.387$，验证模型精度最优的 $R^2=0.999$，$RMSE=0.018$，$RPD=53.994$；SNV+SPA+SVR 组合的最优模型植物分别是倒挂刺和荚蒾，估算模型精度最优的 $R^2=0.999$，$RMSE=0.052$，$RPD=0.858$，验证模型精度最优的 $R^2=0.809$，$RMSE=0.220$，$RPD=0.306$；基于 CARS 特征波长筛选结合 3 种预处理算法构建的植物叶绿素估算模型的估算模型和验证模型的精度相差较大，其次为 SG-CARS-SVR 预测精度较高，预测较优模型植物有丰实箭竹、倒挂刺、胡颓子、瑞香、空柄玉山竹和石棉玉山竹。对比不同模型，MSC-SPA-ELM 估算丰实箭竹、瑞香、空柄玉山竹和猫儿刺精度高于 SG-SPA-EML 和 SNV-SPA-ELM 组合,基于 CARS 特征波长提取构建 ELM 模型精度明显不同,SG-CARS-ELM 模型预测胡颓子和峨热竹精度较 SNV-CARS-ELM 和 MSC-CARS-ELM 高,MSC-CARS-ELM 模型最优的有丰实箭竹、野蓝莓、倒挂刺、瑞香、空柄玉山竹、猫儿刺和石棉玉山竹,其预测精度高于 SG-CARS-ELM 和 SNV-CARS-ELM 组合,最优模型的 $R^2>0.9$,$RMSE<0.002$,$RPD>2$,具有较高的验证精度。

12.2 展 望

本书只选用研究区冠层区典型植物进行研究,研究冠层植物不同树种光谱之间的差异,研究形式单一,今后的研究可以继续拓展至草本层和乔木层,增加样本数量,采用不同研究点同一树种与之对应的乔本层和草本层进行对比研究,对保护区植物区系划分以及增加本研究树种识别和营养反演研究的普适性,其发展趋势有以下几方面:

(1) 在今后土壤的样品采集中应关注降水特征对土壤的影响,设计合理科学的采样时间,减少气候变化对土壤带来的影响,在今后该领域研究中,应加强在大时间尺度上的土壤质量研究,且加强采集土样的频率。

(2) 本书影响土壤质量最小数据集的指标中包括土壤生物学指标,通过探究不同林型下土壤微生物多样性和其群落结构特征及其驱动因子,以及不同林型植物叶(乔木叶和灌木叶)-凋落叶-土壤碳、氮、磷含量和其化学计量比及其驱动因子,结果表明在今后该领域研究中应加强土壤生物学指标和森林微环境因子对土壤质量的影响,例如考虑将土壤微生物多样性和结构、温度、森林微环境因子指标纳入土壤质量评价指标体系中进行土壤质量评价,并与未纳入这些指标的总数据集和最小数据集进行土壤质量相关性分析,验证结果的可靠性。

(3) 原始光谱数据量繁杂,包含信息丰富,区域性,可以增至县域乃至省市范围的大尺度植物光谱库的建立,在未来研究中增加不同的分类算法,进行更广范围的评估,为大面积植物营养监测提供有利条件。

(4) 野外光谱测定过程中,多种环境因素的存在对建立野外光谱模型影响较大,探索建立自适应减弱或消除复杂噪声的试验方法和统计方法,需要进一步继续研究,试图将野外实测冠层光谱数据的模型研究应用到该保护区遥感高光谱影像对树种识别的研究,建立动态遥感影像监测模型,可以大范围树种识别和植物营养的监测。

(5) 本书从叶片尺度进行光谱特征提取研究,对研究区典型植物光谱对应的叶绿素含量方法进行了研究,分种类方法较详细地建立了相应的研究模型,取得了一定的研究成果,但是由于影响植物光谱因素众多,如叶片自身含水率、地上生物量、生长区植物的土壤性质以及植物生理的其他参数(如碳氮磷钾、纤维素)等,要实现植物全面营养监测建立自适应的深度学习框架模型,需采用更全面的研究,同时需要更多的光谱数据作为支撑作为更多的研究与尝试,增强光谱数据的定量分析性能,提高模型普适性,稳定性。

参考文献

[1] 李晴晴. 自然保护区建设对农村居民收入的影响研究［D］. 青岛：青岛大学，2023.

[2] 宋贤冲，项东云，郭丽梅，等. 猫儿山森林土壤养分的空间变化特征［J］. 森林与环境学报，2016，36（3）：349-354.

[3] Li Z, Chen X, Li J, et al. Relationships between soil nematode communities and soil quality as affected by land-usetype［J］. Forests, 2022, 13（10）：1658-1671.

[4] 姜红梅，李明治，王亲，等. 祁连山东段不同植被下土壤养分状况研究［J］. 水土保持研究，2011，18（5）：166-170.

[5] 张航宇. 东北典型黑土区小流域土壤质量评价与预测［D］. 武汉：华中农业大学，2023.

[6] Feudis D M, Cardelli V, Massaccesi L, et al. Altitude affects the quality of the water-extractable Soil organic matter（WEOM）from rhizosphere and bulk soil in European beech forests［J］. Geoderma, 2017, 302（5）6-13.

[7] 瞿云明，廖连美，叶安. 基于生态农业的次生盐渍化蔬菜土壤改良及肥力提升的技术路径与政策建议［J］. 农业科技通讯，2019，（2）：170-173.

[8] Caixia Z, Leiming Z, Shimei L, et al. Soil Conservation of National Key Ecological Function Areas［J］. Journal of Resources and Ecology, 2015, 6（6）：397-404.

[9] 杨红，抉胜兰，刘合满，等. 藏东南色季拉山不同海拔森林土壤碳氮分布特征［J］. 西北农林科技大学学报（自然科学版），2018，46（10）：15-23.

[10] 杨宇明，杜凡. 云南四川栗子坪国家级自然保护区科学考察研究［M］. 北京：科学出版社，2008.

[11] 包耀贤. 黄土高原坝地和梯田土壤质量特征及评价［D］. 咸阳：西北农林科技大学，2008.

[12] 单钰洁. 黄土高原不同土地利用类型土壤质量评价及障碍因子分析［D］. 兰州：西北师范大学，2023.

[13] 佘雕. 黄土高原水土保持型灌木林地土壤质量特征及评价［D］. 咸阳：西北农林科技大学，2010.

[14] 王傲胜. 基于成像光谱技术的慈溪地区水稻土肥力质量演变规律研究［D］. 南京：南京信息工程大学，2023.

[15] 曹志洪. 解译土壤质量演变规律，确保土壤资源持续利用［J］. 世界科技研究与发展，2001，（3）：28-32.

[16] 卢翠玲. 伊河流域中下游地区土壤质量特征及评价［D］. 郑州：河南大学，2018.

[17] 蒋端生，曾希柏，张杨珠，等. 土壤质量管理（Ⅰ）土壤功能和土壤质量［J］. 湖南农业科学，2008，（5）：86-89.

[18] 孙波，赵其国，张桃林. 土壤质量与持续环境Ⅱ. 土壤质量评价的碳氮指标［J］. 土壤，1997，（4）：169-184.

[19] 张桃林，潘剑君，赵其国. 土壤质量研究进展与方向［J］. 土壤，1999，（1）：2-8.

[20] 赵其国，孙波，张桃林. 土壤质量与持续环境Ⅰ. 土壤质量的定义及评价方法［J］. 土壤，1997，29（3）：113-120.

参考文献

[21] 张腾. 黄土高原丘陵沟壑区典型土地利用方式土壤质量评价 [D]. 延安：延安大学，2023.

[22] 邵国栋. 山东省主要山地不同林分类型土壤质量状况及评价 [D]. 北京：中国林业科学研究院，2017.

[23] 魏亚娟，刘美英，解云虎，等. 希拉穆仁荒漠草原围封区植物群落土壤有机碳研究 [J]. 水土保持研究，2024，31（1）：35-43.

[24] 丁文斌. 紫色土坡耕地耕层土壤质量诊断及调控途径研究 [D]. 重庆：西南大学，2017.

[25] Das B, Chakraborty D, Singh K V, et al. Evaluating Fertilization Effects on Soil Physical Properties Using a Soil Quality Index in an Intensive Rice – Wheat Cropping System [J]. Pedosphere, 2016, 26（6）：887-894.

[26] Abdulrasoul O A, Alaa I, Abdulaziz A. Effects of Biochar and Compost on Soil Physical Quality-Indices [J]. Communications in Soil Science and Plant Analysis, 2021, 52（20）：2482-2499.

[27] Ying T, Zhe X, Jun W, et al. Evaluation of Soil Quality for Different Types of Land Use Based on Minimum Dataset in the Typical Desert Steppe in Ningxia, China [J]. Journal of Advanced Transportation, 2022, 2022（1）：1-14.

[28] 鲍远航. 太湖流域农田生态系统甲烷排放模拟与评估 [D]. 南京：南京师范大学，2021.

[29] 赵名彦，李芳然，李如意，等. 坝上地区生产建设项目水土流失因素分析 [J]. 中国水土保持，2021，2021（8）：21-23.

[30] 林培松. 梅州市清凉山库区森林土壤物理性质初步研究 [J]. 嘉应学院学报，2008，26（6）：103-106.

[31] 刘少冲，段文标，陈立新. 莲花湖库区几种主要林型水文功能的分析和评价 [J]. 水土保持学报，2007，21（1）：79-83.

[32] 王俊. 黄土高原子午岭林区自然植被恢复过程中土壤水分和温度变异机制研究 [D]. 延安：延安大学，2023.

[33] 王磊，蒙春玲，覃建勋，等. 桂西北地区土壤氮磷钾有机质分布特征及养分等级评价——以凤山县为例 [J]. 农业与技术，2019，39（17）：6-10.

[34] 邹俊，郭巧生，刘丽，等. 土壤 pH 对活血丹生理特性及其药材品质的影响 [J]. 土壤，2019，51（1）：68-74.

[35] 陈凯. 不同氮水平及改良剂对土壤性质和烤烟生长及产质量的影响 [D]. 长沙：湖南农业大学，2016.

[36] 连旭东，张璐，刘思汝，等. 作物产量对土壤 pH 值的响应差异及其影响因素 [J]. 植物营养与肥料学报，2023，29（9）：1618-1629.

[37] Lu J, Feng S, Wang S, et al. Patterns and driving mechanism of soil organic carbon, nitrogen, and phosphorus stoichiometry across northern China's desert – grassland transition zone [J]. Catena, 2023, 220：106695-106706.

[38] 陈小虎，曹国华，文明辉，等. 水稻土有机质含量与中稻产量的相关性分析研究 [J]. 基层农技推广，2019，7（4）：33-36.

[39] 毕浩东，牛慧伟，贾玮，等. 钼缓解烟草镉毒害的生理效应及其机制 [J/OL]. 农业环境科学学报，1-15 [2024-03-21]. http://kns.cnki.net/kcms/detail/12.1347.S.20240227.1746.006.html.

[40] Huang L, Wang W, Wei G, et al. Linking the source, molecular composition, and reactivity of dissolved organic matter in major rivers across the pearl riverdelta [J]. Journal of Cleaner Production, 2023, 420（10）：138460-108475.

[41] Wu M, Huang Y, Zhao X, et al. Effects of different spectral processing methods on soil organic matter prediction based on VNIR – SWIR spectroscopy in karst areas, Southwest China [J]. Journal of Soils and Sediments, 2024, 24（2）：914-927.

[42] 谢钧宇，张慧芳，罗云琪，等. 连续7年施有机肥和化肥提高复垦土壤上玉米产量的驱动因子[J/OL]. 农业工程学报，1-11 [2024-03-21]. http：//kns. cnki. net/kcms/detail/11. 2047. S. 20240126. 1904. 036. html.

[43] 齐思雨. 不同林龄落叶松林对黑土土壤团聚体酶活性和易氧化有机碳的影响 [D]. 哈尔滨：东北林业大学，2017.

[44] 李玉浩，王红叶，张骏达，等. 华南区稻田耕地质量空间分布与产能提升潜力 [J]. 中国生态农业学报（中英文），2023，31（10）：1613-1625.

[45] 任艳霞. 基于土壤健康的神农架国家公园土地利用研究 [D]. 开封：河南大学，2019.

[46] Madaras M, Koubová M. Potassium availability and soil extraction tests in agricultural soils with low exchangeable potassiumcontent [J]. Plant, Soil and Environment, 2015, 61 (5)：234-239.

[47] 包耀贤，吴发启，贾玉奎，等. 黄土丘陵沟壑区人工农田土壤钾素特征研究 [J]. 干旱地区农业研究，2008，(2)：1-6.

[48] 于法展. 庐山不同森林植被类型土壤特性与健康评价研究 [D]. 徐州：中国矿业大学，2018.

[49] Ali S, Hussain I, Hussain S, et al. Effect of Altitude on Forest Soil Properties at Northern Karakoram [J]. Eurasian Soil Science, 2019, 52 (10)：1159-1169.

[50] 杨万勤，钟章成，陶建平，等. 缙云山森林土壤速效N、P、K时空特征研究 [J]. 生态学报，2001，(8)：1285-1289.

[51] 游秀花，蒋尔可. 不同森林类型土壤化学性质的比较研究 [J]. 江西农业大学学报，2005，(3)：357-360.

[52] 薛文悦，戴伟，王乐乐，等. 北京山地几种针叶林土壤酶特征及其与土壤理化性质的关系 [J]. 北京林业大学学报，2009，31（4）：90-96.

[53] 张耿杰. 矿区复垦土地质量监测与评价研究 [D]. 北京：中国地质大学，2013.

[54] 聂松青. 设施葡萄园土壤障碍诊断及调控研究 [D]. 长沙：湖南农业大学，2021.

[55] 周璐，刘凯利，胡佳怡，等. 川西柳杉幼林间伐后林下植被和土壤特征变化 [J]. 西北林学院学报，2024，39（1）：44-51.

[56] 索沛蘅，杜大俊，王玉哲，等. 杉木连栽对土壤氮含量和氮转化酶活性的影响 [J]. 森林与环境学报，2019，39（2）：113-119.

[57] Shi Z, Bai Z, Guo D, et al. Develop a soil quality index to study the results of black locust on soil quality below different allocation patterns [J]. Land, 2021, 10 (8)：785-791.

[58] 段梦成. 抚育间伐对油松人工林群落特征的影响 [D]. 北京：中国科学院大学（中国科学院教育部水土保持与生态环境研究中心），2018.

[59] 杨万勤，钟章成，韩玉萍. 缙云山森林土壤酶活性的分布特征、季节动态及其与四川大头茶的关系研究 [J]. 西南师范大学学报（自然科学版），1999，24（3）：318-324.

[60] 许景伟，王卫东，李成. 不同类型黑松混交林土壤微生物、酶及其与土壤养分关系的研究 [J]. 北京林业大学学报，2000，22（1）：51-55.

[61] 王海英，宫渊波，陈林武. 嘉陵江上游不同植被恢复模式土壤微生物及土壤酶活性的研究 [J]. 水土保持学报，2008，22（3）：172-177.

[62] Idrees H, Arif M A, Muhammad S, et al. Unlocking the secrets of soil microbes：How decades-long contamination and heavy metals accumulation from sewage water and industrial effluents shape soil biological health. [J]. Chemosphere, 2023, 342 (1)：140193-140193.

[63] 朱怡，吴永波，安玉亭. 基于高通量测序的禁牧对土壤微生物群落结构的影响 [J]. 生态学报，2022，42（17）：7137-7146.

[64] Wang S, Chen D, Liu Q, et al. Dominant influence of plants on soil microbial carbon cycling functions during natural restoration of degraded karstvegetation [J]. Journal of Environmental Manage-

ment，2023，345：118889-118902.

[65] 沈凤英，吴伟刚，李亚宁，等. 不同浓度植物根系分泌物微生态效应研究［J］. 生态环境学报，2021，30（2）：313-319.

[66] 吕晶花，赵旭燕，陆梅，等. 氮沉降下纳帕海草甸植被与土壤变化对微生物生物量碳氮的影响［J］. 应用生态学报，2023，34（6）：1525-1532.

[67] 张彬，刘满强，钱刘兵，等. 土壤微生物群落抵抗力和恢复力：进展与展望［J/OL］. 生态学报，2023，（14）：1-12［2024-03-21］. http：//kns. cnki. net/kcms/detail/11. 2031. Q. 20230321. 1741. 026. html.

[68] Aleksandra S C，N RU，S K H，et al. Microbial community structure and functions differ between native and novel (exotic-dominated) grassland ecosystems in an 8-year experiment［J］. Plant and Soil，2018，432（1）：359-372.

[69] Wang S，Zuo X，Zhao X，et al. Dominant plant species shape soil bacterial community in semiarid sandy land of northernChina［J］. Ecology and evolution，2018，8（3）：1693-1704.

[70] Tingting Z，Lifang W，Wenjing L，et al. Forage mixed planting can effectively improve soil enzyme activity and microbial community structure and diversity in agro-pastoral interlacing arid zone［J］. Canadian Journal of Soil Science，2022，102（3）：697-706.

[71] 孙和泰，华伟，祁建民，等. 利用磷脂脂肪酸（PLFAs）生物标记法分析人工湿地根际土壤微生物多样性［J］. 环境工程，2020，38（11）：103-109.

[72] Hu J，Lin X，Wang J，et al. Microbial functional diversity, metabolic quotient, and invertase activity of a sandy loam soil as affected by long-term application of organic amendment and mineralfertilizer［J］. Journal of Soils and Sediments，2011，11（2）：271-280.

[73] 罗正明，刘晋仙，赫磊，等. 基于分子生态学网络探究亚高山草甸退化对土壤微生物群落的影响［J］. 生态学报，2023，43（18）：7435-7447.

[74] Jing Z，Cheng J，Jin J，et al. Revegetation as an efficient means of improving the diversity and abundance of soil eukaryotes in the Loess Plateau of China［J］. Ecological Engineering，2014，70（1）：169-174.

[75] Zhao C，Long J，Liao H，et al. Dynamics of soil microbial communities following vegetation succession in a karst mountain ecosystem, Southwest China［J］. Scientific Reports，2019，9（1）：1-10.

[76] 秦志斌，刘朝晖，张映雪，等. 公路生态系统健康评价指标体系研究［J］. 安全与环境学报，2012，12（6）：119-124.

[77] Yang X，Feng Q，Zhu M，et al. Changes in Nutrient-Regulated Soil Microbial Communities in Soils Concomitant with Grassland Restoration in the Alpine Mining Region of the Qilian Mountains［J］. Agronomy，2023，13（12）.

[78] Yang X，Long Y，Sarkar B，et al. Influence of soil microorganisms and physicochemical properties on plant diversity in an arid desert of Western China［J］. Journal of Forestry Research，2021，32（6）：2645-2659.

[79] Bevis E L，Barrett B C. Close to the edge：High productivity at plot peripheries and the inverse size-productivity relationship［J］. Journal of Development Economics，2020，143（C）：102377-102444.

[80] 范燕敏. 天山北坡中段伊犁绢蒿荒漠退化草地土壤质量的演变与评价及预警系统的研究［D］. 乌鲁木齐：新疆农业大学，2009.

[81] Jiménez J J，Igual J M，Villar L，et al. Hierarchical drivers of soil microbial community structure variability in "Monte Perdido" Massif (Central Pyrenees)［J］. Scientific reports，2019，9（1）：

8768-8785.
[82] Bacher G M, Schmidt O, Bondi G, et al. Comparison of Soil Physical Quality Indicators Using Direct and Indirect Data Inputs Derived from a Combination of In - Situ and Ex - Situ Methods [J]. Soil Science Society of America Journal, 2019, 83 (1): 5-17.
[83] 赵西宁, 刘帅, 高晓东, 等. 不同改良剂对黄土高原丘陵区山地果园土壤质量的影响 [J]. 生态学报, 2022, 42 (17): 7080-7091.
[84] 盛寅生. 中国马铃薯产区肥料养分投入、利用与土壤养分空间分异特征研究 [D]. 长春: 吉林农业大学, 2023.
[85] 房全孝. 土壤质量评价工具及其应用研究进展 [J]. 土壤通报, 2013, 44 (2): 496-504.
[86] 刘鑫, 王一博, 吕明侠, 等. 基于主成分分析的青藏高原多年冻土区高寒草地土壤质量评价 [J]. 冰川冻土, 2018, 40 (3): 469-479.
[87] 汪媛媛, 杨忠芳, 余涛. 土壤质量评价研究进展 [J]. 安徽农业科学, 2011, 39 (36): 22617-22622, 22657.
[88] 庞世龙, 欧芷阳, 申文辉, 等. 广西喀斯特地区不同植被恢复模式土壤质量综合评价 [J]. 中南林业科技大学学报, 2016, 36 (7): 60-66.
[89] 张连金, 赖光辉, 孙长忠, 等. 北京九龙山土壤质量综合评价 [J]. 森林与环境学报, 2016, 36 (1): 22-29.
[90] 范少辉, 赵建诚, 苏文会, 等. 不同密度毛竹林土壤质量综合评价 [J]. 林业科学, 2015, 51 (10): 1-9.
[91] 王改玲, 王青杵. 晋北黄土丘陵区不同人工植被对土壤质量的影响 [J]. 生态学杂志, 2014, 33 (6): 1487-1491.
[92] 赵娜, 孟平, 张劲松, 等. 华北低丘山地不同退耕年限刺槐人工林土壤质量评价 [J]. 应用生态学报, 2014, 25 (2): 351-358.
[93] 贾志兴, 江磊, 陈明, 等. 基于最小数据集权重（MDS）的稀土土壤质量评价研究 [J]. 环境生态学, 2023, 5 (1): 1-6.
[94] 邹瑞晗, 王振华, 朱艳, 等. 非灌溉季节生物炭施用对滴灌棉田土壤团聚体及其碳含量的影响 [J]. 土壤通报, 2023, 54 (3): 626-635.
[95] 刘湘君, 乔冠宇, 郭丰浩, 等. 基于最小数据集的黄淮海旱作区耕层土壤质量评价及障碍分析 [J]. 农业工程学报, 2023, 39 (12): 104-113.
[96] 苏吉凯, 董灼, 刘书越, 等. 南丹矿区周边农田土壤质量综合评价研究 [J]. 环境科学学报, 2023, 43 (8): 314-326.
[97] Bünemann E K, Bongiorno G, Bai Z, et al. Soil quality - A criticalreview [J]. Soil biology and biochemistry, 2018, 120 (2): 105-125.
[98] Bu J, Zhang S, Li C, et al. A longitudinal functional connectivity comprehensive index for multi - sluice flood control system in plain urban river networks [J]. Journal of Hydrology, 2022, 613 (PA): 128362-12873.
[99] 刘伟玮, 刘某承, 李文华, 等. 辽东山区林参复合经营土壤质量评价 [J]. 生态学报, 2017, 37 (8): 2631-2641.
[100] Tao A. Analysis of Factors Affecting Soil Environmental Quality in Beijing City based on Grey Relational Theory [J]. IOP Conference Series: Earth and Environmental Science, 2019, 332 (2): 022046-022052.
[101] 吴春生, 黄翀, 刘高焕, 等. 基于模糊层次分析法的黄河三角洲生态脆弱性评价 [J]. 生态学报, 2018, 38 (13): 4584-4595.
[102] 王飞, 李清华, 林诚, 等. 福建冷浸田土壤质量评价因子的最小数据集 [J]. 应用生态学报,

2015, 26 (5): 461-1468.

[103] 李鑫, 张文菊, 邬磊, 等. 土壤质量评价指标体系的构建及评价方法 [J]. 中国农业科学, 2021, 54 (14): 3043-3056.

[104] 唐柄哲, 何丙辉, 闫建梅. 川中丘陵区土地利用方式对土壤理化性质影响的灰色关联分析 [J]. 应用生态学报, 2016, 27 (5): 1445-1452.

[105] 安昭丽. 投资环境视角下中国在东盟农业投资影响因素研究 [D]. 北京: 中国农业科学院, 2021.

[106] 朱娟娟, 马海军, 李敏, 等. 基于最小数据集的贺兰山东麓葡萄园土壤肥力评价 [J]. 干旱地区农业研究, 2020, 38 (3): 172-180, 187.

[107] Bolyen E, Rideout J R, Dillon M R, et al. Reproducible, interactive, scalable and extensible microbiome data science using QIIME 2 [J]. Nature biotechnology, 2019, 37 (8): 852-857.

[108] Callahan B J, McMurdie P J, Rosen M J, et al. DADA2: High-resolution sample inference from Illumina amplicon data [J]. Nature methods, 2016, 13 (7): 581-583.

[109] Yang Q, Cahn J K B, Piel J, et al. Marine sponge endosymbionts: structural and functional specificity of the microbiome within Euryspongia arenariacells [J]. Microbiology Spectrum, 2022, 10 (3): e02296-21.

[110] Segata N, Izard J, Waldron L, et al. Metagenomic biomarker discovery and explanation [J]. Genome biology, 2011, 12 (6): 1-18.

[111] Zhang B, Yu Q, Yan G, et al. Seasonal bacterial community succession in four typical wastewater treatment plants: correlations between core microbes and process performance [J]. Scientific reports, 2018, 8 (1): 4566-4577.

[112] 张岩, 张瑞香, 刘占欣, 等. 黄河河岸带不同人为干扰的土壤物理性质比较 [J]. 浙江农林大学学报, 2023, 40 (5): 1035-1044.

[113] 徐达, 闫航, 胡佳未, 等. 育苗基质配比及育苗方式对辣椒成苗的影响 [J]. 江西农业大学学报, 2023, 45 (6): 1370-1384.

[114] 郭天水. 田间烟秆清理机械关键部件设计与研究 [D]. 昆明: 云南农业大学, 2023.

[115] 高全龙. 湖北省油菜地土壤健康评价体系构建与应用研究 [D]. 武汉: 华中农业大学, 2023.

[116] Wang D, Niu J ZH, Yang T, et al. Soil water infiltration characteristics of reforested areas in the paleo-periglacial eastern Liaoning mountainous regions, China [J]. Catena, 2024, 234 (5): 1005-1015.

[117] 张羽涵, 李瑶, 周玥, 等. 宁南山区不同恢复年限柠条林地土壤微生物残体碳沿剖面分布特征 [J]. 应用生态学报, 2024, 35 (1): 161-168.

[118] 高阳. 不同抚育间伐强度对杨树人工林林分及土壤环境的影响 [D]. 郑州: 河南农业大学, 2014.

[119] 秦倩倩. 油松人工林重度火烧迹地初期土壤功能动态及其驱动因素 [D]. 北京: 北京林业大学, 2023.

[120] 李涵聪. 防蒸剂添加对典型草原土壤和植被的影响研究 [D]. 石家庄: 河北师范大学, 2023.

[121] 刘宇杰. 喀斯特峰丛洼地岩面流运移路径及其对坡面土壤侵蚀的影响 [D]. 桂林: 桂林理工大学, 2022.

[122] 刘洋. 林火对溪流水质及土壤理化性质的影响研究 [D]. 哈尔滨: 东北林业大学, 2008.

[123] 游松财, 邸苏闯, 袁晔. 黄土高原地区土壤田间持水量的计算 [J]. 自然资源学报, 2009, 24 (3): 545-552.

[124] 于博, 王钰艳, 任琴, 等. 秸秆还田对土壤结构和春玉米生长的影响 [J]. 浙江农业学报, 2023, 35 (10): 2446-2455.

[125] 李丹．沙葱、沙芥栽培基质的筛选［D］．呼和浩特：内蒙古农业大学，2023．

[126] 李蕾．盐碱地区污泥基于种植土的复配与实验研究［D］．天津：天津大学，2017．

[127] Xiang T，Qiang F，Liu G，et al. Soil Quality Evaluation and Dominant Factor Analysis of Economic Forest in Loess Area of Northern Shaanxi［J］．Forests，2023，14（6）：1－14．

[128] Song T，An Y，Wen B，et al. Very fine roots contribute to improved soil water storage capacity in semi－arid wetlands in Northeast China［J］．Catena，2022，211（2）：105966－105975．

[129] 公超，张刘东，李辉，等．保水剂对核桃幼苗土壤水分物理性质的影响［J］．山东林业科技，2022，52（2）：76－80．

[130] 费洪岩．黄土丘陵区不同林龄刺槐林土壤水分动态及入渗特征研究［D］．咸阳：西北农林科技大学，2023．

[131] 秦岭．干旱河谷区不同土地利用方式土壤抗侵蚀特征及影响因素分析［D］．成都：四川农业大学，2023．

[132] 宋娟丽．黄土高原草地土壤质量特征及评价研究［D］．咸阳：西北农林科技大学，2010．

[133] Hu X，Li X，Wang P，et al. Influence of exclosure on CT－measured soil macropores and root architecture in a shrub－encroached grassland in Northern China［J］．Soil and Tillage Research，2019，187（2）：21－30．

[134] 周君丽，张家洋，田淑婷，等．豫东南不同林分类型林地土壤碳氮含量与团聚体组成［J］．西北林学院学报，2023，38（4）：74－81．

[135] 曾晓敏，范跃新，林开淼，等．亚热带不同植被类型土壤磷组分特征及其影响因素［J］．应用生态学报，2018，29（7）：2156－2162．

[136] Su Y Z，Liu W J，Yang R，et al. Changes in soil aggregate，carbon，and nitrogen storages following the conversion of cropland to alfalfa forage land in the marginal oasis of northwest China［J］．Environmental Management，2009，43（6）：1061－1070．

[137] 祝馨悦．四川宝兴二叠纪玄武岩岩石成因及其构造意义［D］．成都：成都理工大学，2021．

[138] 郝福星．南方花岗岩区典型崩岗小流域悬浮泥沙来源研究［D］．福州：福建农林大学，2017．

[139] 李洁，滑磊，任启文，等．冀西北3种植被恢复类型土壤理化性质差异及肥力评价［J］．生态环境学报，2020，29（8）：1540－1546．

[140] 贺燕，张青，亢新刚，等．长白山云冷杉混交林不同针阔比与土壤养分的关系［J］．东北林业大学学报，2015，43（7）：68－72．

[141] 刘丽．根瘤菌与促生菌复合接种对大豆生长和土壤生态效应的影响［D］．泰安：山东农业大学，2014．

[142] 孙波，赵其国，张桃林，等．土壤质量与持续环境——Ⅲ．土壤质量评价的生物学指标［J］．土壤，1997，（5）：225－234．

[143] 刘宇航．湿地洪泛区植物群落格局与土壤环境的关联性研究［D］．重庆：西南大学，2022．

[144] 李博文，杜孟庸，周健学，等．冀中冲积平原潮土的酶活性［J］．河北农业大学学报，1991，14（4）：33－36．

[145] 曹帮华，吴丽云．滨海盐碱地刺槐白蜡混交林土壤酶与养分相关性研究［J］．水土保持学报，2008，22（1）：128－133．

[146] 李东坡，武志杰，陈利军，等．长期不同培肥黑土磷酸酶活性动态变化及其影响因素［J］．植物营养与肥料学报，2004，10（5）：550－553．

[147] 周礼恺，张志明，曹承绵．土壤酶活性的总体在评价土壤肥力水平中的作用［J］．土壤学报，1983，20（4）：413－418．

[148] He Z，Yang X，Baligar V，et al. Microbiological and Biochemical Indexing Systems for Assessing Quality of AcidSoils［J］．Advances in Agronomy，2003，78（4）：89－138．

参考文献

[149] 吴晓玲，张世熔，蒲玉琳，等．川西平原土壤微生物生物量碳氮磷含量特征及其影响因素分析［J］．中国生态农业学报（中英文），2019，27（10）：1607-1616．

[150] 金慧芳，史东梅，陈正发，等．基于聚类及PCA分析的红壤坡耕地耕层土壤质量评价指标［J］．农业工程学报，2018，34（7）：155-164．

[151] 田英，许喆，王娅丽，等．宁夏银川平原沙化土地不同人工林土壤质量评价［J］．生态学报，2023，43（4）：1515-1525．

[152] 陈正发，史东梅，金慧芳，等．基于土壤管理评估框架的云南坡耕地耕层土壤质量评价［J］．农业工程学报，2019，35（3）：256-267．

[153] 朱鸣鸣，徐镀涵，陈光燕，等．基于最小数据集的喀斯特不同利用方式下土壤质量评价［J］．草地学报，2021，29（10）：2323-2331．

[154] Ansola G, Arroyo P, de Miera L E S. Characterisation of the soil bacterial community structure and composition of natural and constructed wetlands ［J］. Science of the Total Environment, 2014, 473 (3): 63-71.

[155] Kuźniar A, Włodarczyk K, Jurczyk S, et al. Ecological Diversity of Bacterial Rhizomicrobiome Core during the Growth of Selected Wheat Cultivars ［J］. Biology, 2023, 12 (8): 1067-1083.

[156] Gu Z, Feng K, Li Y, et al. Microbial characteristics of the leachate contaminated soil of an informal landfill site ［J］. Chemosphere, 2022, 287 (2): 132155-132168.

[157] Upadhyay K A, Ranjan Singh, Singh D. Restoration of Wetland Ecosystem: A Trajectory Towards a Sustainable Environment ［M］. Springer, 2019.

[158] 肖烨，黄志刚，李友凤，等．赤水河流域典型植被类型的土壤微生物群落结构与多样性［J］．水土保持研究，2022，29（6）：275-283．

[159] Frank P, Mikael P, Andrea T, et al. Biodiversity increases and decreases ecosystem stability. ［J］. Nature, 2018, 563 (7729): 109-112.

[160] 吴则焰，林文雄，陈志芳，等．武夷山国家自然保护区不同植被类型土壤微生物群落特征［J］．应用生态学报，2013，24（8）：2301-2309．

[161] Seitz V A, McGivern B B, Daly R A, et al. Variation in root exudate composition influences soil microbiome membership and function ［J］. Applied and Environmental Microbiology, 2022, 88 (11): e00226-22.

[162] Koga K, Suehiro Y, Matsuoka S T, et al. Evaluation of growth activity of microbes in tea field soil using microbial calorimetry ［J］. Journal of bioscience and bioengineering, 2003, 95 (5): 429-434.

[163] Fengqin H U, Huoyan W, Pu M O U, et al. Nutrient composition and distance from point placement to the plant affect ricegrowth ［J］. Pedosphere, 2018, 28 (1): 124-134.

[164] 刘炜璇，李依蒙，江红星，等．吉林莫莫格国家级自然保护区四种典型植物群落下土壤微生物组成的对比分析［J/OL］．生态学杂志，1-12［2024-03-21］．http://kns.cnki.net/kcms/detail/21.1148.Q.20230914.1106.006.html．

[165] Nottingham A T, Fierer N, Turner B L, et al. Microbes follow Humboldt: temperature drives plant and soil microbial diversity patterns from the Amazon to the Andes ［J］. Ecology, 2018, 99 (11): 2455-2466.

[166] Sui X, Frey B, Yang L, et al. Soil Acidobacterial community composition changes sensitively with wetland degradation in northeastern of China ［J］. Frontiers in Microbiology, 2022, 13 (1): 1052161-1052171.

[167] Mozaheb N, Rasouli P, Kaur M, et al. A Mildly Acidic Environment Alters Pseudomonas aeruginosa Virulence and Causes Remodeling of the BacterialSurface ［J］. Microbiology Spectrum,

2023，11（4）：e04832-22.
[168] Lv X，Yu J，Fu Y，et al. A meta-analysis of the bacterial and archaeal diversity observed in wetland soils [J]. The Scientific World Journal，2014，2014（PA）：437684-437696.
[169] Fierer N，Lauber C L，Ramirez K S，et al. Comparative metagenomic，phylogenetic and physiological analyses of soil microbial communities across nitrogen gradients [J]. The ISME journal，2012，6（5）：1007-1017.
[170] Beimforde C，Feldberg K，Nylinder S，et al. Estimating the Phanerozoic history of the Ascomycota lineages：combining fossil and moleculardata [J]. Molecular phylogenetics and evolution，2014，78（1）：386-398.
[171] 盖旭. 雷竹（Phyllostachys praecox）林下养鸡对土壤肥力及微生物群落结构特征的影响研究[D]. 北京：中国林业科学研究院，2021.
[172] 王磊，李悦，王雪. 吉林龙湾自然保护区不同土地利用类型土壤质量评[J]. 环境生态学，2022，4（10）：14-20.
[173] 刘畅，张建军，张海博，等. 晋西黄土区退耕还林后土壤入渗特征及土壤质量评价[J]. 水土保持学报，2021，35（5）：101-107.
[174] 赵晓雪. 内蒙古砒砂岩区土壤性质及植被空间分布格局研究[D]. 北京：北京林业大学，2021.
[175] Cindy E P，Lars V. Decomposition and transformations along the continuum from litter to soil Soil organic matter in forestsoils [J]. Forest Ecology and Management，2021，498（10）：119522-119536.
[176] 韩燕云，吴永红，李丹，等. 微生物介导的稻田水土界面温室气体排放及其农事减排措施研究进展[J]. 环境科学研究，2023，36（12）：2369-2381.
[177] 蔡玮. 新昌县不同水稻土主要养分元素含量动态变化的研究[D]. 杭州：浙江大学，2019.
[178] 陈星星，刘新社，王盛荣. 腐殖酸对盐胁迫下土壤理化性质、微环境及苦瓜生长的影响[J]. 江苏农业科学，2023，51（17）：138-144.
[179] 陈伏生，曾德慧，何兴元. 森林土壤氮素的转化与循环[J]. 生态学杂志，2004，23（5）：126-133.
[180] 刘晓民，白嘉骏，杨耀天，等. 内蒙古圪秋沟流域不同林分类型对土壤养分含量的影响[J]. 土壤通报，2023，54（2）：28-335.
[181] 张浩洋. 江汉平原耕层土壤有效磷时空预测及磷富集影响因素研究[D]. 武汉：华中农业大学，2023.
[182] 盛基峰，李垚，于美佳，等. 氮磷添加对高寒草地土壤养分和相关酶活性的影响[J]. 生态环境学报，2022，31（12）：2302-2309.
[183] 郭玉冰，刘建玲，郭巨秋，等. 长期施用磷肥和有机肥对菜地土壤磷素有效性的影响[J]. 河北农业大学学报，2020，43（4）：76-82.
[184] Lull C，Bautista I，Lidón A，et al. Temporal effects of thinning on soil organic carbon pools，basal respiration and enzyme activities in a Mediterranean Holm oakforest [J]. Forest Ecology and Management，2020，464（2）118088-118122.
[185] 石玉龙，高佩玲，刘杏认，等. 生物炭和有机肥施用提高了华北平原滨海盐土微生物量[J]. 植物营养与肥料学报，2019，25（4）：555-567.
[186] 张平究，梁川，陈芳，等. 退耕还湿后土壤细菌群落结构和生物量变化过程[J]. 生态学报，2023，43（11）：4747-4759.
[187] 曹光球，费裕翀，路锦，等. 林下植被不同管理措施培育杉木大径材林分土壤酶活性差异及质量评价[J]. 林业科学研究，2020，33（3）：76-84.
[188] Kotroczó Z，Veres Z，Fekete I，et al. Soil enzyme activity in response to long-term Soil organic

matter manipulation [J]. Soil Biology and Biochemistry, 2014, 70 (1): 237-243.

[189] 颜顾浙, 方伟, 卢络天, 等. 土壤酶活性对不同植物连作的差异响应 [J]. 浙江农林大学学报, 2023, 40 (3): 520-530.

[190] 王文武, 朱万泽, 李霞, 等. 基于最小数据集的大渡河干暖河谷典型植被土壤质量评价 [J]. 中国水土保持科学 (中英文), 2021, 19 (6): 54-59.

[191] 苟国花, 樊军, 王茜, 等. 基于最小数据集的青藏高原南北部不同土地利用方式土壤质量评价 [J]. 应用生态学报, 2023, 34 (5): 1360-1366.

[192] 张智勇, 刘广全, 艾宁, 等. 吴起县退耕还林后主要植被类型土壤质量评价 [J]. 干旱区资源与环境, 2021, 35 (2): 81-87.

[193] Liu J, Wu L, Chen D, et al. Soil quality assessment of different Camellia oleifera stands in mid-subtropical China [J]. Applied Soil Ecology, 2017, 113 (2): 29-35.

[194] 周振超, 李贺, 黄翀等. 红树林遥感动态监测研究进展 [J]. 地球信息科学学报, 2018, 20 (11): 1631-1643.

[195] 马永红, 四川省栗子坪自然保护区种子植物区系研究 [J]. 西北植物学报, 2010-06-15.

[196] 杜傲, 沈钰仟, 肖燚, 等. 国家公园生态产品价值核算研究 [J/OL]. 生态学报, 2023 (1): 1-11.

[197] 赵磊. 基于高光谱遥感数据的森林树种分类关键技术研究 [D]. 北京: 北京林业大学, 2021.

[198] 陈正存, 吴金山. 我国自然保护区研究现状及存在问题 [J]. 新农业, 2022, (11): 78-80.

[199] 周振超, 李贺, 黄翀, 等. 红树林遥感动态监测研究进展 [J]. 地球信息科学学报, 2018, 20 (11): 1631-1643.

[200] 贺冬仙, 胡娟秀. 基于叶片光谱透过特性的植物氮素测定 [J]. 农业工程学报, 011, 27 (4): 214-218, 397.

[201] 黄亮平. 高光谱遥感在农作物生长监测的应用研究进展 [J]. 农村经济与科技, 2019, 30 (5): 42-44.

[202] 蒋万里, 石俊生, 季明江. 植物叶片可见与近红外光谱反射率数据库的建立与主成分分析 [J]. 光谱学与光谱分析, 2022, 42 (8): 2366-2373.

[203] 王树东, 肖正清, 包安明, 等. 塔里木河流域中下游典型地物光谱变化规律 [J]. 北京师范大学学报 (自然科学版), 2007 (6): 673-677, 701.

[204] 张亚杰. 九种榕树幼苗对生长环境光强的生理学与形态学适应 [D]. 保定: 河北大学, 2003.

[205] 郑志河. 植物叶绿素含量对植物光谱特征敏感波段的探究——以海桐为例 [J]. 农村经济与科技, 2018, 29 (10): 17-18.

[206] 邓书斌, 植物光谱特征与植物指数综述 [C] //第十七届中国遥感大会摘要集. 中国遥感委员会: 杭州师范大学遥感与地球科学研究院, 2010: 115.

[207] 赵钊. 新疆荒漠植物含水率高光谱特征分析 [D]. 乌鲁木齐: 新疆农业大学, 2011.

[208] 加力戈, 张勃, 魏怀东. 三种典型荒漠植物生长期光谱特征变化分析 [J]. 光谱学与光谱分析, 2018, 38 (9): 2881-2887.

[209] 王伊凝. 内蒙古地区典型农作物叶绿素高光谱定量反演研究 [D]. 呼和浩特: 内蒙古工业大学, 2021.

[210] 陈圣波, 陈彦冰, 任枫荻, 等. 基于光谱指数的玉米叶绿素含量估算 [J]. 信阳师范学院学报 (自然科学版), 2021, 34 (2): 225-229.

[211] 张海威, 张飞, 张贤龙, 等. 光谱指数的植物叶片含水量反演 [J]. 光谱学与光谱分析, 2018, 38 (5): 1540-1541.

[212] 束美艳, 顾晓鹤, 孙林, 等. 基于新型植物指数的冬小麦 LAI 高光谱反演 [J]. 中国农业科学, 2018, 51 (18): 3486-3496.

[213] 贾学勤, 冯美臣, 杨武德, 等. 基于多植物指数组合的冬小麦地上干生物量高光谱估测 [J]. 生态学杂志, 2018, 37 (2): 424-429.

[214] Chen Litong, Zhang Yi, Nunes Matheus Henrique, et al. Predicting leaf traits of temperate broadleaf deciduous trees from hyperspectral reflectance: can a general model be applied across a growing season [J]. Remote Sensing of Environment, 2021. 112767-112777.

[215] Xin Tong, Limin Duan, Tingxi Liu, et al. Combined use of in situ hyperspectral vegetation indices for estimating pasture biomass at peak productive period for harvest decision [J]. Precision Agriculture, 2019, 20 (3): 477-495.

[216] 王永琳. 植物叶绿素荧光和光合作用的关联机制研究 [D]. 金华: 浙江师范大学, 2021.

[217] 李宗飞, 苏继霞, 费聪, 等. 基于高光谱数据的滴灌甜菜叶绿素含量估算 [J]. 农业资源与环境学报, 2020, 37 (5): 761-769.

[218] 刘昕. 几种典型沙生植物高光谱特性及植物覆盖度预测研究 [D]. 呼和浩特: 内蒙古农业大学, 2020.

[219] 武旭梅, 常庆瑞, 落莉莉, 等. 水稻冠层叶绿素含量高光谱估算模型 [J]. 干旱地区农业研究, 2019, 37 (3): 238-243.

[220] 王婷婷. 基于高光谱和高分一号卫星影像的冬小麦叶绿素遥感反演 [D]. 咸阳: 西北农林科技大学, 2019.

[221] 罗杨, 陈志飞, 周俊杰, 等. 黄土丘陵区白羊草群落光谱特征对氮磷添加的响应 [J]. 草地学报, 2021, 29 (6): 1158-1165.

[222] 彭瑶. 基于高光谱遥感的三峡库区典型消落带植物指数构建研究 [D]. 重庆: 重庆师范大学, 2019.

[223] 王鑫梅. 基于高光谱信息的核桃林冠叶绿素和氮素含量研究 [D]. 北京: 中国林业科学研究院, 2020.

[224] 刘兑, 赵义古, 郭逍宇, 等. 基于地面实测光谱的湿地植物全氮含量估算研究 [J]. 光谱学与光谱分析, 2012, 32 (2): 465-471.

[225] 褚武道. 基于PLS方法的铁观音茶树叶片营养成分含量高光谱估算 [D]. 福州: 福建师范大学, 2014.

[226] 肖天豪, 范园园, 冯海宽, 等. 利用高光谱影像估算氮营养指数 [J]. 遥感信息, 2022, 37 (3): 7-11.

[227] Arnon D I. Copper enzymes in isolated chloroplasts [J]. Plant Physiology, 1949, 24 (1): 1-15.

[228] 杨振德. 分光光度法测定叶绿素含量的探讨 [J]. 广西农业大学学报, 1996 (2): 145-150.

[229] 张宪政. 植物叶绿素含量测定方法比较研究 [J]. 沈阳农学院学报, 1985 (4): 81-84.

[230] 苏正淑, 张宪政. 几种测定植物叶绿素含量的方法比较 [J]. 植物生理学通讯, 1989 (5): 77-78.

[231] 金岭梅, 王钦. 草坪植物正常生长期叶绿素含量测定值的影响因素 [J]. 草业科学, 1993 (5): 51-53.

[232] 徐邦发, 徐雅丽. 棉花叶片的叶绿素含量测定 [J]. 塔里木农垦大学学报, 1995 (2): 29-32.

[233] 张守纯, 陆敏, 高梁. 不同叶位叶片叶绿素超微结构与叶绿素含量的研究 [J]. 辽宁师范大学学报 (自然科学版), 2000 (2): 190-193.

[234] 周小生, 周月琴, 庞磊, 等. 叶绿素仪CCM-200在测定茶树叶片叶绿素和氮素含量上的应用 [J]. 安徽农业大学学报, 2012, 39 (1): 150-153.

[235] 张文安, SPAD-501型叶绿素仪在测定水稻叶绿素含量中的应用 [J]. 贵州农业科学, 1991 (4): 37-40.

[236] 王康, 沈荣开, 唐友生. 用叶绿素测值 (SPAD) 评估夏玉米氮素状况的实验研究 [J]. 灌溉排

水，2002 (4)：1-3，12.

[237] 姜丽芬，石福臣，王化田，等. 叶绿素计 SPAD-502 在林业上应用 [J]. 生态学杂志，2005 (12)：1543-1548.

[238] 何丽斯，苏家乐，刘晓青，等. 高山杜鹃叶片叶绿素含量测定及其与 SPAD 值的关系 [J]. 江苏农业科学，2012，40 (11)：190-191.

[239] 周小生，李成林，陈启文，等. 叶绿素仪 CCM-200 测定茶树叶片叶绿素的方法研究 [J]. 茶业通报，2012，34 (1)：38-40.

[240] Barnes J D, Balaguer L, Manrique E, et al. A reappraisal of the use of DMSO for the extraction and determination of chlorophylls a and b in lichens and higherplants [J]. Environmental & Experimental.

[241] Paul J Curran. Remote sensing of foliarchemistry [J]. Remote Sensing of Environment, 1990, 30 (3): 271-278.

[242] Clevers J G P W, Kooistra L, Schaepman M E. Estimating can-opy water content using hyperspectral remote sensingdata [J]. International Journal of Applied Earth Observation & Geoinformation, 2010, 12 (2): 119-125.

[243] Hasan U, Jia K, Wang L, et al. Retrieval of leaf chlorophyll contents (LCCs) in litchi based on fractional order derivatives and VCPA-GA-ML algorithms [J]. Plants, 2023, 12 (3): 501.

[244] 马淏. 光谱及高光谱成像技术在作物特征信息提取中的应用研究 [D]. 北京：中国农业大学，2015.

[245] 姜庆虎，童芳，余明珠，等. 高光谱技术——生态学领域研究的新方法 [J]. 植物科学学报，2015，33 (5)：633-640.

[246] 尼加提·卡斯木，师庆东，王敬哲，等. 基于高光谱特征和偏最小二乘法的春小麦叶绿素含量估算 [J]. 农业工程学报，2017，33 (22)：208-216.

[247] 王冰，何金有，张鹏杰，等. 基于高光谱的内蒙古大兴安岭白桦叶片叶绿素含量估算 [J]. 西部林业科学，2022，51 (4)：11-18.

[248] Alabbas A H, Barr R, Hall J D, et al. Spectra of normal and nutrient-deficient maize leaves [J]. Agronomy Journal, 1974, 37 (9): 3693-3700.

[249] Hinzman L D, Bauer M E, Cst D. Effects of nitrogen fertilization on growth and reflectance characteristics of winter wheat [J]. Remote Sensing of Environment, 1986, 19 (1): 47-61.

[250] Bell G E, Howell B M, Johnson G V, et al. Optical sensing of turfgrass chlorophyll content and tissue nitrogen [J]. Hortscience, 2004, 39 (5): 1130-1132.

[251] Min M, Lee W S, Kim Y H, et al. Nondestructive detectionof nitrogen in Chinese cabbage leaves using VIS-NIR spectroscopy [J]. Hortscience A Publication of the American Society for Horticultural Science, 2006, 41 (1): 162-166.

[252] Bannari A, Khurshid K S, Staenz K, et al. A comparison of hyperspectral chlorophyll indices for wheat crop chlorophyll content estimation using laboratory reflectance measurements [J]. IEEE Transactions on Geoscience & Remote Sensing, 2007, 45 (10): 3063-3074.

[253] Daughtry C S T, Walthall C L, Kim M S, et al. Estimating corn leaf chlorophyll concentration from leaf and canopy reflectance [J]. Remote Sensing of Environment, 2000, 74 (2): 229-239.

[254] Curran P J, Dungan J L, Gholz H L. Exploring the relationship between reflectance red edge and chlorophyll content in slash pine [J]. Tree Physiology, 1991, 7 (1/2/3/4): 33-48.

[255] 邹红玉，郑红平. 浅述植物"红边"效应及其定量分析方法 [J]. 遥感信息，2010 (4)：112-116.

[256] 梁栋，管青松，黄文江，等. 基于支持向量机回归的冬小麦叶面积指数遥感反演 [J]. 农业工程学报，2013，29（7）：117-123.

[257] Li H, Liang Y, Xu Q, Cao D. Key wavelengths screening using competitive adaptive reweighted sampling method for multivariate calibration [J]. Analytica Chimica Acta. 2009, 648 (1): 77-84.

[258] YU Lei, ZHU Yaxing, HONG Yongsheng, et al. Determination of soil moisture content by hyperspectral technology with CARS algorithm [J]. Transactions of the Chinese Society of Agricultural Engineering, 2016, 32 (22): 138-145.

[259] 宫会丽. 烟叶近红外光谱特征提取与相似性度量研究 [D]. 青岛：中国海洋大学，2014.

[260] Zhao J Y, Xiong Z X, Ning J M, et al. Wavelet transform combined with SPA to optimize the near-infrared analysis model of caffeine in tea [J]. Journal of Analytical Science, 2021, 37 (5): 611-617.

[261] 刘玲玲，王游游，杨健，等. 基于高光谱技术的枸杞子化学成分含量快速检测技术研究 [J]. 中国中药杂志，2023，48（16）：4328-4336.

[262] Lakshmanan M K, Boelt B, René G. A chemometric method for the viability analysis of spinach seeds by near infrared spectroscopy with variable selection using successive projections algorithm [J]. Journal of Near Infrared Spectroscopy, 2023, 31 (1): 24-32.

[263] 易翔，吕新，张立福，等. 基于RF和SPA的无人机高光谱估算棉花叶片全氮含量 [J]. 作物杂志，2023，39（2）：245-252.

[264] 汪六三，鲁翠萍，王儒敬，等. 土壤碱解氮含量可见/近红外光谱预测模型优化 [J]. 发光学报，2018，39（7）：1016-1023.

[265] 王雪，马铁民，杨涛，等. 基于近红外光谱的灌浆期玉米籽粒水分小样本定量分析 [J]. 农业工程学报，2018，34（13）：203-210.

[266] 孙小香，土芳东，郭熙，等. 基于水稻冠层高光谱的叶片SPAD值估算模型研究 [J]. 江西农业大学学报，2018，40（3）：444-453.

[267] 姚胜男，蒋金豹，史晓霞，等. 天然气微泄漏胁迫下大豆冠层叶绿素含量的高光谱估测 [J]. 地理与地理信息科学，2019，35（5）：22-27.

[268] Bhadra S, Sagan V, Maimaitijiang M, et al. Quantifying leaf chlorophyll concentration of sorghum from hyperspectral dataurs derivative calculus and machine learning [J]. Remote Sensing, 2020, 12 (13): 2802.

[269] 章登停，杨健，程铭恩，等. 基于高光谱数据的多花黄精产地识别研究 [J]. 中国中药杂志，2023，48（16）：4347-4361.

[270] 陈绍民. 水肥一体化水氮用量对苹果园氮素利用的影响及其供应决策 [D]. 咸阳：西北农林科技大学，2021.

[271] 姚允龙，王欣，谭霄鹏，等. 基于PLSR的典型沼泽湿地植物叶片性状与光谱模型构建-以三江国家级自然保护区为例 [J]. 地理科学，2022，42（9）：1638-1645.

[272] 刘育圳. 长汀县典型树种高光谱识别模型研究 [D]. 福州：福建师范大学，2021.

[273] Yang L, Zhang Q, Ma Z, et al. Seasonal variations in temperature sensitivity of soil respiration in a larch forest in the northern Daxing'an Mountains in northeast China [J]. Journal of forestry research, 2021, 33 (3): 1-10.

[274] 尼加提·卡斯木，师庆东，王敬哲，等. 基于高光谱特征和偏最小二乘法的春小麦叶绿素含量估算 [J]. 农业工程学报，2017，33（22）：208-216.

[275] 王明星. 基于高光谱的不同取样深度土壤有机质预测模型研究 [D]. 南京：南京农业大学，2019.

[276] 刘育圳，程瑞彤，陈文惠，等. 基于冠层实测光谱的树种识别 [J]. 亚热带资源与环境学报，2020，15 (4)：86-92.

[277] 姜海玲，李耀，赵艺源，等. 扬花期冬小麦冠层叶绿素含量高光谱遥感反演 [J]. 吉林师范大学学报（自然科学版），2020，41 (3)：133-140.

[278] 宋相中. 近红外光谱定量分析中三种新型波长选择方法研究 [D]. 北京：中国农业大学，2017.

[279] 于雷，洪永胜，周勇，等. 高光谱估算土壤有机质含量的波长变量筛选方法 [J]. 农业工程学报，2016，32 (13)：95-102.

[280] 詹白勺，倪君辉，李军. 高光谱技术结合CARS算法的库尔勒香梨可溶性固形物定量测定 [J]. 光谱学与光谱分析，2014 (10)：2752-2757.

[281] 蒋柏春. 基于高光谱技术的烘烤烟叶主要生化参数估测模型研究 [D]. 贵阳：贵州大学，2022.

[282] F Y H Kutsanedzie, Q S Chen, M M Hassan, et al. Rahman, Near infrared system coupled chemometric algorithms for enumeration of total fungi count in cocoa beans neat solution [J]. Food Chem, 2018, 240：231-238.

[283] J J Wang, M Zareef, P H He, et al. Evaluation of matcha tea quality index using portable NIR spectroscopy coupled with chemometric algorithms, J Sci [J]. Food Agric, 2019, 99：5019-5027.

[284] 李冠稳. 基于可见-近红外光谱与回归技术的土壤有机质含量估算研究 [D]. 西宁：青海师范大学，2018.

[285] Morellos A, Pantazi X E, Moshou D, et al. Machine learning based prediction of soil total nitrogen, organic carbon and moisture content by using VIS-NIR spectroscopy [J]. Biosystems Engineering, 2016：152：104-116.

[286] Chen Q, Guo Z, Zhao J. et al. Comparisons of different regressions tools in measurement of antioxidant activity in green tea using near infrared spectroscopy [J]. Journal of Pharmaceutical & Biomedical Analysis, 2012, 60 (1)：92-97.

[287] Karatzoglou A, Feinerer I. Kernel-based machine learning for fast text mining in R [J]. Computational Statistics & Data Analysis, 2010, 54 (2)：290-297.

[288] 吕玮. 基于BP神经网络的冬小麦抽穗期叶片生理生化指标的高光谱估测研究 [D]. 泰安：山东农业大学.

[289] Zhou S, Wang Q L, Jie P, et al. Development of a national VNIR soil-spectral library for soil classification and prediction of organic matter concentrations [J]. Science China：Earth Science, 2014, 57 (7)：1671-1680.

[290] 韩文杰. 基于高光谱技术的冬小麦籽粒营养品质的定量估算研究 [D]. 太原：山西农业大学，2022.

[291] 曾鹏宗. 基于无人机遥感的"秦脆"苹果树冠层氮含量反演模型研究 [D]. 咸阳：西北农林科技大学，2023.

[292] 徐丰. 稀土矿区复垦植物叶片光谱特征及叶绿素含量反演研究 [D]. 赣州：江西理工大学，2021.

[293] Zhou Y, Peng J, Chen C L P. et al. Dimension Reduction Using Spatial and Spectral Regularized Local Discriminant Embed-ding for Hyperspectral Image Classification [J]. IEEE Transac-tions on Geoscience and Remote Sensing, 2015, 53 (2)：1082-1095.

[294] 李宝芸，范玉刚，杨明莉. 基于LFDA和GA-ELM的高光谱图像地物识别方法研究 [J]. 遥感技术与应用，2021，36 (3)：587-593.

[295] 郭明星，黄阮明，边晓燕，等. 基于Elman神经网络的短期风速时间序列预测及软件开发 [J].

工业控制计算机，2021，34（2）：83-85.

[296] 程陈，冯利平，董朝阳. 利用Elman神经网络的华北棚型日光温室室内环境要素模拟［J］. 农业工程学报，2021，37（13）：200-208.

[297] 刘昕. 几种典型沙生植物高光谱特性及植物覆盖度预测研究［D］. 呼和浩特：内蒙古农业大学，2020.

[298] 马春艳，王艺琳，翟丽婷，等. 冬小麦不同叶位叶片的叶绿素含量高光谱估算模型［J］. 农业机械学报，2022，53（6）：217-225，358.

[299] 张艳艳，李文金，陈建生，等. 麦后直播花生施氮对根瘤生长发育、荚果产量和氮素利用的影响［J］. 花生学报，2015，44（1）：18-22.

[300] 王纪华，王之杰，黄文江，等. 冬小麦冠层氮素的垂直分布及光谱响应［J］. 遥感学报，2004，8（4）：309-316.

[301] 邵园园，王永贤，玄冠涛，等. 高光谱成像快速检测壳聚糖涂膜草莓可溶性固形物［J］. 农业工程学报，2019，35（18）：245-254.

[302] Tilman D, Reich P B, Knops J M H. et al. 2006. Biodiversity and ecosys-tem stability in a decade-long grassland experiment［J］. Nature，441（7093）：629-632.

[303] Schweiger A K, Cavender-Bares J, Townsend P A, et al. Plant spectral diversity integrates functional and phylogenetic compo-nents of biodiversity and predicts ecosystem function［J］. Nature Ecology and Evolution，2018，2（6）：976-982.

[304] 吴永清，李明，张波，等. 高光谱成像技术在谷物品质检测中的应用进展［J］. 中国粮油学报，2021，36（5）：165-173.

[305] 李鑫，汤卫荣，张永辉，等. 基于高光谱成像技术的烟叶田间成熟度判别模型［J］. 烟草科技，2022，55（7）：17-24.

[306] Philpot W D. The derivative ratio algorithm: avoiding atmospheric effects in remote sensing［J］. Geoscience and Remote Sensing, IEEE Transactions on，1991，29（3）：350-357.

[307] 王超，王建明，冯美臣，等. 基于多变量统计分析的冬小麦长势高光谱估算研究［J］. 光谱学与光谱分析，2018，38（5）：1520-1525.

[308] 夏桂敏，汪千庆，张峻霄，等. 生育期连续调亏灌溉对花生光合特性和根冠生长的影响［J］. 农业机械学报，2021，52（8）：318-328.

[309] 沈润平，郭佳，张婧娴，等. 基于随机森林的遥感干旱监测模型的构建［J］. 地球信息科学学报，2017，19（1）.

[310] 殷彩云，白子金，罗德芳，等. 基于高光谱数据的土壤全氮含量估测模型对比研究［J］. 中国土壤与肥料，2022，（1）.

[311] 刘文雅，潘洁. 基于神经网络的马尾松叶绿素含量高光谱估算模型［J］. 应用生态学报，2017，28（4）：1128-1136.

[312] 李媛媛，常庆瑞，刘秀英，等. 基于高光谱和BP神经网络的玉米叶片SPAD值遥感估算［J］. 农业工程学报，2016，32（16）：135-142.

[313] 陈良秋，杨伟波，王兴胜，等. 不同油茶品种幼苗叶片叶绿素含量比较［J］. 安徽农业科学，2010，38（22）：12036-12037.

[314] Reppert M. Delocalization Effects in Chlorophyll Fluorescence: Nonperturbative Line Shape Analysis of a Vibronically CoupledDimer［J］. The Journal of Physical Chemistry B，2020，124（45）：10024-10033.

[315] 刘秀英，熊建利，林辉. 基于高光谱特征参数的樟树叶绿素含量的估算模型研究［J］. 广东农业科学，2011，38（5）：1-4.

[316] Ara A M, MdS, Grondelle R V, et al. Stark fluorescence spectroscopy on peridinin-chlorophyll-

参考文献

protein complexof dinoflagellate Amphidinium carterae [J]. Photosynthesis Research, 2020, 143 (3): 233 - 239.

[317] 郭洋洋, 张连蓬, 王德高, 等. 小波分析在植物叶绿素高光谱遥感反演中的应用 [J]. 测绘通报, 2010 (8): 31 - 33, 53.